海洋生物污损与防污技术

靳会超 田丽梅 主编

科学出版社
北 京

内 容 简 介

海洋生物污损是制约人类海洋开发的全球性难题。本书系统解析生物污损机制与防污技术体系的核心要素，全面阐释从微观附着机理到宏观生态危害的作用链条。以技术演进为脉络，完整呈现人类从铅板包覆船体、铜皮包覆船舶到现代环境友好型防污涂层的发展轨迹，涵盖技术研发路径、标准测试体系、法规管控框架等关键维度，并系统剖析我国在海洋防污领域面临的双重挑战与战略机遇。

本书可为海洋工程装备、生态环境保护、先进制造等领域的从业者提供重要学术参考与实践指南。

图书在版编目（CIP）数据

海洋生物污损与防污技术 / 靳会超，田丽梅主编. --北京：科学出版社, 2025.6. --ISBN 978-7-03-082099-0

Ⅰ.X55

中国国家版本馆 CIP 数据核字第 2025P3X686 号

责任编辑：李 悦 孙 青 / 责任校对：郑金红
责任印制：吴兆东 / 封面制作：北京蓝正合融广告有限公司

科 学 出 版 社 出版
北京东黄城根北街 16 号
邮政编码：100717
http://www.sciencep.com

涿州市般润文化传播有限公司印刷
科学出版社发行 各地新华书店经销
*

2025 年 6 月第 一 版　　开本：720×1000 1/16
2025 年 9 月第二次印刷　　印张：17
字数：343 000
定价：198.00 元
（如有印装质量问题，我社负责调换）

《海洋生物污损与防污技术》编辑委员会

主　编　靳会超　吉林大学
　　　　田丽梅　吉林大学
编　委　田　伟　西南交通大学
　　　　窦海旭　吉林大学
　　　　徐浩然　吉林大学
　　　　丁　磊　吉林大学

前　　言

　　海洋孕育了地球上最古老而繁复的生命体系，也成为人类探索与利用的重要领域。海洋生物污损，这个古老又难缠的问题，对人类的影响广泛而深远。从影响航行安全的船舶底部附着物，到威胁海洋工程设施安全的生物积累，再到干扰海洋科研监测设备的精准运行，生物污损的存在如同一道隐形的障碍，阻碍着人类向海洋深处迈进的步伐。近年来，随着海洋经济的快速发展和国际航运需求的增长，如何有效地控制生物污损已成为全球关注的热点问题。

　　本书旨在系统性地总结和探讨海洋生物污损与防污技术的理论基础、技术创新和应用实践。全书分为 8 章，内容覆盖从污损机理的微观解析到防污技术的宏观应用，从传统防污策略的发展历程到现代防污技术的最新进展。此外，还深入探讨了国内外防污技术的法律法规、市场动态，以及中国在这一领域的现状与未来挑战。

　　本书的第 1、2 章较为全面地介绍了海洋生物污损的危害、形成机理、时空差异等情况，用大量的资料和数据描述了生物污损的危害程度和复杂性，使读者能够对海洋生物污损有一个全面的了解和认识。本书也带领读者穿越历史的长廊了解防污技术的发展，从公元前腓尼基人使用铅片防污，到大航海时代使用铜壳保护船只，再到第一、二次世界大战期间铜、砷和汞等防污剂的开发，以及 20 世纪 50 年代三丁基锡的发现，最后到今天对有毒防污技术的禁用或限制，防污技术经历了从无到有，性能从差到强，对环境破坏由强到弱的历史转变。

　　本书不仅致力于介绍防污技术的理论研究（第 3、4 章），还涵盖了实践中的关键技术指标测试方法（第 5 章）和防污性能的评估技术（第 6 章）。此外，第 7 章通过对国际与地区法律法规的讨论，强调了全球协作在推动防污技术应用中的重要性。最后，第 8 章重点讨论了中国在海洋防污技术领域的机遇与挑战，并展望了未来的发展方向。

　　本书的目标读者群体包括从事海洋生物污损与防污技术研究的学者、相关产业的工程技术人员，以及对海洋生态保护和可持续发展感兴趣的读者。我们希望通过本书的系统性总结，能够为读者提供有价值的参考，也为推动海洋生物污损控制领域的进一步发展贡献力量。

　　本书由吉林大学靳会超、田丽梅主编，西南交通大学田伟，吉林大学窦海旭、徐浩然、丁磊作为编委。靳会超负责全书的统筹规划及第 2 章、第 3 章 3.2 节、

第 6 章 6.4 节的编写，田丽梅负责第 1 章的编写，田伟负责第 4、5 章的编写，窦海旭负责第 3、6 章（除 3.2 节和 6.4 节外）的编写，徐浩然负责第 7 章的编写，丁磊负责第 8 章的编写。全书由靳会超、田丽梅统稿和最终审定。

  本书得到了国家自然科学基金（52375286）和吉林省科技发展计划（20240101131JC）的资助，特此感谢。也同时感谢所有为本书撰写提供支持和帮助的同仁与机构，正是因为他们的贡献，本书才得以呈现。

  由于作者水平有限，我们深知书中内容尚有不足之处，诚挚欢迎广大读者提出宝贵意见，以助后续完善。

编　者
2025 年 3 月 2 日

目　　录

第1章　绪论 ··· 1
1.1　生物污损的影响及危害 ·· 1
1.1.1　生物污损的影响范围 ·· 1
1.1.2　生物污损的危害 ·· 6
1.1.3　生物污损成本 ·· 11
1.2　防污技术的发展历史 ·· 13
1.2.1　公元前至16世纪 ·· 13
1.2.2　17世纪至19世纪50年代 ··· 14
1.2.3　19世纪50年代至20世纪50年代 ··· 14
1.2.4　20世纪50年代至2001年 ·· 15
1.2.5　2001年至今 ·· 16
1.3　海洋防污涂层市场现状与发展趋势 ··· 18
1.3.1　国际市场 ·· 18
1.3.2　国内市场 ·· 19
1.4　发展海洋防污技术的意义 ·· 20
1.4.1　对全球的意义 ·· 20
1.4.2　对我国的意义 ·· 22
参考文献 ··· 24

第2章　海洋生物污损类型和形成机理 ··· 26
2.1　海洋污损生物的类型 ·· 26
2.1.1　污损生物种类 ·· 26
2.1.2　污损生物尺寸 ·· 32
2.2　海洋污损生物的发展过程 ·· 34
2.2.1　条件膜 ·· 35
2.2.2　生物被膜 ·· 35
2.2.3　宏观生物污损 ·· 35
2.3　海洋污损生物的黏附机制 ·· 36
2.3.1　常见污损生物黏附机制 ··· 36

2.3.2 污损生物的附着力 ··················· 38
2.4 海洋生物污损的时空差异 ················ 40
  2.4.1 海域差异 ······················ 40
  2.4.2 季节差异 ······················ 41
  2.4.3 深度差异 ······················ 42
  2.4.4 材料差异 ······················ 43
2.5 中国海域生物污损特点 ·················· 45
  2.5.1 渤海海域 ······················ 45
  2.5.2 黄海海域 ······················ 46
  2.5.3 东海海域 ······················ 47
  2.5.4 南海海域 ······················ 48
参考文献 ····························· 49

第3章 传统防污技术 ······················ 52
3.1 有机锡 ························· 53
  3.1.1 生物毒性 ······················ 54
  3.1.2 降解机制 ······················ 58
  3.1.3 环境影响 ······················ 61
3.2 其他防污技术 ······················ 70
  3.2.1 滴滴涕 ······················· 70
  3.2.2 铜基杀菌剂 ····················· 73
  3.2.3 百菌清 ······················· 78
  3.2.4 抑菌灵 ······················· 81
  3.2.5 DCOIT ······················· 83
  3.2.6 敌草隆 ······················· 86
  3.2.7 Irgarol 1051 ···················· 88
  3.2.8 TCMS pyridine ··················· 91
  3.2.9 吡啶硫酮锌 ····················· 92
  3.2.10 代森锌 ······················ 95
参考文献 ····························· 97

第4章 现代防污技术 ······················ 100
4.1 涂层类防污技术 ····················· 100
  4.1.1 防污剂释放型防污涂层 ················ 100
  4.1.2 亲水型防污涂层 ··················· 108

4.1.3　两亲性聚合物防污涂层 114
　　　4.1.4　纳米粒子/聚合物复合防污涂层 118
　　　4.1.5　自抛光型防污涂层 124
　　　4.1.6　仿生防污涂层 126
　　　4.1.7　自修复防污涂层 133
　　　4.1.8　防污防腐一体化涂层 136
　4.2　非涂层类防污技术 139
　　　4.2.1　船舶结构设计优化防污技术 139
　　　4.2.2　船舶清洗技术 141
　　　4.2.3　超声波防污技术 143
　　　4.2.4　直接化学加药技术 145
　　　4.2.5　阳极铜防污系统 146
　　　4.2.6　电氯化防污技术 147
　参考文献 149

第5章　防污涂层表面特性及测量技术 151
　5.1　表面化学及测量技术 151
　　　5.1.1　表面化学 151
　　　5.1.2　测量技术 152
　5.2　力学性能及测量技术 157
　　　5.2.1　拉伸应力–应变性能 157
　　　5.2.2　韧性 159
　　　5.2.3　硬度 159
　　　5.2.4　弹性模量 161
　5.3　表面形貌及测量技术 163
　　　5.3.1　表面形貌 163
　　　5.3.2　测量技术 164
　5.4　固体表面电荷及测量技术 171
　　　5.4.1　固体表面电荷 171
　　　5.4.2　测量技术 173
　5.5　润湿性及测量技术 175
　　　5.5.1　润湿性 175
　　　5.5.2　测量技术 178
　5.6　表面能及估算技术 181

5.6.1 表面能·····181
5.6.2 表面能估算·····183
参考文献·····186

第6章 防污性能评估技术·····187
6.1 测试生物的选取·····187
6.1.1 选取原则·····187
6.1.2 常用测试生物类型·····188
6.2 实验室环境微生物分析测试·····190
6.2.1 生长分析测试·····191
6.2.2 防污性能评估分析测试·····194
6.2.3 防污性能分析测试·····196
6.3 实验室环境大型污损生物的分析测试·····197
6.3.1 定殖分析测试·····197
6.3.2 防污性能评估分析测试·····199
6.4 防污性能测试标准试验方法·····201
6.4.1 中国GB/T标准·····201
6.4.2 美国ASTM标准·····202
6.4.3 国际ISO标准·····206
6.5 涂层毒性分析测试方法·····208
参考文献·····210

第7章 生物污损控制相关的法律和举措·····212
7.1 国际组织·····212
7.1.1 国际组织的必要性·····212
7.1.2 国际海事组织·····214
7.1.3 欧盟·····219
7.1.4 国际组织的协同举措·····219
7.2 欧洲·····220
7.2.1 英国·····221
7.2.2 法国·····221
7.3 美洲·····222
7.3.1 美国·····222
7.3.2 加拿大·····225
7.4 大洋洲·····226

	7.4.1 澳大利亚	226
	7.4.2 新西兰	227
7.5	亚洲	228
	7.5.1 中国	228
	7.5.2 日本	232
7.6	非洲	234
	7.6.1 尼日利亚	234
	7.6.2 南非	234
	7.6.3 毛里求斯	235
参考文献		235

第8章 海洋防污技术在中国的挑战与未来 ············ 237

8.1	国内优势科研平台	237
	8.1.1 高校科研平台	237
	8.1.2 国家级科研平台	241
	8.1.3 国内企业平台	244
	8.1.4 科研平台间的协同合作	244
8.2	我国海洋防污技术发展趋势	245
	8.2.1 基于文献趋势分析	246
	8.2.2 基于专利趋势分析	248
	8.2.3 市场需求分析	254
8.3	国内防污技术发展的挑战与未来	255
	8.3.1 主要问题	255
	8.3.2 应对策略	256
	8.3.3 未来展望	258
参考文献		258

第 1 章 绪　　论

海洋生物污损（marine biofouling）是指海洋中的无机/有机分子、微生物、植物、动物等附着生长在船体等水下表面的一种现象（图 1-1）[1]，海水中的任何表面均受海洋生物污损的影响。这一过程不仅改变了表面的物理和化学特性，还带来了多方面的挑战，如船体阻力增加、燃油消耗上升、设备性能下降及生态系统失衡。随着人类对海洋资源的开发和利用日益深入，生物污损问题在航运、海洋能源、油气开采和水产养殖等领域变得尤为突出。针对这一问题，开发有效的防污技术成为提升海洋工程效率和减少环境影响的重要研究方向。海洋生物污损的研究既是科学探索，也是为海洋产业提供可持续发展解决方案的关键实践。

图 1-1　船底的生物污损

1.1　生物污损的影响及危害

1.1.1　生物污损的影响范围

生物污损是海洋环境中广泛存在的现象，可以发生在所有长期暴露于水环境中的结构和设备上，其对船舶、海洋能源系统、水产养殖设施及沿海基础设施等特定领域和经济效益构成了重大挑战。了解这些易发生生物污损的部位，可以有针对性地进行防污技术的开发。

(1) 船舶

对于一般船舶来说,船底、螺旋桨和推进系统、水下取水口、锚和锚链、舷侧等是船舶易发生生物污损的关键部位(表1-1)。由于船舶类型不同、运营方式不同,其表面生物污损也各有特点。例如,商用船舶长时间在海洋中航行,主要受到藤壶和藻类的影响,在水线和取水口处生物污损常发生在停泊期间。对于渔船和游艇,因航行速度慢,船底污损会快速积累,又因频繁靠岸,污损集中在水线和锚链处。钻井平台辅助船等长期停泊的船因长期静止,生物污损通常比较严重,而高速船则由于速度高,表面附着的污损生物更容易脱落。

表1-1　船舶易发生生物污损的部位及特点

部位	生物污损特点
船底	生物污损的主要部位,因为其长期处于水下环境,直接暴露于微生物、藻类和无脊椎动物的侵袭
螺旋桨和推进系统	裸露的金属表面更容易吸引附着生物,如贻贝和藤壶
水下取水口	低流速和隐藏的结构为生物提供了稳定的附着环境,海水取水口常被贻贝、藤壶和其他大型生物堵塞,导致水流受阻
锚和锚链	在港口停泊时暴露于生物密集的环境中,锚的表面粗糙且暴露时间长,容易成为附着点
舷侧	位于水线附近的区域,湿润和干燥频繁交替,经常受到空气、海水交界处微生物和藻类的侵袭

(2) 海上和水下结构

海上和水下结构(如油气平台、海上风电场、浮式生产装置等)是人类开发海洋资源的重要设施、装置,由于其长期暴露在海洋环境中,很多部位易发生生物污损(表1-2),生物污损是这些结构面临的主要挑战之一。对于干湿交替等部位,除了生物污损外,也是较易产生腐蚀的区域。

表1-2　海上和水下结构易发生生物污损的部位及特点

部位	生物污损特点
水下支撑结构	长期浸泡在海水中,表面粗糙,提供了稳定的附着点,包括桩腿、支撑框架和管道,是最容易发生污损的部位
水位波动区域	干湿交替为微生物和宏观生物的生长提供理想条件,受波浪冲击和潮汐影响,水位波动区域易发生生物污损
管道和电缆	包括海底管道、输油管线和电缆表面,通常较为隐蔽,且常在水流较缓慢的区域布设,容易积累污损
防腐涂层和接缝区域	防腐涂层损坏的区域和接缝处容易发生局部污损
浮式装置的水下部分	长时间漂浮,表面积大且暴露在富营养海水中。浮式平台的浮筒和底部浸泡在水中的部分易发生生物污损

（3）水产养殖和渔业

海洋水产养殖和渔业也深受海洋生物污损的影响，水下部分都是易受生物污损的部位（表1-3），由于水产养殖的设备、设施通常是固定不动的，相对于航行的船舶来说，其表面更容易形成生物污损，但是由于养殖业通常固定在一个特定的区域，生物污损的程度和类型受当地海域、季节、盐度等影响，所以在不同的海域，其表面生物污损的程度并不一致。

表 1-3 水产养殖和渔业易发生生物污损的部位及特点

部位	生物污损特点
网箱和网具	网箱和网具用于围养鱼类或其他水产生物，网具的多孔结构容易积聚污损生物，且海水流动带来营养物质，加速污损形成
浮标和浮筒	用于支撑网箱和标记养殖区域，浮标和浮筒的表面粗糙且经常与水接触，是污损生物的理想附着点
水管和水泵系统	用于向养殖场输送清洁水或排水的管道和水泵系统，低流速区域容易形成污损，增加系统堵塞风险
养殖框架和锚链	用于固定网箱或支撑养殖结构，长期浸泡在水中的金属或塑料结构，尤其是静止区域，容易积聚污损
养殖环境的水下区域	水下固定结构如栅栏、底部笼具或放置贝类的台架长期与水接触，污损生物易附着

（4）海洋能源系统

海洋能源系统（如波浪能、潮汐能和海上风电设备）是人类利用海洋获取清洁能源的重要途径，由于长期工作在海洋环境，特别是在水下环境的部位易受海洋生物污损影响，其主要污损部位及特点见表1-4。

表 1-4 海洋能源系统易发生生物污损的部位及特点

部位	生物污损特点
潮汐区和水下结构	潮汐区因干湿交替，为生物提供理想的附着环境。水下结构包括波浪能转换装置底座、潮汐能涡轮机桨叶、风电塔架基座等暴露在富营养海水中，促进污损生物生长
动态部件和推进器	动态部件的间歇性运行和局部不平表面为污损生物提供附着点，这些部件包括潮汐能和波浪能设备的旋转部件、涡轮机叶片、关节连接等
浮体和漂浮结构	长期漂浮在水面，直接暴露于光照和海洋生物活动区，包括波浪能浮筒、漂浮式风电平台，易积聚污损生物
电缆和连接管道	输电电缆、输送能量或流体的管道，由于管道表面粗糙且位于低流速区域，易积聚污损生物
监测和传感设备	海洋传感器、流速计、环境监测等设备长期暴露在潮湿环境，表面难以清洁

（5）海洋研究和监测设备

海洋研究和监测设备（如浮标、传感器、水下摄像机和采样装置等）是监测和研究海洋环境的重要工具。这些设备长期暴露在海洋环境中，生物污损可对其性能和寿命产生显著影响（表1-5）。

表1-5　海洋研究和监测设备易发生生物污损的部位及特点

部位	生物污损特点
浮标和支撑结构	用于固定或漂浮设备的支撑部件，包括锚链、框架和浮标，因暴露在潮湿环境中，表面粗糙且长期浸没，易积聚污损生物
传感器和探测仪	用于监测海洋环境（如温度、盐度、浊度和pH）的关键部件，传感器外壳提供附着点，污损可能遮挡探测区域
水下摄像机和光学设备	用于观察和记录海洋环境和生物活动的光学仪器，设备镜头长期暴露在水中，迅速形成污损层
采样装置	包括水样采集器、沉积物采样器和生物采样设备，设备采样时暴露在营养丰富的水体中
动态连接部件	如浮标锚链的连接点，或传感设备的转轴和支架，这些部件通常静止不动，容易积累污损

（6）海水淡化和水源取水系统

海水淡化和水源取水系统是解决全球淡水资源短缺的重要手段，但由于长期与海水接触，这些系统不可避免地面临生物污损的挑战（表1-6）。生物污损对取水效率、设备性能和运营成本带来了显著影响。

表1-6　海水淡化和水源取水系统易发生生物污损的部位及特点

部位	生物污损特点
取水口和过滤系统	系统入口通常设置在近海区域，直接接触海水，低流速区域、富营养环境适合污损生物的附着和生长
管道和泵系统	连接取水口和淡化装置的输送管道和泵，管道和泵的静止区域或低流速区容易形成生物污损
预处理设备	用于去除大颗粒杂质和微生物的砂滤器、沉淀池等，设备表面粗糙且常暴露于富营养水体中
膜组件	反渗透或纳米滤膜系统是淡化过程的核心部件，膜表面提供了高附着力区域，同时操作条件（如温暖环境）促进微生物生长
排放口和下游管道	淡化装置的浓盐水排放区域，浓盐水环境中的矿物质和营养物质有利于污损生物的生长

（7）港口、港湾和沿海基础设施

港口、港湾和沿海基础设施（如码头、海堤、桥墩、船坞等）由于长期浸泡在海水中，生物污损对其稳定性、使用寿命和维护成本产生重要影响（表1-7）。

（8）海上旅游和娱乐设施

海上旅游和娱乐设施（如漂浮酒店、海上平台、人工珊瑚礁、游乐设施等）

是现代旅游业的重要组成部分。由于长期处于海水环境中，这些设施面临生物污损的挑战（表1-8），不仅影响设施的外观和功能，还会带来运营和维护问题。

表1-7 港口、港湾和沿海基础设施易发生生物污损的部位及特点

部位	生物污损特点
水下支撑结构	码头桩柱、桥墩和港口防护栏，水下支撑结构通常粗糙、稳定，长期浸泡在营养丰富的水体中，是污损生物的理想附着点
潮汐区和水线区域	潮汐波动区的混凝土或钢结构，潮汐区的干湿交替为污损生物提供适宜的生长条件
港口和船坞墙壁	港口边墙、防波堤、挡土墙，静水环境和较低水流速适合污损生物的附着和生长
航道标志和浮标	导航浮标、信号灯塔，长期暴露在海水和阳光交替的环境中，为污损生物提供附着点
排水口和取水口	港口排污管道口、冷却水取水口，流速较慢的区域容易形成污损

表1-8 海上旅游和娱乐设施易发生生物污损的部位及特点

部位	生物污损特点
漂浮结构	漂浮酒店、餐厅、水上娱乐平台，漂浮结构长期与水接触，低流速区域为污损生物提供理想附着条件
水下支撑部件	支撑浮筒、桩柱和锚链，水下支撑部件为静态结构，表面粗糙，适合生物附着
潮汐区和水线区域	漂浮设施的水线和海洋景观区域的围栏，干湿交替为藻类提供了适宜的生长环境
人工珊瑚礁和潜水景观	潜水区域的人工结构和观景设施，这些结构或设施模仿自然环境，容易吸引污损生物附着
游乐设备	水滑梯、漂浮泳池和海洋游乐设施，暴露在水体中的设备边缘和静止表面容易形成污损

（9）专业海洋系统

专业海洋系统包括复杂的工程装置和设施，用于支持深海探索、海洋科学研究、能源开发及其他特定用途。这些系统如深海采矿设备、海底观测站、海底机器人（ROV/AUV）和空间发射平台等，因长期运行在极端的海洋环境中，容易受到生物污损的影响（表1-9）。

表1-9 专业海洋系统易发生生物污损的部位及特点

部位	生物污损特点
海底设备和支撑结构	深海采矿机械、海底观测站基座，海底静态结构长期与海水接触，表面粗糙，利于污损生物附着
动态部件和运动表面	深海采矿设备的机械臂、海底机器人的推进器和关节部件，动态部件表面暴露在海水中，间歇性运动无法有效防止污损
海底电缆和连接器	深海能源传输电缆、设备电源和信号连接器，静止状态的电缆和连接点为污损生物提供了附着空间
水下浮标和锚链	用于固定设备或标记位置的浮标、系泊链，暴露在水流和光照交替的环境中，易形成污损层

1.1.2 生物污损的危害

海洋生物污损是一种普遍且复杂的自然现象，其带来的危害涉及经济、环境和技术多个层面（图 1-2）。在经济层面，污损导致船舶阻力增加、燃油效率下降，进而显著提高运营成本；在环境层面，污损促进了外来物种的跨区域传播，对当地生态系统构成威胁；在技术层面，污损会加速设备的腐蚀和老化，影响海上设施的稳定性和安全性。此外，污损造成的维护和清理需求不仅耗费资源，还可能增加环境负担。随着全球海洋开发活动的扩展，生物污损的危害愈发显著，从而成为一种世界性难题[2]，亟需通过创新防污技术和综合管理策略加以应对，以保障海洋产业的可持续发展。

图 1-2　海洋生物污损的主要危害

（1）对航行阻力的影响

2018 年，装载着 18 万 t 铁矿石的"YOURIXX"号货船从巴西图巴拉奥港返回日本东京湾，但这次回程不像往常那么顺利，因为船员发现其平均航速降低了 3kn。经过检查，发现海况总体平静，没有异常逆流，但主机的负荷明显增加达 30%，日均燃油消耗量超过上限的 10%左右。这次航速的降低，不仅导致增加大量的燃油成本，同时还造成时间上的延误，致使租船人提出巨额索赔。到达新加坡时，船东安排了一次彻底的检查，发现船体水下部分 30%~40%的区域覆盖着藤壶、贻贝、牡蛎等污损生物，在使用水下机器人清除完污损生物后，该船恢复了正常的航速。在船舶上附着生长的污损生物给船体和螺旋桨增加了额外的重量和表面粗糙度，从而降低了航速和机动性（图 1-3），为了保持所需航速，则需要额外的燃料消耗，有数据统计，在严重的情况下，燃油消耗增幅可达 40%，航行总费用的增加可达 77%[3]。此外，生物污损严重的船舶需要经常地停岸以进行表面处理和重新喷涂油漆，极大地增加了维护费用。这是一个全球性的重大问题，大大增加了人类探索海洋的难度。数据显示，美国海军每年花费 10 亿美元来解决生物污损问题，生物污损每年给全球海洋工业造成的损失超过 150 亿美元[3]。

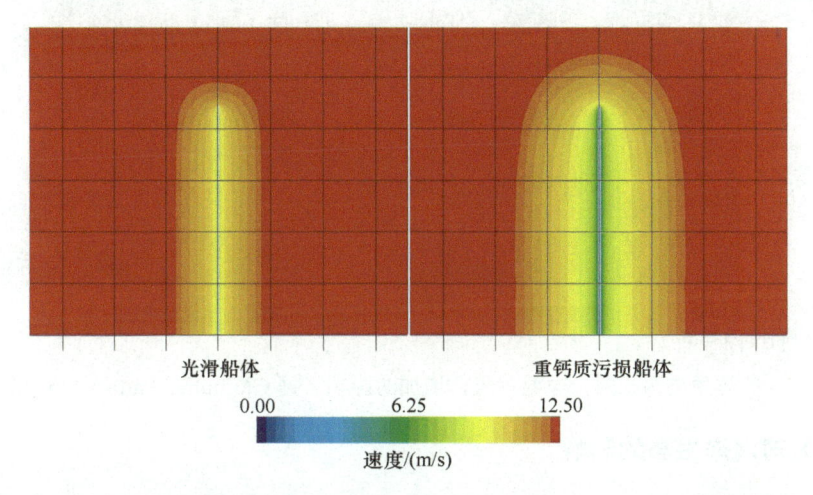

图 1-3 集装箱船光滑船体与重钙质污损船体的表面阻力 CFD 仿真研究[4]

（2）对大气环境的影响

由藤壶等硬壳生物引起的生物污损会对船舶产生最高水平的阻力。Michael P. Schultz 在 2011 年进行的一项研究表明，一艘海军舰艇如果有 10% 的藤壶污损，要保持同样的速度，需要多消耗 36% 的动力，整个海运业每年会增加约 1.1 亿 t 的超额碳排放。据全球船舶生物污损治理合作项目 Glofouling Partnerships 的数据显示（图 1-4），船体表面的生物被膜和黏液可以显著增加粗糙度。例如，一层厚度为 0.5mm 的黏液覆盖船体表面的 50%，可能会导致温室气体排放量增加 20%～25%，这取决于船舶的特性、速度和其他普遍条件。对于更严重的生物污损，如一层小型的钙质生物（藤壶或管虫等），平均长度的集装箱船的温室气体排放量可能增加 55%，具体取决于船舶的特性和速度。I-Tech 公司和独立船舶涂层咨询公司 Safinah Group 在 2020 年进行的一项研究发布了数据，估计生物污损每年会给航运量增加约 60 亿美元的燃油费用。过量的燃料消耗不仅增加了燃油成本，还增加了温室气体（如 CO_2）、有害化合物（如 NO_x 和 SO_x）、碳氢化合物和颗粒的排放。CO_2 会导致全球变暖趋势，影响世界各国碳达峰碳中和目标的实现。NO_x 和 SO_x 会导致酸雨和土壤破坏，空气中的大气污染物增加了人类的健康风险，这些有害气体的排放每年在全球造成约 6 万人死亡，2000 亿欧元损失[3]。

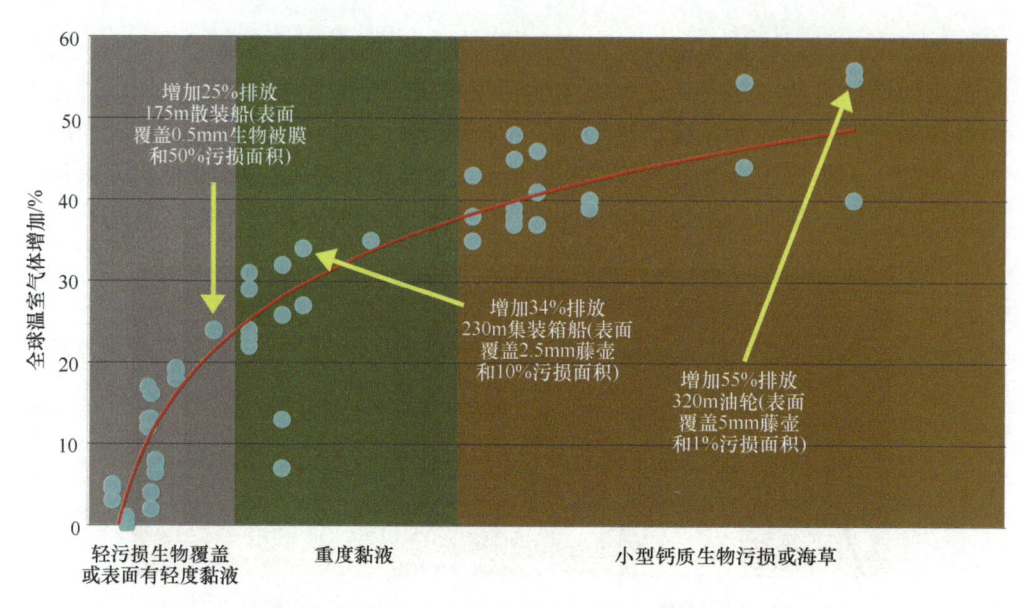

图 1-4　船体生物污损对全球温室气体增加的影响（据 Glofouling Partnerships 报告）

（3）对海洋生态的影响

I-Tech 和 Safinah Group 的研究发现，全球至少 95%的商业船队的生态位区域（如船体的水线部、螺旋桨）受到严重污损，这不仅增加了与船舶运行效率相关的风险，还增加了生物入侵的风险。国际海事组织（International Maritime Organization，IMO）称，一些研究表明，除未经处理的压载水外，船舶生物污损也是引起生物入侵的重要因素。附着的污损生物随船舶在全球海域航行，当到达没有天敌的新海域时，可能会严重威胁当地的生态系统。入侵种群与当地生物之间的直接或间接竞争和捕食，给水产养殖业造成减产。例如，多棘海盘车 *Asterias amurensis* 进入澳大利亚南部地区后，已被证明会捕食当地的双壳类物种，导致该种群数量的减少。刺松藻 *Codium fragile* 被称为"牡蛎小偷"，它们会附在牡蛎上，从而让牡蛎漂走，造成牡蛎养殖的减产[5]。在某些地区，有证据表明，70%～80%的入侵物种是通过生物污损引入的。因此，当处理生物污损时，船体水下结构的重点部位不可忽略，一些新出台的法规也对这些区域的检查提出了严格要求。随着更广泛新法规的出台，船舶运营商和船东都需要积极主动，确保遵守有关船体污损和生态系统保护的任何规则。

（4）对海洋养殖业的影响

海洋水产养殖是一个全球性的重要行业，为不断增长的世界人口提供了必要的食物，在低收入、粮食短缺国家的蛋白质供应方面发挥着重要的作用。生物污损对海洋养殖业的影响非常显著,尤其是对贝类、鱼类和其他海洋物种的养殖。这些影响不仅影响生产效率,还可能影响养殖物种的整体健康,主要导致以下后果。

1)降低养殖产量。生物污损物种,如藤壶、贻贝和藻类,会与养殖物种争夺空间、营养物质和光照。这可能会抑制养殖物种的生长,导致产量降低。在网箱、绳索或其他养殖设备上积聚的生物污损会阻碍水流(图1-5),减少养殖区的营养和氧气交换效率,从而对养殖物种的健康和生长产生负面影响。

2)增加死亡率和疾病。生物污损的积累可能对海洋物种造成物理压力,除阻塞鳃和皮肤外,生物污损还可能创造适宜病原体发展的微环境,从而导致病害暴发,如弧菌感染,造成贝类死亡。生物被膜在养殖设施表面形成后,可以成为病原微生物的滋生地,容易传播到养殖物种,增加疾病暴发的风险,导致重大损失。

3)降低养殖产品的质量。生物污损可能影响养殖产品的外观和市场销售。例如,覆盖着藤壶或藻类的贝类可能外观不佳,降低消费者的购买意愿。生物污损物种可能会向养殖物种传递污染物,尤其是当它们与有害藻类水华或毒素相关时。这些污染物可能影响产品的味道、安全性和质量。

4)增加运营成本。当养殖网箱表面附着污损生物时容易发生机械变形,进而缩短寿命,需要定期清理以去除养殖设备(如网箱、笼具和绳索)上的污损物种。清理过程通常会非常费力、昂贵且耗时。有时,操作人员可能需要频繁地更换受污损的设备,显著增加了运营成本。污损的设备,如网箱和笼具,会变得更加沉重。据报道,普通网箱仅仅在浸泡几个月后,生物污损可以使其重量增加200倍[6]。增重显著增加移动或维护设备的难度,降低整体运营效率。

为了减少生物污损的影响,海洋养殖业采取了一些措施来控制生物污损,这些措施的成本占海洋养殖业总成本的5%~10%,相当于每年要花费15亿~30亿美元,有研究者认为这些花费是被严重低估的[7]。

图1-5 海洋养殖网箱及表面生物污损[8]

（5）对水下表面腐蚀的影响

生物污损过程中的生物和电化学过程共同促使材料的退化腐蚀，一般存在以下机制。

1）厌氧环境。污损物种密集的区域氧气会被快速消耗，导致局部缺氧区的形成。这会促进厌氧腐蚀过程，如点蚀或电偶腐蚀，这对于钢铁或铝合金等材料来说尤为严重。

2）电化学作用。微生物（如细菌和真菌）形成的生物被膜可以改变金属表面的电化学环境。生物被膜既可以作为绝缘层，也能作为腐蚀性物质（如硫化物和有机酸）与金属表面相互作用的介质，从而改变材料的电化学电位，加速腐蚀过程。

3）微生物腐蚀（microbially influenced corrosion）。某些细菌，特别是硫酸盐还原菌（SRB），通过产生硫化氢（H_2S）来加剧腐蚀。硫化氢是一种强腐蚀性化合物，能够破坏金属表面，导致局部腐蚀损伤，如点蚀或缝隙腐蚀[9]。

4）机械应力。附着污损生物（如藤壶或贻贝）的生长会对金属表面施加机械应力，可能导致裂纹形成或涂层脱落，从而使暴露的材料进一步腐蚀。这些生物在水流作用下会移动，增加表面的摩擦，进一步促进腐蚀过程。

这些腐蚀影响跨海桥梁支座、码头、海水管路，以及油田等海上设施，会对这些设施造成结构损伤，降低安全性。生物污损不仅堵塞各种类型的海水管路系统，也会造成管道的腐蚀漏穿，造成水通量急剧下降，对于潮汐发电厂和核电站的海水管路系统，会造成热交换效率下降，甚至更严重的后果[10]。

（6）对水下探测装置的影响

生物污损对水下传感器的影响非常显著，这些传感器广泛应用于海洋环境监测、导航、通信和资源勘探等领域。水下传感器通常部署在海床或附着在水下结构上，容易受到生物污损的影响。生物污损的积累可能会干扰传感器的工作，缩短其使用寿命，并增加维护成本（图1-6）。主要影响有以下几个方面。

1）信号干扰。许多水下传感器（如声学传感器和声纳设备）依赖信号在水中的传输。生物污损可能通过改变传感器表面的粗糙度或增加绝缘层，干扰声学特性，从而降低传感器的灵敏度或精度。例如，生物污损附着在声纳换能器上，可能会扭曲声波，导致数据错误。

2）传感器堵塞。依赖流体流动的传感器（如压力传感器或温度传感器）可能会因生物污损而被堵塞或阻塞[11]，这将影响其测量的准确性，导致数据采集不完整或错误。

3）传感器校准变化。生物污损物种的生长可能会改变传感器的物理和电气特性，导致传感器的校准发生变化。随着时间推移，这可能会导致测量不准确，降低数据的可靠性。

4）缩短传感器寿命。生物污损的积累可能会导致传感器组件的物理损坏，如保护涂层或外壳的磨损。随着时间的推移，这可能导致设备故障，从而增加更换和维修成本。在污损生物生长旺盛的地方，受生物污损影响，有些水下传感器的正常工作寿命甚至不到一周[12]。

图1-6 声波多普勒电流分析器（ADCP）被大量鹅颈藤壶附着后停止工作

1.1.3 生物污损成本

（1）不同领域污损成本

1）全球运输业。船舶上的生物污损会导致阻力增加、燃料消耗增加、维护更频繁，有时甚至需要更换设备。生物污损可以增加高达40%的燃料消耗，带来巨大的运营成本。市场研究公司MarketsandMarkets在2021年研究报告指出，生物污损给全球海洋运输业带来的成本为600亿美元/年。

2）海洋养殖业。水产养殖中一些设施如鱼笼和渔网的生物污损，可能导致生产效率降低，维护工作量增加，需要更频繁地清洁。这也增加了疾病传播的风险，影响了养殖物种的健康。联合国粮食及农业组织（Food and Agriculture Organization of the United Nations，FAO）报告称，鲑鱼养殖等水产养殖部门的生物污损可能造成巨大成本，特别是在挪威、智利和加拿大等地区。*Aquaculture Economics & Management*杂志数据显示，对水产养殖中生物污损的经济学研究表明，全球范围内的成本约为10亿美元/年。

3）海洋油、气开采业。海上钻井平台、管道和海底设备的生物污损会导致工作效率低下，维护成本增加，并且会损坏传感器和冷却系统等敏感设备。据美国石油工程师学会估算，海上油气行业与生物污损相关的成本，特别是与海底基础设施维护相关的成本可达 20 亿美元/年。

4）海洋基础设施。海洋基础设施（包括码头、防洪堤和海堤）上的生物污损会造成结构损坏，降低运营效率，增加维护成本。美国国家环境保护局（United States Environmental Protection Agency，US EPA）提供了全球沿海和港口城市清洁与维护污损基础设施的成本估算，预计生物污损每年带来 2 亿～10 亿美元的相关成本。

（2）船舶污损清洗成本

世界多个国家的监管机构已经开始为船体表面生物污损制定最佳管理规范，以防止或控制商业航运运输过程中生物的随船转移，避免对新海域造成生物入侵。一般来说，船体最佳管理规范要求船舶在干船坞或其他陆地设施中进行严格的船体清洁，即在这些设施中清除船体表面的污损生物或防污涂层。美国 2008 年的"船舶通用许可证"（vessel general permit，VGP）最佳管理规范要求，当船舶在水中清洗时，使用的方法应该最大限度减少污损生物和防污涂层向水中的释放。这些方法包括：

1）选择合适的软刷或海绵，以尽量减少船舶涂层和船体材料向水中的释放；
2）限制使用硬刷或硬质表面去除硬质污损生物；
3）建议使用真空清洁技术与机械擦洗相结合的方法，以最大限度地减少防污涂层的脱落释放及污损生物进入水中。

美国国家环境保护局还要求船舶所有人/运营商在清洁船舶时尽量减少铜基防污涂层向水中的释放。如果水中出现任何可见的云状或羽状油漆痕迹，那么应该更换较软的刷子或较少研磨的清洁技术。

船体清洗往往也会带来较高的成本，表 1-10 是 EPA 提供的一些清洗成本。

表 1-10 船舶单次清洗成本估算（EPA 800-R-11-004） （单位：美元）

位置	清洗方法	船舶长度					
		25m	40m	50m	60m	100m	200m
船台（澳大利亚）	喷水清洗	2 800	6 300		12 000		
	涂覆新涂层	6 500	15 200		24 500		
干船坞（新西兰）	喷水清洗	8 800	13 200		28 800		
	涂覆新涂层	34 900	55 600		87 900		
干船坞（澳大利亚）	喷水清洗			25 900		83 800	191 400
	涂覆新涂层			29 500		146 300	417 200
水下	潜水员操作的旋转刷和微粒控制系统			10 300～19 100		20 300～30 800	64 100～76 400
水下	ROV 喷射和微粒控制系统			12 100～26 300		25 500～41 200	79 800～96 000

1.2 防污技术的发展历史

1.2.1 公元前至 16 世纪

早在公元前 5 世纪就发现了处理船底的文字记录，防污技术的发展大约起始于公元前 7 世纪，其与海上运输和贸易的发展密切相关[3]。有记载的最早开始使用防污技术的人类集中在地中海地区，包括腓尼基人、迦太基人、希腊人和罗马人。地中海东岸的腓尼基人是一个古老的民族，善于航海与经商，在全盛时期曾控制了西地中海的贸易，他们被认为环游了非洲，航行到英国的康沃尔郡寻找锡，早在公元前 6 世纪就探索了欧洲西海岸，在公元前 1500～300 年，他们就开始在木船上使用铅片来减少海洋生物污损[13]。公元前 7 世纪，砷、硫、油的涂层（也称"涂料"）被用于船体保护。从古希腊时代开始，人们就多次尝试使用铅板防污。例如，阿基米德（公元前 287～前 212 年）的船用铅包裹，并用沉重的铜螺栓固定。罗马人也使用铅保护船只。随后的几个世纪中，据说维京人曾使用"海豹焦油"作为防污涂层（图 1-7）。在 13～15 世纪，通常将沥青与油或脂混合制作复合涂层，并广泛用于防止生物污损。克里斯托弗·哥伦布在他的航海日记中曾写道："所有的船只都涂上了一种油脂和沥青的混合物，希望能阻止藤壶和船蛆。每隔几个月，就得在一些方便海滩上清理船底"。14 世纪，人们开始使用皮革防污。在 16 世纪，木船上包裹动物焦油用于防污。铅板虽然能较好地阻止生物污损，但是它与船体的钢材接触时，由于两种金属的腐蚀电位不同，会产生电偶腐蚀，从而导致船体钢材严重生锈，因此在 17 世纪被英国禁用。

图 1-7 维京人航海艺术图（图片来自上海图虫网络科技有限公司，已授权）

1.2.2　17世纪至19世纪50年代

大航海时代（Age of Sail），又称地理大发现时代，是由欧洲发起的由航海主导国际贸易和海战的时期。这一时期防污技术的一个重要阶段是铜的使用。1625年，英国人威廉·比尔第一次以铁粉、铜和水泥为配方申请了第一个专利。1728年，另一项专利是"一种包裹和保存船板的新方法"，由"轧制"的铜、黄铜、锡、铁或锡板组成，但没有发现这个专利的使用记录。1758年，英国皇家海军制造了第一艘完全由铜壳保护的巡洋舰"警钟号"（HMS Alarm），第一次被证实使用铜壳可以作为铅板的替代品，它成为了皇家海军舰艇使用铜防污技术的先驱[14]。英国卡提沙克号（Cutty Sark）是一艘活跃于19世纪后半期的大型贸易帆船（图1-8），被认为是当时世界上最快的船只，它使用的也是铜壳保护技术。然而，铜的防污效果在于它在水中的溶解度，但其耐久性备受质疑；另外，铜和钢材船体也存在电偶腐蚀，加速了船体表面的腐蚀。随后，人们开始寻找铜的替代品。

图1-8　英国商船卡提沙克号（图片来自上海图虫网络科技有限公司，已授权）

1.2.3　19世纪50年代至20世纪50年代

19世纪中期，在聚合物中掺杂有毒物质制备防污涂层的概念被提出，基于这个概念，逐渐产生了各种各样的防污涂层[15]。常用的防污剂有氧化铜、砷和氧化汞等，溶剂包括松节油、石脑油和苯，同时使用亚麻籽油、虫胶清漆、焦油和各种树脂作为黏结剂。例如，1841年，英国工程师罗伯特·马利特在清漆中掺杂剧毒物质申请了一项防污涂层专利，但是由于磨损和有毒物质的快速溶解，这项发明未能成功应用。1847年，威廉·约翰·海发明了一种防污涂层，其理念是通过使用不导电清漆将含铜化合物的涂层与钢材船体隔离。1860 年，詹姆斯·麦金尼斯在一种金属皂中掺杂硫酸铜作为防污剂制得了防污涂层。这种"热塑性涂层"与当时最好的"意大利摩拉维亚"涂层非常相似，后者是意大利同时代开发的松香和铜化合物的混合物。1863 年，詹姆斯·塔尔和奥古斯都·旺森获得了一项美国防污专利，他们在焦油中加入了铜氧化物和石脑油或苯。19 世纪末，意大利摩拉维亚涂层、麦金尼斯涂层、热塑性涂层、虫胶类涂层和各种铜涂层被广泛使用。但这些涂层也存在缺点，如价格昂贵、防污性能差、寿命短等。1908 年起，美国海军开始测试一些防污涂层，这些涂层大部分基于虫胶、乙醇、松节油、汞的氧化物和氧化锌等，寿命约为 9 个月。1926 年，美国海军研制出一种以氧化铜和氧化汞为填料的松香防污涂层，可以抵抗 18 个月的生物污损。第二次世界大战后，防污涂层领域发生了重要的变化，石油基树脂的出现改善了涂层的机械性能，考虑了安全和健康方面的影响，废弃了有机汞和砷的使用等。

1.2.4　20 世纪 50 年代至 2001 年

20 世纪 50 年代，防污领域发生了一场革命。荷兰科学家范德克尔克和他的同事发现了三丁基锡（tributyltin，TBT）的防污性能[16]，这种化合物在当时是最有效的防污技术，随后的几十年在全球范围内被广泛使用。虽然此类有毒物质表现出非常高效的防污性能，但它们对海洋中的非污损生物也构成了严重威胁。自 70 年代以来，含有重金属（图 1-9）的涂层在水生环境中的致死效应和富集效应被发现[17,18]。更严重的是，TBT 的使用对一些海洋生态系统产生了灾难性的影响。80 年代初，一些法国牡蛎养殖者发现了牡蛎的异常生长，包括壳畸形和幼虫发育

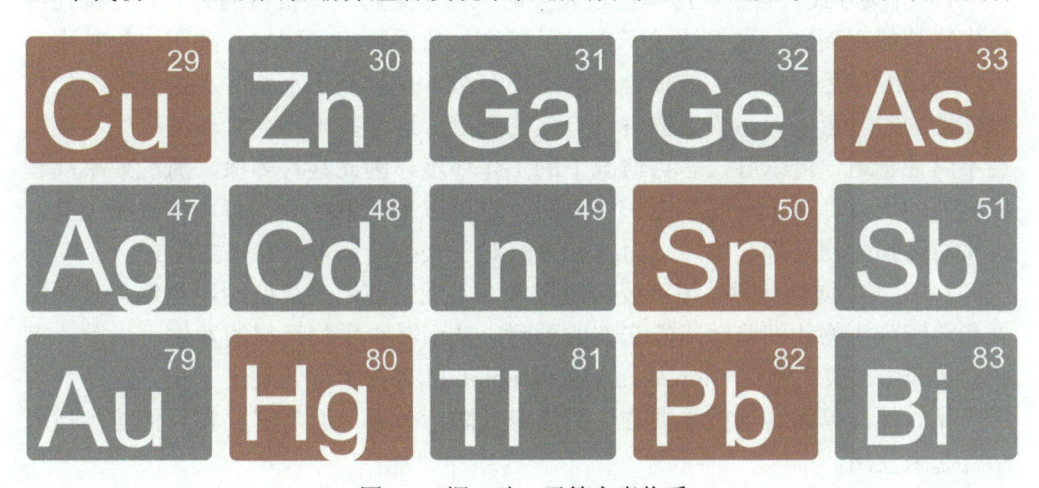

图 1-9　铜、砷、汞等有毒物质

异常，最终法国阿卡雄湾的牡蛎产业遭到破坏[19]。世界各地的许多研究人员多年来开展了 TBT 在生物体内富集的研究，许多生物包括甲壳类、鱼类、鸟类、哺乳动物，甚至人类体内也发现了 TBT 的存在。TBT 可以导致许多生物体的生长异常。此外，TBT 降解缓慢，在海洋环境中可以持续几个月至几十年，长时间影响海洋环境。在这些事件之后，人们对 TBT 对海洋环境的负面影响有了深刻的认识。随后，英国（1987 年）、美国（1988 年）、加拿大（1989 年）、澳大利亚（1989 年）、欧盟（1989 年）均通过法律禁止在小型船舶上使用 TBT，在大型船舶上的使用也受到严格限制[20]。2001 年，国际海事组织（IMO）评估了 TBT 对海洋环境的不利影响，并提议从 2003 年 1 月 1 日起禁止生产 TBT 防污涂层，从 2008 年 1 月 1 日起禁止在船舶表面使用 TBT 防污涂层。因此，开发新型环保防污表面具有非常迫切的需求。

20 世纪 60 年代开始，也出现了另一种防污技术，即电解防污技术，通过电解海水、铜铝阳极，以及电解海水-铜阳极联合等，产生 Cl_2（进一步和 H_2O 生成 HClO）和 Cu_2O 等，从而杀死污损生物的幼虫和孢子以达到防污的目的[21]。初期，这种技术在美国、英国和日本等国研究较多，1965 年在英国和加拿大联合研制的"Cat helco"电解海水装置的船上首次使用。这种技术在我国的研究始于 70 年代，并在 80 年代中期得到广泛应用。这项技术也存在一些问题，如电解效率偏低、阳极使用寿命短，这些问题使得这项技术的成本偏高[22]。

1.2.5　2001 年至今

（1）非涂层防污技术概述

1）机械方式。当生物污损已经发生时，可以采用一些机械的方式，直接使污损生物从船底剥离，这些技术不会对环境产生负面影响。例如，高压水枪技术，可以根据船体污损情况，选择合适的压力等级，保护高压水枪的水射流不会损伤船体的同时，可以对污损生物进行有效的剥离。这项技术不会对环境产生污染，也不腐蚀管道，可以胜任恶劣情况下的工作环境，因此具有环保、清洗效率高和成本低的优点。对于一些小面积的表面，也可以采用钢丝刷、刀片等机械工具，直接对污损生物进行刮擦，然而这种方法对于大型船只来说并不实用。

2）超声波防污技术。超声波防污技术则是通过使用小尺度的声空化来破坏藻类和单细胞生物的细胞壁降低它们的黏附，从而减少生物污损的发生。当前，挪威 Cathwell、澳大利亚 Globatech、英国 Sonihull 等公司都开发出了相关的超声防污产品。然而单靠这项技术很难达到满意的防污效果，通常需要和其他防污技术结合起来使用。

3）化学清洗方法。当生物污损发生在管道内部时，也可以使用化学方法来进行处理。例如，采用带磨粒的浆料、化学清洁剂、含氧液体等循环通过管道内部来清理内部的污损生物。

（2）新型涂层防污技术概述

随着全球范围内对有毒防污涂层的禁用，迫切需要开发绿色、广谱、长效的防污新原理、新方法、新技术。

1）防污剂释放涂层（antifoulant release coating）。将新型绿色的防污剂，如季铵盐、天然防污剂、可降解杀菌剂等引入到防污涂层中，达到对污损生物生长的抑制。我国对此类涂层的研究处于世界前列。例如，香港科技大学钱培元等开发的多种天然防污剂，防污效果优异，具有良好的应用前景。但是由于此类涂层需要持续向周围环境释放防污剂才能保持防污效果，因此其释放速度与其寿命和防污效果高度相关，目前的难点在于对其释放速度的控制；另外，虽然此类杀菌物质在一定程度上是绿色环保的，但潜在的环境风险评估仍是需要的，这方面的工作当前是较为缺乏的。

2）低表面能释放涂层（fouling release coating）。依靠涂层自身的低表面能，降低污损生物在其表面的附着力，在水流作用下污损生物容易从表面脱附，从而起到对生物污损的控制。这类涂层以有机硅脂、含氟涂层为代表，其防污机理是机械过程，不释放有毒物质，因此绿色环保。虽然低表面能释放涂层防污效果优秀，但静态防污效果差，且对于某些类型的生物污损要求较高的流速才能达到剥离效果。另外，低表面能释放涂层由于其表面能低，与基底的附着力较差，且机械性能差，容易造成开裂、起泡、脱附等严重后果。目前，日本、埃及、荷兰、丹麦等国家的研究人员对此类涂层进行了大量的研究，在一定程度上克服了这类涂层的缺点，已经成功研发了商业化防污涂层，如荷兰 AkzoNobel 公司的 Intersleek 系列 FRC 涂层，丹麦 HEMPEL 公司的 Hempasil X3 系列涂层。而国内的研究还处在起步阶段，不少还处在实验室阶段，如何克服此类涂层的缺陷及实海随船试验是今后研究的方向。

3）蛋白阻抗涂层（protein resistance coating）。此类防污涂层也称为亲水阻抗涂层。由于生物污损的初始黏附阶段是细菌、藻类等的附着，而细菌、藻类等分泌胞外聚合物（主要成分是蛋白质、多糖、RNA 和 DNA）来帮助黏附，贻贝和藤壶依靠它们分泌蛋白黏合剂附着在表面，因此阻止蛋白质黏附，有利于控制生物污损的发生。由于亲水型材料的亲水特性，当材料表面与水接触时，表面会形成一层水化层，当蛋白质或细菌到达材料表面时，水化层作为天然的物理屏障使得这些污损生物难以穿透，从而使得污损生物难以接触到涂层表面。从理论上来讲，这是一种有效的防污涂层，可以将生物污损扼杀在摇篮。然而由于复杂的海洋环境，海洋中的泥沙、有机物等容易附着在涂层表面，使得此类涂层的长期使用效果较差，其应用前景并不明朗。

4）两亲性聚合物涂层。两亲性聚合物同时含有疏水片段和亲水片段，两种片段的存在在聚合物表面形成了一个模糊的表面。一些研究人员认为，细菌和表面之间的黏附可以通过非特异性（如亲水性或疏水性）的相互作用进行。因此，两亲性聚合物的模糊表面可以"迷惑"污损生物的黏附，从而起到防污作用。然而，两亲性聚合物的防污机理仍然是不明确的，而且少有报道测试其在实海情况下的防污性能，所以其实际应用前景还需进一步研究。

5）可降解聚合物涂层。可降解聚合物在与水接触时，会发生降解或水解，形成具有不断变化的表面，从而去除附着的污损生物。这些涂层大多含有在海水中可以降解的丙烯酸类、聚氨酯类共聚物、超支化聚合物等。虽然此类涂层防污效果优秀，然而其降解速率与防污性能呈正相关，而与其寿命呈负相关。因此，如何做到可控的高效、长效防污需要充分的研究。另外，降解、水解都是在理想条件下的测试，在实际应用中产生的微片段对海洋环境的潜在危害也需要充分评估。

6）仿生防污涂层。模拟大自然的防污表面（如荷叶、鲨鱼等的微纳结构）来制备防污涂层用在设备表面来达到防污效果。西方国家对此类防污涂层的研究历史较长，已经开发出商业化产品，如著名的 Sharklet 仿鲨鱼皮肤防污涂层，此类微纳结构防污涂层在理论上防污效果较好，但生产、施工成本高，在海洋领域应用的商业化并不成功。对于一般的微纳结构表面，单一尺度的微纳结构不能很好地防止不同尺度的污损生物附着。一些结果表明，细菌或硅藻等微生物可以逐渐填满微纳表面的沟壑从而掩盖表面微纳结构，使防污性能失效。另一个问题是困在表面微纳结构中的空气层不能承受较大的压力，最终表面空气层将消失，液体在微纳结构的状态从卡西-巴西斯特（Cassie-Baxter）状态转变为中间（intermediate）状态或温泽尔（Wenzel）状态，最终防污效率降低。另外，微纳表面老化、物理损坏也会降低其防污效果。最近的一项统计表明，微纳防污表面在 46% 的情况下存在失效问题。这些潜在的缺点限制了微纳结构表面在恶劣海洋中的应用。其他的仿生防污策略，虽然防污性能优秀，但也存在这样那样的缺陷。例如，受猪笼草启发的超光滑表面其表面润滑液稳定性较差，不能长期使用；受磷脂酰胆碱抗凝结启发的两性离子聚合物的长期防污效果差，对于实际应用还有很长的路要走。因此，需要开发新型仿生防污涂层来增加工程适用性和耐久性。

1.3 海洋防污涂层市场现状与发展趋势

1.3.1 国际市场

近年来，海洋防污市场发展迅速，据 Envision Intelligence 预测，2017 年全球海洋防污涂层的市场规模为 28.8 亿美元，复合年均增长率（CAGR）为 3.26%；

Mordor Intelligence 预测，海洋防污涂层市场 CAGR 为 6%。造船业的快速发展，使得休闲船只和游轮的市场逐步扩大，船舶生产原材料及维护需要增加。另外，各国政府相继出台对环保、耐用防污涂层的政策和法规，使得旧产品换代需求增加，如美国国家环境保护局（EPA）制定的海洋涂层挥发性有机化合物（VOC）限定值，可能对未来行业发展产生影响。当前，船体涂层已经主导了全球海洋防污涂层的主要市场。欧美的大型海洋涂层公司主导了全球海洋防污市场主要份额，如荷兰 AkzoNobel、美国 PPG Industries、挪威 JOTUN、丹麦 HEMPEL、德国 BASF 等（图 1-10）。这些公司开发的主导市场的产品主要有铜基防污涂层、自抛光涂层、低表面能涂层、混合型涂层等。

在区域市场上，亚太地区对海洋防污涂层的需求最大。亚太地区是世界上最大的船舶生产区，从小型船只到石油运输船舶、货轮、集装箱船舶均有生产。中国、日本和韩国是亚太地区的主要船舶生产国家，据统计，2019 年，中国、韩国和日本造船完工量分别占全球造船完工量的 37.3%、32.9% 和 25.1%。随着这些国家船舶订单的增长，预计对海洋防污涂层的需求也会相应增加，这将促进相关行业的快速发展。

图 1-10 国际海洋防污涂层市场概述

1.3.2 国内市场

我国海洋防污涂层的开发始于解放前后，当时上海开林造漆厂开始生产一些低端船用涂层，但主要专料来自欧洲。随后，上海开林造漆厂开始按美国海军技术规范研制沥青系列防污涂层，但防污性能仍然较差。1966 年，由国家多个部门牵头组成的"418 船舶涂层科研协作组"标志着我国现代船舶涂层自主研制和生产的开端。在改革开放时期，我国的一些企业开始与国外的涂层生产厂家进行合作和技术引进，满足了国内船舶涂层的需求，总体上提升了中国涂层的技术水平。在我国制定《中华人民共和国国民经济和社会发展十年规划和第八个五年计划纲要》（1991～1995 年）后，国家开始重视海洋的开发，海洋防污涂层的攻关也被提上日程。近年来，国家对海洋开发的重视程度与日俱增，《中华人民共和国国民经济和社会发展第十四个五年规划和 2035 年远景目标纲要》及党的二十大报告均明确提出"发展海洋经济，保护海洋生态环境，加快建设海洋强国，维护海洋权益，坚定捍卫国家主权、安全、发展利益",解决海洋防污问题可以为探索开发海洋提供重要的技术支撑。

在"十二五"期间,我国船舶涂层的销量波动较大(图 1-11)[23,24]。2011~2015 年,受中国造船业低迷影响,2011~2013 年涂层销量整体呈下降趋势,在 2013~2015 年有上升趋势,但上升速率缓慢。在"十三五"期间,继续受船舶行业低迷的影响,船舶涂层销量进一步下降,并在降后的几年稳定在 30 万 t/年。在"十四五"开局之年,由于受全球新冠疫情影响,造船业发展有所下降,但船舶维修业仍有潜力,整体市场仍较为稳定。

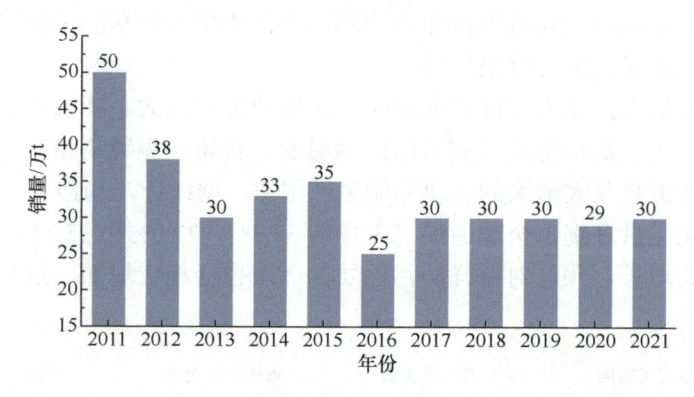

图 1-11 2011~2021 年船舶涂层在中国市场的销量变化[23,24]

据 Clarksons 数据,2019 年我国造船完工量和新接订单量分别占世界市场份额的 37.2%和 44.1%;据中国涂料工业协会发布的数据,2022 年我国造船完工量和新接订单分别占全球总量的 47.3%和 55.2%,各项指标在国际市场份额均保持世界第一,相对 3 年前有较大幅度增长。随着新冠疫情对全球影响的逐渐减弱,作为一个造船大国,预计我国的造船业会继续高速增长,对防污涂层的需求仍能保持较高的增速。但不可忽视的是,国内占市场较大的涂层品牌主要为欧美企业,包括 JOTUN、IP、CMP、HEMPEL 和 PPG Industries。虽然国家相关部委陆续资助了科研院所及企业部门进行防污涂层研究,但由于研发周期长,成果应用转化不足,原材料严重依赖国外,造成市场竞争力低和客户认可度低,在高端船舶涂层市场份额仍较小,在国家持续投入和科研院校成果转化方面仍任重而道远。

1.4 发展海洋防污技术的意义

1.4.1 对全球的意义

(1) 对国际经济发展的意义

海洋面积占地球总面积的 71%,与海洋接边的国家有 100 多个,海洋为地球上的大部分人类提供了源源不断的经济支撑。与人类经济密切相关的领域包括海洋运输业、捕捞业、水产养殖业等，还可以通过一些间接关系对更多产业产生影响。对全球经济发展的积极作用主要有如下几个。

1）降本、增收。海洋捕捞业和水产养殖业是全球重要产业，为不断增长的世界人口提供必要的食物，在向低收入、粮食缺乏国家供应蛋白质方面发挥着关键作用。联合国粮食及农业组织 2024 年发布的《世界渔业和水产养殖状况》报告指出，2022 年全球渔业和水产养殖总产量增至 2.232 亿 t，比 2020 年增长 4.4%，水产养殖业首次在动物类产量方面超过捕捞渔业，成为水生动物的主要生产部门，水产食品可提供优质蛋白，在全球动物蛋白和蛋白总量中的占比分别为 15%和 6%。捕捞业和水产养殖业产品销售预计总值达 4720 亿美元。发展海洋防污技术通过保护海洋基础设施免受污损导致的损坏，延长了船舶、海上平台和水产养殖系统的使用寿命，减少了频繁更换的需求，从而降低资本支出。对于海洋运输业，通过减少燃料消耗和维护费用，较低的运营成本可促进更具竞争力的航运费率和全球贸易成本的降低。

2）推动创新与就业。防污技术的研发和应用促进了材料科学、海洋生物学和工程领域的创新。这些进展为研发、制造和服务行业创造了大量就业机会。有数据显示，海洋养殖业可为 6180 万人创造就业机会。

3）促进可持续发展。环保型防污技术支持海洋产业向可持续运营转型。清洁的海洋和减少的排放有助于实现《巴黎协定》等国际环境目标。

（2）对国际军事建设的意义

海洋防污技术对军事、国防至关重要，因为它直接影响海军舰艇和水下设备的性能、维护和作战准备。生物污损可显著增加船舶水动力阻力、增加燃料消耗，导致机动性下降以及腐蚀加速。解决这些问题对于维持海军的效率和作战能力至关重要。美国海军一直处于开发和实施先进防污技术的前沿。传统的防污涂层含有像三丁基锡这样的杀生物剂，尽管效果显著，但对环境造成了严重危害，因此被禁止使用。为此，美国投资开发环保替代技术，如硅基和污损释放涂层，这些涂层无需使用有害化学品即可减少生物附着。这些创新为燃料节约和维护成本降低带来了显著效益。英国皇家海军也高度重视防污技术以提高舰队性能，通过与研究机构的合作，开发了无毒、低表面能涂层，这些涂层能有效减少生物污损。这些涂层不仅改善了燃油效率，还延长了舰艇的使用寿命，从而提高了作战准备性和成本效益。澳大利亚皇家海军针对热带海域高生物污损率的特点，专注于适合此类环境的防污解决方案，探索了仿生学方法，如模拟鲨鱼皮表面的结构来防止生物附着。这些努力旨在减少维护停机时间，并延长海军资产的寿命。鉴于其战略性的海事位置，新加坡共和国海军对防污技术进行了大量投资，以维持舰队的作战准备能力，与本地大学和研究中心合作开发了先进的涂层和超声波防污系统，这些技术在污损生物丰富的温暖水域中效果显著。

尽管与军事燃料节约和维护成本降低相关的具体数据通常为机密，但整体效益已被广泛证明。例如，研究表明，生物污损导致的阻力上升，可使船舶的燃料消耗增加多达 40%。实施有效的防污措施可以降低这些损失，从而带来显著的成本节约并提高作战效率。新型海洋防污技术的开发和实施对全球军事和国防领域至关重要。这些技术确保了海军舰艇能够以最佳性能运行，减少维护成本并保持作战准备能力，从而对实现国家安全目标做出了重要贡献。

1.4.2 对我国的意义

（1）对国民经济发展的意义

我国有渤海、黄海、东海、南海四大领海海域，海岸线总长度达 3.2 万 km，其中大陆海岸线长达 1.8 万 km，多个省市和地区接临海洋，从北到南有辽宁、河北、天津、山东、江苏、上海、浙江、福建、台湾、广东、广西、香港、澳门和海南，海洋经济是我国国民经济的重要组成部分。中华人民共和国自然资源部公布的数据显示，2011～2021 年，我国海洋经济总产值整体保持上升趋势（图 1-12），由于新冠疫情影响，2020 年的海洋经济总产值有所下降，但部分海洋产业快速恢复，同时受国家政策助力，企业效益恢复，保市场主体取得实效。国家海洋信息中心发布的《2022 中国海洋经济发展指数》显示，2021 年中国海洋经济发展指数为 114.1，比上年增长 3.6%，我国海洋经济呈现稳中向好态势。指数数据亦显示，2021 年海洋渔民人均纯收入比 2015 年增长 50%，海洋公园面积大幅增加，海洋旅游出行意愿增强，整体仍有较大发展空间。

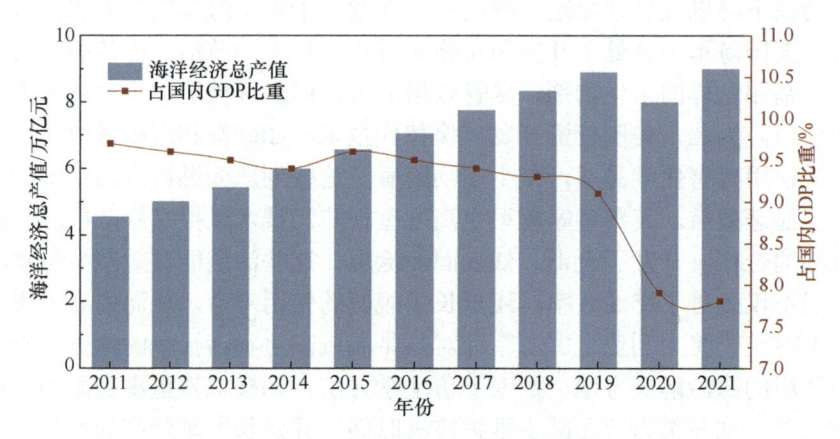

图 1-12　2011～2021 年我国海洋经济总产值及占国内 GDP 比重
数据来源：中华人民共和国自然资源部

2018年6月12日，国家领导人在山东考察时指出"海洋经济的发展前途无量"，发展海洋经济是推动我国强国战略的重要方面，而海洋生物污损对发展海洋经济造成了严重的冲击。2020年我国主要海洋产业为海洋渔业、油气业、矿业、盐业、化工业、生物医药业、电力业、海水利用业、船舶工业、工程建筑业、交通运输业、滨海旅游业。上述海洋产业均受海洋生物污损的困扰，如海洋渔业养殖网箱的生物污损造成养殖产品减产，海洋勘探工作平台、管道等的生物污损影响生产安全，任何水下的表面均受海洋生物污损。一些国外统计数据显示，生物污损导致燃料消耗增量为 44 000～408 000 万 t，CO_2 排放量增加 134 000～1 238 000 万 t，造成航行成本增加 220 亿～2040 亿美元，每年生物污损给海水养殖业带来的损失达 15 亿～30 亿美元[25]。我国船舶数众多，海岸线漫长，海水养殖区域较大，海洋生物污损带来的损失亦较大。

因此，发展海洋防污技术，可有效降低海洋生物污损对我国海洋经济的影响。"绿水青山就是金山银山"，淘汰对环境有负面影响的防污技术，发展新型绿色海洋防污技术，是促进经济发展和环境保护双赢的绿色发展方式。当前我国船舶用涂层主要依赖国外品牌，发展我国自有海洋防污技术，有助于提高我国的海洋科技水平，使探索海洋技术不再受限于其他国家，增加中国在世界上的影响力和话语权。

（2）对国防建设的意义

海洋是人类生存和发展的重要区域，是世界各国争相开发和争夺的重要战场。自15世纪人类进入大航海时代以来，西方国家形成的海洋霸权通过殖民和贸易秩序获得了极大发展，19世纪以美国为首的西方国家形成的海洋霸权，通过威胁、制裁和战争影响着世界格局。《国际形势和中国外交蓝皮书（2022/2023）》指出，2022年国际形势呈现冷战结束以来最为深刻、复杂、动荡的变化。我国作为世界第二大经济体，也深受世界局势的影响。另外，我国台海局势持续升温，南海区域亦与某些国家存在摩擦。国家领导人在党的十九大报告指出"坚持陆海统筹，加快建设海洋强国"。为维护我国领土权益和实现中华民族伟大复兴，推进海洋国防的建设势在必行。

发展海洋防污技术，可降低生物污损对舰、船、艇航行阻力的影响，增加船舶的机动性，在战场上获得优势；可降低返坞频次，减少维修成本和时间，增加在航率；用在水下武器方面，可以降低腐蚀速率，延长武器寿命，降低生物污损对发射速率的影响；用在水下探测器方面，可以减少生物污损带来的精度下降；用在海洋固定军事平台方面，可以降低微生物的附着，从而减少微生物腐蚀的发生，增加钢铁、混凝土结构的寿命。发展海洋防污技术，将为实现中国强军梦和中华民族伟大复兴提供重要的技术支撑。

参 考 文 献

[1] JIN H, TIAN L, BING W, et al. Bioinspired marine antifouling coatings: Status, prospects, and future[J]. Progress in Materials Science, 2022, 124: 100889.

[2] DAHLBÄCK B, BLANCK H, NYDÉN M. The challenge to find new sustainable antifouling approaches for shipping[J]. Coastal Marine Science, 2010, 34(1): 212-215.

[3] SELIM M S, SHENASHEN M A, EL-SAFTY S A, et al. Recent progress in marine foul-release polymeric nanocomposite coatings[J]. Progress in Materials Science, 2017, 87: 1-32.

[4] DEMIREL Y K, TURAN O, INCECIK A. Predicting the effect of biofouling on ship resistance using CFD[J]. Applied Ocean Research, 2017, 62: 100-118.

[5] HEWITT C L, CAMPBELL M L. Mechanisms for the prevention of marine bioinvasions for better biosecurity[J]. Marine Pollution Bulletin, 2007, 55(7): 395-401.

[6] MILNE P H. Fish Farming: A Guide to The Design and Construction of Net Enclosures[M]. London: His Majesty's Stationery Office, 1970.

[7] FITRIDGE I, DEMPSTER T, GUENTHER J, et al. The impact and control of biofouling in marine aquaculture: A review[J]. Biofouling, 2012, 28(7): 649-669.

[8] YUAN T-P, HUANG X-H, HU Y, et al. Aquaculture net cleaning with cavitation improves biofouling removal[J]. Ocean Engineering, 2023, 285: 115241.

[9] SCHOLZ F. Microbially influenced corrosion of materials: Scientific and engineering aspects[J]. Journal of Solid State Electrochemistry, 1997, 1(2): 181.

[10] CHEN L, DUAN Y, CUI M, et al. Biomimetic surface coatings for marine antifouling: Natural antifoulants, synthetic polymers and surface microtopography[J]. Science of the Total Environment, 2021, 766: 144469.

[11] NGUYEN N, JONES D L, YANG Y, et al. Flow vision for autonomous underwater vehicles via an artificial lateral line[J]. EURASIP Journal on Advances in Signal Processing, 2011(1): 806406.

[12] DELAUNEY L, COMPÈRE C, LEHAITRE M. Biofouling protection for marine environmental sensors[J]. Ocean Science, 2010, 6(2): 503-511.

[13] AMARA I, MILED W, SLAMA R B, et al. Antifouling processes and toxicity effects of antifouling paints on marine environment[J]. Environmental Toxicology and Pharmacology, 2018, 57: 115-130.

[14] FERREIRA-VANçATO Y C S, DANTAS F M L, FLEURY B G. Nanobiocides against marine biofouling[J]. Studies in Natural Products Chemistry. Elsevier, 2021, 67: 463-514.

[15] YEBRA D M, KIIL S, DAM-JOHANSEN K. Antifouling technology—past, present and future steps towards efficient and environmentally friendly antifouling coatings[J]. Progress in Organic Coatings, 2004, 50(2): 75-104.

[16] VAN KERK G J M D, LUIJTEN J G A. Investigations on organo-tin compounds. III. The biocidal properties of organo-tin compounds[J]. Journal of Applied Chemistry, 1954, 4(6): 314-319.

[17] BRYAN G W, COLE H A. The effects of heavy metals (other than mercury) on marine and estuarine organisms[J]. Proceedings of the Royal Society of London Series B Biological Sciences, 1971, 177(1048): 389-410.

[18] FLEMMING C A, TREVORS J T. Copper toxicity and chemistry in the environment: A review[J]. Water, Air, and Soil Pollution, 1989, 44(1): 143-158.

[19] ALZIEU C L, SANJUAN J, DELTREIL J P, et al. Tin contamination in Arcachon Bay: Effects on oyster shell anomalies[J]. Marine Pollution Bulletin, 1986, 17(11): 494-498.
[20] KANNAN K, SENTHILKUMAR K, ELLIOTT J E, et al. Occurrence of Butyltin Compounds in tissues of water birds and seaducks from the United States and Canada[J]. Archives of Environmental Contamination and Toxicology, 1998, 35(1): 64-69.
[21] 金晓鸿. 海洋污损生物防除技术和发展(Ⅰ): 船底防污及电解海水防污技术[J]. 材料开发与应用, 2005: 44-46.
[22] 黄运涛, 彭乔. 海水电解防污技术的发展应用状况[J]. 辽宁化工, 2004, 33(9): 543-545.
[23] 张霁, 王健. 船舶涂料行业"十二五"回眸及"十三五"展望[J]. 中国涂料, 2016, 31(2): 1-6.
[24] 张霁, 杨杰, 王健. 船舶涂料行业"十三五"回眸及"十四五"展望[J]. 中国涂料, 2021, 36(2): 1-7.
[25] 段继周, 刘超, 刘会莲, 等. 海洋水下设施生物污损及其控制技术研究进展[J]. 海洋科学, 2020, 44(8): 162-177.

第 2 章 海洋生物污损类型和形成机理

在海洋中，任何浸入水下面的表面均受生物污损的影响，不同的表面受污损程度不同。在远古时代，人们发现生物污损现象后，以当时的科学技术水平，无法分析生物污损的形成过程，无法针对性地给出解决生物污损的有效方案，只能尝试性地采用有毒物质作为涂层来杀死附着的污损生物。近代研究结果表明，不同海域、季节、船舶材质/尺寸均可能影响污损生物的附着类型和过程，因此开发通用性防污技术存在极大挑战。本章将通过介绍海洋污损生物的类型、发展过程、黏附机理、时空差异等细节，为读者提供一个海洋生物污损的形成过程和机理的全景视图，使读者了解海洋生物污损是如何形成、如何发展的，从而有助于理解后文中现代海洋防污技术的工作原理。

2.1 海洋污损生物的类型

2.1.1 污损生物种类

世界范围内，有超过 4000 种海洋污损生物被观测到，海洋污损生物种类众多、分布广泛、数量庞大，常见的有以下几类。

（1）海洋细菌

海洋细菌（marine bacteria）是海洋中微生物群落的重要构成者，有自养和异养、好氧和厌氧、寄生和腐生、浮游和底栖等类型，这些细菌的长度通常为 0.5~1μm[1]（图 2-1）。常见的类型包括铜绿假单胞菌（*Pseudomonas aeruginosa*）[2]、枯草芽孢杆菌（*Bacillus subtilis*）[3]、海洋盐单胞菌（*Cobetia marina*）[4]等，海洋细菌在水平方向分布呈现离岸越远，密度越低的趋势；在垂直方向，一般 5~20m 的水层分布较多，随着深度增加，密度降低。而在海底沉积物中，由于营养成分的增加，细菌的数量又呈上升趋势。细菌发生黏附后，最终形成的生物被膜（biofilm）可为后续污损生物提供基质，一般情况下，生物污损均有细菌的参与。

（2）藻类

海藻（alage）是海洋植物的主体，由原始的光合细菌进化而来，通过光合作用为自身提供能量。以单细胞或多细胞的群体形式生活，其体形尺寸范围较大，可从

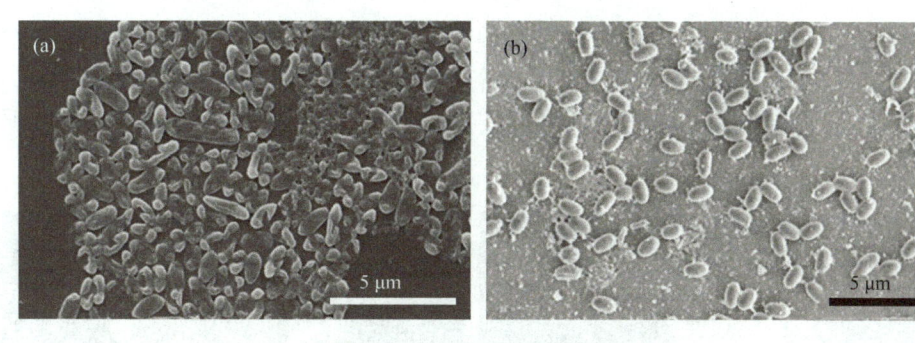

图 2-1 细菌扫描电镜图像
(a) 铜绿假单胞菌[5]；(b) 海洋需钠弧菌（*Vibrio natriegens*）[6]

微米到数米长。常见的种类包括浮游藻（planktonic algae）和底栖藻（benthic algae），浮游藻以蓝藻、硅藻和绿藻种类最多（图 2-2），其运动能力较弱，只能在水流的驱动下在水中微弱地浮动，因此其对生物污损的形成贡献较小。底栖藻是指在海底泥土或浸没在水中基质表面上生长的藻类的统称，底栖藻类可以发展出类似陆地森林的复杂物理结构[7]，这些藻类有些是较为静止的，有些具有运动性，可以在整体有结构的群落中移动，因此底栖藻类在水下人造表面的污损生物群落贡献更大一些[8]，常见的种类包括小新月菱形藻（*Nitzschia closterium* f. *minutissima*）[9]、石莼（*Ulva lactuca*）[10]、三角褐指藻（*Phaeodactylum tricornutum*）[11]等。

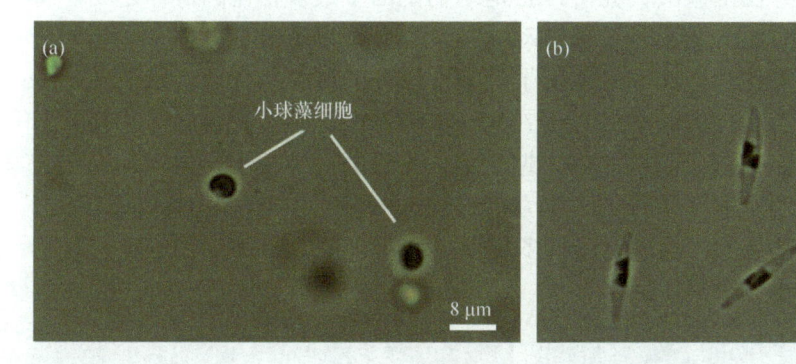

图 2-2 浮游藻形态的光学显微镜观察
(a) 小球藻；(b) 小新月菱形藻[9]

（3）甲壳纲动物

甲壳纲（Crustacea）动物，是一种无脊椎动物，分布在世界各地，螃蟹、虾、水蚤[图 2-3（a）]等是常见的甲壳动物，其体形通常较小，从几毫米到几厘米。藤壶（barnacle）是甲壳动物中一种典型的污损生物，其家族成员有 500 余种，一些被报道的品种包括网纹藤壶、三角藤壶、糊斑藤壶、纹藤壶、泥藤壶等，构成了重要的污损生物群落。藤壶为雌雄同体，通常异体受精，其繁殖的幼虫通过在水中浮游，寻找适宜的固体表面，最终稳定地附着在固体表面，形成密集的群落[图 2-3（b）]。藤壶固着生长后，进行周期性的蜕皮，并分泌钙质石灰质，在海中的岩石、船舶上稳固地生长，形成钙质生物污损，其附着力可达 1MPa[12]，难以去除。

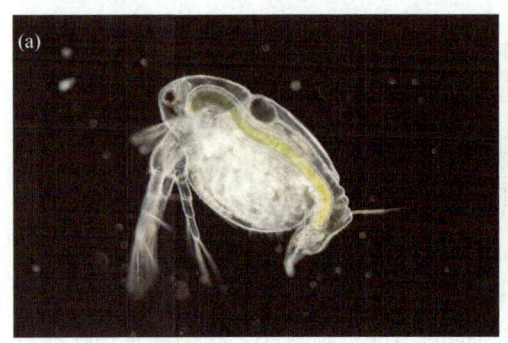

图 2-3　甲壳动物
（a）水蚤；（b）藤壶

（4）软体动物门

软体动物门（Mollusca）属于无脊椎动物，其中贝类通常全部或部分包裹在由覆盖身体的软壳分泌的碳酸钙壳中，它是动物王国中最多样化的群体之一，有近 10 万种（可能多达 15 万种）。软体动物在世界各地均有发现，但在世界的某些地区有一些群体的优势，其已经适应了除空中以外的所有栖息地，在淡水、海水、陆地等均能生活，有些物种在 10～7000m 的海洋中均能生存。软体动物可分为 8 个纲：腹足纲、双壳纲、头足纲、掘足纲、无板纲、单板纲、多板纲和尾腔纲，其中腹足纲有淡水和陆生种类，双壳纲有淡水生活的种类，其余各纲均在海洋中生活。双壳纲常见的污损生物包括多种贻贝、牡蛎和蛤蜊等（图 2-4），是形成重型生物污损的重要贡献者。

图 2-4　海边岩石表面附着的贻贝（a）和牡蛎（b）

(5) 海绵动物

海绵（sponge）是一类多孔类的低等多细胞动物，在所有纬度的海域均可生存，在潮间带到 8500m 均有发现，其依靠过滤海水中的碎屑、细菌、藻类等生存。海绵在地球上的历史非常悠久，可追溯到大约 6 亿年前的前寒武纪时期。大约有 8550 种海绵被划分为多孔动物门，多孔动物门可划分为 4 个纲：寻常海绵纲、六放海绵纲、钙质海绵纲、同骨海绵纲，其中寻常海绵纲海绵总数占现存海绵类型的 90%[13]。海绵与珊瑚一样，为固着类生长的无脊椎动物，但其在细胞上比珊瑚更加简单，成年海绵没有明确的神经系统和肌肉组织。约 98%的海绵生活在海洋中，在淡水中比较少见。大多数海绵尺寸只有几厘米，少数可长到 1～2m，其体形受外界条件、年龄、食物供应等变化影响。海绵的形状多种多样，包括树形、无定形、球形、圆柱形等（图 2-5）。海绵的颜色有红色、黄色、橙色、紫色等，从深到浅，颜色多样。

图 2-5　形状、颜色多样的海绵

(6) 苔藓虫

苔藓虫（bryozoans）是一种滤食性无脊椎动物，其具有一圈特殊的纤毛触须（图 2-6），可以用来收集悬浮在水中的食物颗粒。大部分苔藓虫的尺寸很小（直径<1mm），因此不容易被发现。已经报道的苔藓虫种类超过 17 800 种，现存的物种超过 6000 种。苔藓虫既可以无性繁殖，也可以有性繁殖。无性繁殖的速度更快，可以快速形成群落，有性繁殖产生的幼虫需要多次变态发育，以更好地适应环境。多个苔藓虫可以组成苔藓虫群落，在岩石、贝壳、海带等表面结壳，直径可达 0.5m。苔藓虫具有坚硬的碳酸钙骨架，这使得它们的尸体更容易被保存下来，因为可以在很多化石中发现苔藓虫的身影。苔藓虫在淡水和海洋环境中均有分布，在淡水环境中喜欢生活在清澈、缓慢流动的水中，在海水中的分布广泛，从海岸到深海环境均有分布，但在浅水中分布更丰富。在淡水环境中，它们可以污染供

水管道。在海水环境中，苔藓虫可以覆盖较大面积的区域，由于苔藓虫不需要光照就能生长，所以在码头、码头的阴影桩、管道中均能生长。

图 2-6　苔藓虫照片[14]

（7）刺胞动物门

刺胞动物门（Cnidaria），其种类约为 11 000 种。之所以称其为刺胞动物，主要是由于只有这类动物产生微小的细胞内刺囊，它们依靠触手和刺细胞捕食浮游生物和有机颗粒。由于这类动物具有一个围绕着中央体腔的简单组织，在过去也被称为腔肠动物。刺胞动物在生命周期内有两种形态，即水螅体形态和水母体形态。水螅体固定在基质表面，是主要的附着形式；水母体在水中自由漂浮，负责繁殖和扩散，从而快速占据新的基质。刺胞动物由 4 个纲组成：水螅纲（Hydrozoa）、钵水母纲（Scyphozoa）、珊瑚虫纲（Anthozoa）、立方水母纲（Cubozoa）。刺胞动物主要生活在热带海洋环境中，如珊瑚、水母、水螅、海葵等（图 2-7）。刺胞动物身体形态具有多样性和对称性，颜色繁多，如颜色鲜艳的各种珊瑚，它们的钙质骨架构成了大多数海洋中的珊瑚礁，一个著名的例子是澳大利亚的大堡礁。在人工结构，如船底、码头、平台等均可发现它们的踪迹。

图 2-7　美丽的刺胞动物珊瑚（a）和水母（b）

(8) 多毛纲动物

多毛纲（Polychaeta）动物俗称海毛虫，是环节动物门（Annelida）中的一个纲，具有分节的身体和成束的由几丁质构成的刚毛（也称为刺毛），这些刚毛用于运动、感知和附着（图 2-8）。多毛类种类繁多，已描述的物种超过 10 000 种，广泛分布于各种海洋环境中，从浅海沿岸到深海均有其身影。多毛类动物在海洋生态系统中起着重要作用，它们既是初级消费者，也是许多较大动物的食物来源。多毛类动物几乎完全生活在海洋中，栖息于多种多样的环境，如沙质和泥质海底、珊瑚礁、深海热液喷口，甚至作为共生或寄生生物生活在其他生物体内。一些种类是自由生活的，而另一些则是定居性的，会建造管状结构或挖掘洞穴以保护自己。一些多毛类动物，如盘管虫属（*Hydroides*）的物种，会分泌黏液、碳酸钙或其他物质构建管状结构，这些管状结构常成为污损生物群落的核心，在船体等表面造成海洋生物污损，带来经济和生态方面的挑战。

图 2-8 多毛类光滑管虫或红点马蹄（原毛虫）

(9) 被囊动物

被囊动物（tunicate）是一种属于脊索动物门（Chordata）的海洋无脊椎动物，已发现的有 2000 多种，分为海鞘纲（Ascidiacea）、樽海鞘纲（Thaliacea）和尾海鞘纲（Appendicularia）三个主要类群。以常见的海鞘为例，其显著特征是由体壁分泌的胶质被囊（tunica）包裹全身（图 2-9），这种保护性结构含有动物界罕见的纤维素成分——被囊素（tunicin）。被囊动物广泛分布于世界各大洋中，可以附着在岩石、码头和船体上，或者漂浮在水柱中。其身体构造简单，依靠虹吸系统进行水流循环，身体被外套包裹，为其提供保护和结构支撑。幼虫阶段可自由游动，形态类似蝌蚪。幼虫具有脊索（脊索动物的典型特征）和背神经索，与脊椎动物有着密切联系。除有尾纲以外，成体一般没有脊索的结构，但在幼体阶段，其尾部却有脊索存在。可以进行有性繁殖和无性繁殖，许多种类是雌雄同体，既能产生卵细胞也能产生精细胞。

图 2-9　海鞘

总体而言，人们对船体等水下表面的附着生物类型的研究还较少，大多数的研究集中在浸入海水的静态设备表面，如水产养殖网箱、人工鱼礁、水下岩石等。为了研究动态条件下污损生物类型的情况，美国伍兹霍尔海洋研究所曾在 1952 年对多种类型的船体以及多种人造材料表面进行了研究，统计了不同表面的污损生物种类（图 2-10）。据文献数据统计，全球范围内观测到的主要污损生物较为一致。例如，我国从渤海海域、黄海海域、东海海域到南海海域的污损生物类型与上述情况基本一致，但呈现出季节性的特点。

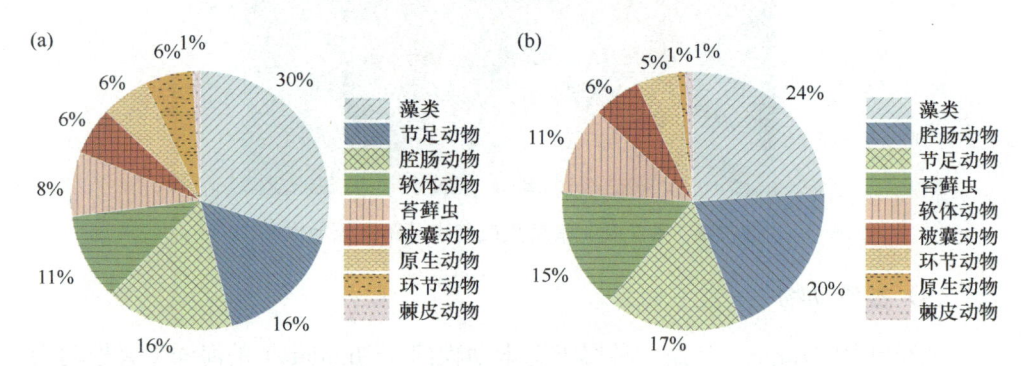

图 2-10　不同表面的污损生物种类
（a）人造材料；（b）船体表面

2.1.2　污损生物尺寸

污损生物的多样性和尺寸范围是巨大的（图 2-11 和表 2-1），细菌、藻类、单细胞孢子和一些硅藻细胞的尺寸范围从微米到数百微米甚至毫米。微纳米结构防污表面在应对不同尺寸污损生物的广谱抗黏附方面，往往面临跨尺度适配性的技术瓶颈。此外，不同污损生物的附着机制也存在不同，这为开发通用型广谱防污技术带来了挑战。

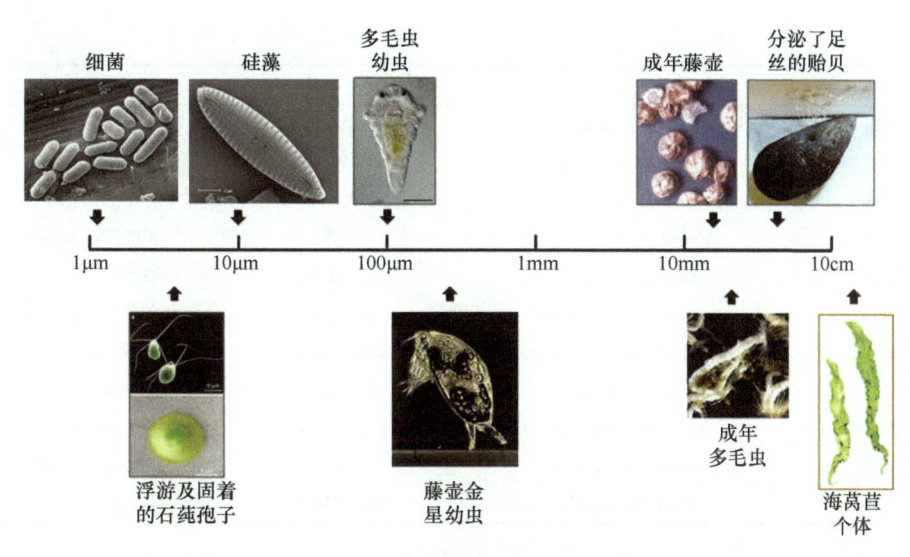

图 2-11　不同污损生物的尺寸分布[15]

表 2-1　常见污损生物的典型尺寸

生物类型	物种名称	常见名称	典型尺寸
细菌	*Pseudomonas aeruginosa*	铜绿假单胞菌	长 1.5～3μm
细菌	*Vibrio alginolyticus*	溶藻弧菌	长 1.4～2.6μm
细菌	*Shewanella oneidensis*	希瓦氏菌	长 2～3μm
细菌	*Marinobacter hydrocarbonoclasticus*	海杆菌	长 2～3μm
细菌	*Bacillus subtilis*	枯草芽孢杆菌	长 4～10μm
细菌	*Alteromonas macleodii*	海洋交替单胞菌	长 1.8～3μm
细菌	*Roseobacter* spp.	玫瑰杆菌	长 1～2μm
细菌	*Cobetia marina*	海洋盐单胞菌	长 0.5～5μm
细菌	*Escherichia coli*	大肠杆菌	长 1～2μm
蓝藻	*Lyngbya majuscula*	巨大鞘丝藻	丝状体长度可达 2cm
硅藻	*Thalassiosira* spp.	海链藻	长 14～17μm
甲藻	*Prorocentrum minimum*	微型原甲藻	长度约 20μm
绿藻	*Enteromorpha prolifera*	浒苔	主枝长度可达 1m
褐藻	*Fucus vesiculosus*	墨角藻	叶片长度可达 1m
红藻	*Polysiphonia* spp.	多管藻	丝状体长度 10～50cm
藤壶	*Tetraclita rubescens*	火山藤壶	直径可达 5cm
贻贝	*Modiolus modiolus*	偏顶蛤	长度可达 22cm
牡蛎	*Ostrea edulis*	欧洲平牡蛎	长度可达 11cm
管虫	*Lanice conchilega*	沙管虫	管状体长度可达 30cm
苔藓动物	*Schizoporella errata*	独角裂孔苔虫	群体直径可达 25cm
海鞘	*Pyura stolonifera*	无柄海鞘	长度最长可达 30cm

续表

生物类型	物种名称	常见名称	典型尺寸
海绵	*Cliona celata*	隐居穿孔海绵	群体长度可达 1m
水螅	*Ectopleura crocea*	番红外肋螅	长度可达 12cm
珊瑚	*Favia fragum*	高尔夫球珊瑚	群落宽度通常小于 5cm
海藻	*Macrocystis pyrifera*	巨藻	长度可达 60m
藤壶	*Balanus glandula*	北美橡实藤壶	直径可达 22mm
多毛类	*Pomatoceros triqueter*	旋鳃虫	管状体长度可达 25mm
端足类	*Corophium volutator*	日本旋卷蜾蠃蜚	长度可达 11mm
等足类	*Limnoria lignorum*	蛀木水虱	长度可达 5.6mm
被囊动物	*Botryllus schlosseri*	史氏菊海鞘	群体直径可达 15cm
刺胞动物	*Tubularia indivisa*	花水母	高度 10~15cm
有孔虫	*Ammonia tepida*	嗜温转轮虫	直径 0.1~1mm

2.2 海洋污损生物的发展过程

海洋生物污损是一个复杂的多阶段过程，各种生物在海洋环境中附着于浸没的表面上，这个过程受到生物、化学和物理因素的共同影响。在海洋环境中，任何水下表面都会受到生物污损的影响。普遍认为，生物污损是一个逐步进行的过程，通常可分为三个主要阶段，如图 2-12 所示。

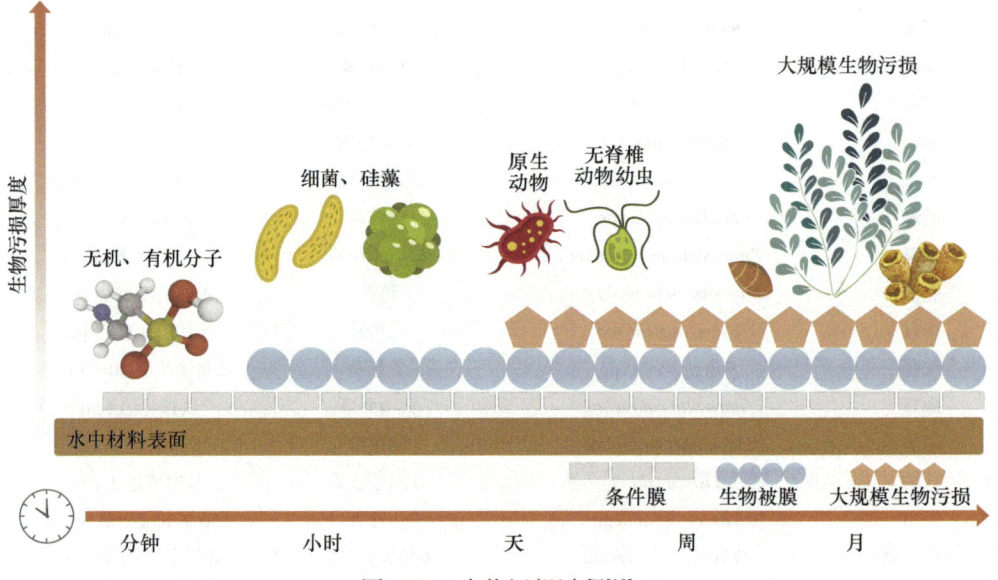

图 2-12 生物污损过程[18]

2.2.1 条件膜

当一个表面浸入水中后,水中的有机物(如腐殖质、氨基酸、多糖、蛋白质和其他代谢物等)和无机物会立即吸附在湿润的表面上,形成条件膜(conditioning film)。条件膜通过改变表面特性(如润湿性、粗糙度、疏水性、表面电荷和表面自由能等)来促进微生物细胞的附着。

条件膜的化学成分决定了其影响细胞附着的理化性质[16]。在细胞黏附的初始阶段,表面电荷和疏水性起着重要的作用。碳水化合物(如多糖和脂类)是条件膜中最丰富的成分之一,它在很大程度上修饰和决定表面电荷和疏水性。氨基酸、蛋白质和细胞外 DNA 大多是带电分子,它们可能通过改变表面电荷来影响细胞黏附。海水的 pH 为 8 左右,呈现弱碱性,位于细菌等电点以上,细菌在这种环境中带负电荷,理论上更容易附着在带正电荷的表面上,但也有研究认为表面电荷在细菌附着的长期作用中不起决定性作用[17]。具有疏水包膜的细胞优先黏附在疏水表面,反之亦然。也有研究表明,早期生物被膜的形成在很大程度上是由钙离子桥接或通过细胞表面的多糖相关化合物吸附而促进的。

2.2.2 生物被膜

几分钟或几小时后,包括细菌和硅藻在内的初级污损生物会附着在条件膜上,形成生物被膜(biofilm)。这一过程是可逆的,因为细菌和硅藻在外部因素作用下可以从表面脱落。原生动物、无脊椎动物和藻类幼体被细菌微生物群落产生的物理、化学信号吸引,并在表面形成单独的微型群落。在某些类型的水下表面上,硅藻在生物被膜中占主导地位。这些生物可以分泌黏性胞外聚合物(extracellular polymeric substances,EPS),使其紧密附着在目标表面,从而为硅藻的增殖提供了有利环境。最终,表面上会形成致密的生物被膜,有时其厚度可达 500μm。生物被膜的形成是生物污损中的关键阶段,因此抗生物被膜活性测试被广泛用于评估涂层的防污性能。

2.2.3 宏观生物污损

在接下来的几周内,包括藻类、藤壶、软体动物和贻贝在内的宏观污损生物会附着在生物被膜上,形成宏观污损群落(macroscopic fouling community)。这些污损生物可分为软污损和硬污损,软污损包括大型藻类(如海带)和水螅,硬污损包括钙化生物(如藤壶、贻贝、苔藓虫和管虫等)。

最终,随着时间推移,污损群落趋于稳定并达到动态平衡,生物之间不断竞争和演替。需要注意的是,图 2-12 中总结的线性演替过程是高度概括的。实际上,污损是一个高度动态的过程，具体的污损生物取决于许多因素，包括基质类型、季节和海域位置，一些捕食者（如螃蟹或鱼类）的存在也可能改变群落结构。

2.3 海洋污损生物的黏附机制

2.3.1 常见污损生物黏附机制

污损生物可分为两大类，即小型污损生物（如细菌、微藻等）和大型污损生物（如藤壶、贻贝等）。这些种类的污损生物具有不同的黏附机制。

（1）细菌黏附机制

细菌的黏附过程涉及许多因素，如细菌的形状、大小，以及细菌的种类等。表面化学和物理成分也是影响黏附的关键因素。一些研究人员认为，细菌与固体表面之间的黏附活性可以通过非特异性（如亲水性或疏水性）的相互作用进行。细菌的黏附过程是动态的、复杂的，涉及多种物理过程，如范德瓦尔斯力、静电力（库仑力）、重力、水流诱导的力等。另一个关键因素是细菌产生的 EPS 基质，其主要由碳水化合物、蛋白质和腐殖质组成，可以为细菌提供能量储备和抵抗恶劣环境。一旦细菌紧紧附着在表面上，它们就开始产生 EPS 基质，然后形成生物被膜[图 2-13（a）]。在实验室测试中，生物被膜可使表面摩擦阻力增加达 70%。

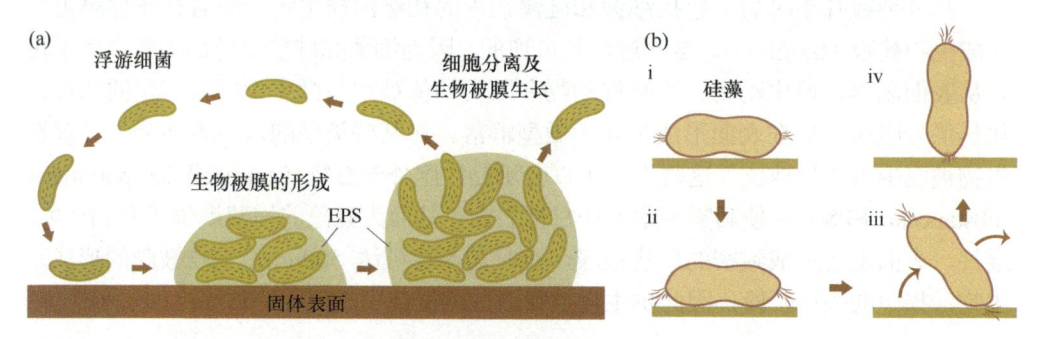

图 2-13 典型生物污损过程
（a）细菌的黏附；（b）硅藻的滑移

（2）藻类黏附机制

微藻（如硅藻）和大型藻类（如海藻）在海洋生物污损中扮演着重要角色。微藻的黏附有时类似于细菌的黏附，如包括各种力的参与或 EPS 基质的产生。然而，也存在一些差异，大多数硅藻没有鞭毛，所以它们不能自行移动。这一特征表明，硅藻可以通过水流或重力的作用接近表面。硅藻在物体表面定居后，会像细菌一样分泌 EPS。硅藻可以在 EPS 上移动以获得更好的位置，这一过程被称为硅藻滑移[图 2-13（b）]。一般情况下，细菌和硅藻的黏附定居导致生物被膜的形成。

藻类通过专门的黏附机制实现临时和永久附着。

1）临时附着。藻类细胞（如硅藻）分泌黏液（多糖类）以形成与表面的临时结合。此外，范德瓦尔斯力与静电力的弱相互作用在初期可逆附着阶段起作用。

2）永久附着。许多藻类分泌 EPS 以将自身牢固地锚定在基质上。EPS 由多糖、蛋白质和其他大分子组成。大型藻类孢子（如浒苔）释放特化的黏附糖蛋白，形成强力、不可逆的结合。某些钙化藻类（如珊瑚藻）将碳酸钙纳入其附着结构，以增强稳定性。

一旦定殖，藻类开始生长并扩展其群体。微藻繁殖迅速，可形成致密的生物被膜。大型藻类发展出固着器（一种特化的锚定结构）以固定在基质上。大型藻类扩展叶片或藻体，与其他生物竞争光照和养分。

（3）苔藓虫黏附机制

苔藓虫的定殖过程涉及幼体行为、基质探索和群体建立。苔藓虫通过有性生殖产生自由游动的幼体，幼体在数小时至数天内完成定殖，具体取决于物种和环境条件，快速找到基质对于幼体的存活至关重要，苔藓虫幼体会主动探索潜在的基质，以评估其是否适合附着。非摄食性幼体通过纤毛或肌肉运动进行表面探索，特化的感知纤毛用于检测基质的物理、化学和生物特性。幼体特别倾向于附着在有细菌生物被膜的表面。然而，也存在例外，苔藓虫幼虫也可以在生物被膜形成之前就定居在表面上。光照、流速、盐度和温度等环境因素会影响定殖的成功率。幼体通常倾向于在阴暗、低流速的区域定殖。在找到合适的基质后，幼体会永久附着并完成变态过程。黏附发生时，幼体分泌类似黏液的物质或黏附蛋白以实现初步附着，之后幼体分泌更强的黏附物质将自身牢固固定，幼体转变为第一个个体（称为祖体），祖体作为锚点并开始通过出芽形成新个体，最终建立群体。苔藓虫群体向外扩展，与其他污损生物争夺空间和资源。

（4）藤壶黏附机制

藤壶是最著名的大型污损生物之一，其幼虫发育分为无节幼体（nauplius）期和腺介幼体（cyprid）期。无节幼体是自由游动的浮游生物，以浮游生物为食，直至发育为腺介幼体。腺介幼体是藤壶幼体的最终阶段，停止摄食，专门寻找合适的底栖附着基质。腺介幼体阶段是定殖的关键，其主要任务是积极探索并选择合适的附着表面。腺介幼体可通过触角感知附着表面特性的结构，能够检测表面的纹理、化学信号和流体力学条件。触角分泌临时黏附蛋白以帮助表面探索。腺介幼体会评估表面的润湿性、粗糙度和是否存在生物被膜，这些因素显著影响其定殖倾向。腺介幼体的定殖行为表现出选择性，受表面化学特性、表面拓扑结构、环境因素等影响。在选择合适的表面后，腺介幼体分泌由蛋白质和脂质组成的永久性黏附物质，用于牢固附着。附着后，腺介幼体开始分泌钙质外壳形成保护性板块，永久固定在基质上。它们有一个牢固的锚点来抓住表面，这使得它们很难被去除。一旦完成永久附着，藤壶的发育就正式迈入成虫时期。在一个表面上定居后，藤壶释放化学物质来吸引更多的藤壶，然后繁殖更多的个体。最终，表面形成宏观污损群落。藤壶等大型污损生物具有坚硬的外壳（钙质污损），当大规模生物污损发生时，对摩擦阻力的影响更加严重。在船舶阻力试验中，重度钙质污损可使巡航速度降低 86%。

(5) 贻贝黏附机制

贻贝是海洋生物污损中最常见的生物之一，其定殖过程涉及生物、化学和物理因素的复杂相互作用。贻贝的幼体分为面盘幼体（veliger）期和具足面盘幼体（pediveliger）期。面盘幼体是浮游生物，以浮游生物为食，生长至发育出足部成为具足面盘幼体。具足面盘幼体这一阶段的幼体发育出足部，用于爬行和分泌黏附物质，从而能够主动寻找合适的附着表面。贻贝幼体会主动探索基质以评估其是否适合附着，幼体利用足部在基质上爬行，感知其纹理、化学特性和稳定性，通过分泌临时丝足（byssal threads）将自己锚定，以便进一步探索表面。贻贝幼体在选择附着点时表现出选择性，受表面化学特性、表面纹理、水动力条件等影响。化学信号（如生物被膜或同种贻贝释放的信号）对贻贝幼体有显著吸引作用，这些信号通常包括多肽、氨基酸和微生物分泌物。贻贝偏好具有特定粗糙度或微观结构的表面，这些结构可以增强其附着强度。中等流速最适合贻贝定殖，因为过高的流速可能导致幼体脱落，而静水环境可能降低氧气供应。一旦选择了合适的基质，贻贝会从临时附着转为永久附着。贻贝通过足部的丝足腺分泌一种由蛋白质组成的强韧且有弹性的材料，形成丝足。这些丝足类似锚索，将贻贝牢牢固定在基质上。每根丝足的末端分泌黏附斑块，与基质形成强力结合。这种黏附依赖于特化的黏附蛋白（如贻贝足蛋白），这些蛋白在水环境中仍能高效发挥作用。贻贝表现出群聚行为，倾向于在已有贻贝群落的区域定殖。成体贻贝释放的信号分子（如信息素或溶解有机物）能吸引幼体，群聚定殖有助于提高繁殖成功率，并提供集体防御以应对捕食者和环境压力。

2.3.2　污损生物的附着力

污损生物在表面的附着强度是决定其抗环境应力（如流体剪切力和波浪作用）

及清洁方法剥离能力的关键因素，了解各种海洋污损生物的附着强度对于制定有效的防污策略至关重要。表 2-2 列出一些常见污损生物在涂层表面的附着力，但要注意的是涂层类型和污损生物之间存在相互作用，所以同一污损生物在不同的涂层表面可能附着力也不相同。此外，同一涂层可能对不同的污损生物表现出不同的附着力。因此，在涂层开发和测试过程中，还需要评估涂层对多种物质的黏附性能。

表 2-2　常见污损生物的附着力

类型	附着力/MPa	参考文献
微型污损（硅藻等）	<0.0003	
大型海藻	<0.0003	[19]
生物被膜	0.1～0.3	
苔藓虫	0.05～0.08	
水螅虫	0.15	[20]
贻贝	0.005～0.1	[21]
藤壶	>1	[12]
腹足类软体动物	0.01～0.05	
双壳类软体动物	0.05～0.25	[22]
多毛虫	0.05～0.25	[23]

在污损群落的发展过程中，污损生物的黏附力也会随着时间和污损程度发生变化（图 2-14）。在生物污损初期黏附的微生物通常附着力较弱，在 1Pa 左右的剪切应力作用下就会被去除。微生物定殖后不断繁殖并分泌胞外聚合物（EPS），导致生物被膜（黏液层）有较强的附着力，并可方便某些大型污损物种的附着。大型污损生物幼虫的附着力可达 0.1MPa。幼虫蜕变之后，其附着力增大，如藤壶可以增大到 1MPa 以上。

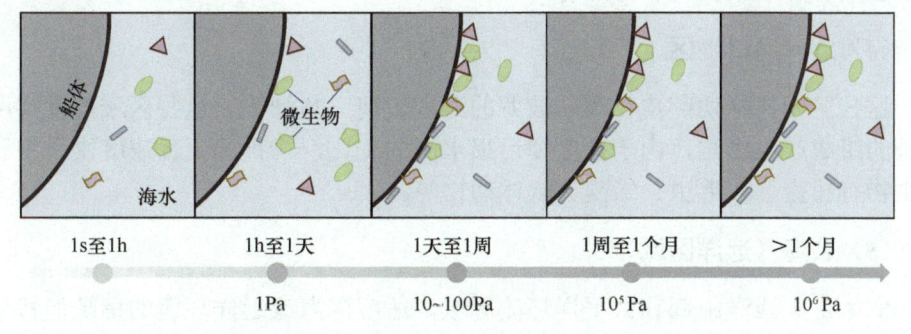

图 2-14　生物污损的附着强度随时间的变化

2.4　海洋生物污损的时空差异

生物污损取决于化学、物理和生物因素的复杂相互作用，如污损生物的沉降和生长能力、基质的特征、浸泡的地点和时间、季节性气候变化等。

2.4.1　海域差异

世界上海域广阔，由于水温、盐度、养分有效性和特定物种的存在等因素，不同海域和地区的生物污损差异较大。船舶航行类型差异也会造成船舶表面生物污损的差异，有研究表明，国内-国际航线船舶与仅在国际通行船舶之间存在明显的群体差异。这表明，生物污损群落不仅因地区而异，还因海洋活动的性质而异。

（1）热带海域

热带海域，如东南亚、加勒比海和中太平洋地区，是海洋生物多样性的家园。温暖的海水导致了污损生物的快速定殖和生长，丰富的生物多样性导致了复杂的污损生物群落。主要污损生物有藤壶、多毛虫、苔藓虫、大型藻类、软体动物等。

（2）温带海域

温带海域包括北大西洋、地中海和南澳大利亚海域，这些区域温度的季节性波动影响物种组成，温暖月份生物数量高，在寒冷时期数量减少。主要污损生物有藤壶、贻贝、海鞘、苔藓虫、大型藻类等。

（3）极地海域

这些区域有北冰洋和南极附近的南冰洋。极度寒冷导致物种多样性低，造成污损生物的生长速度缓慢，但污损生物群落比较稳定。主要污损生物有苔藓虫、冷水藤壶、冷水软珊瑚和海绵等。

（4）近岸河口地区

这些区域包括切萨皮克湾、波罗的海和恒河三角洲等。这些区域盐度梯度对物种的组成产生影响，由于盐度和污损水平的变化，物种的更替速度快。主要污损生物有藤壶、多毛虫、绿藻、软体动物等。

（5）公海（远洋区域）

例如，大西洋中部和太平洋环流区域，适应深海或远洋环境的稀疏但特化的生物群落。主要污损生物有漂浮的物种（如鹅颈藤壶）、真菌、微藻等。

2.4.2 季节差异

海洋生物污损表现出明显的季节变化（图 2-15），受温度、光照、营养水平和污损生物的生命周期等因素的影响。

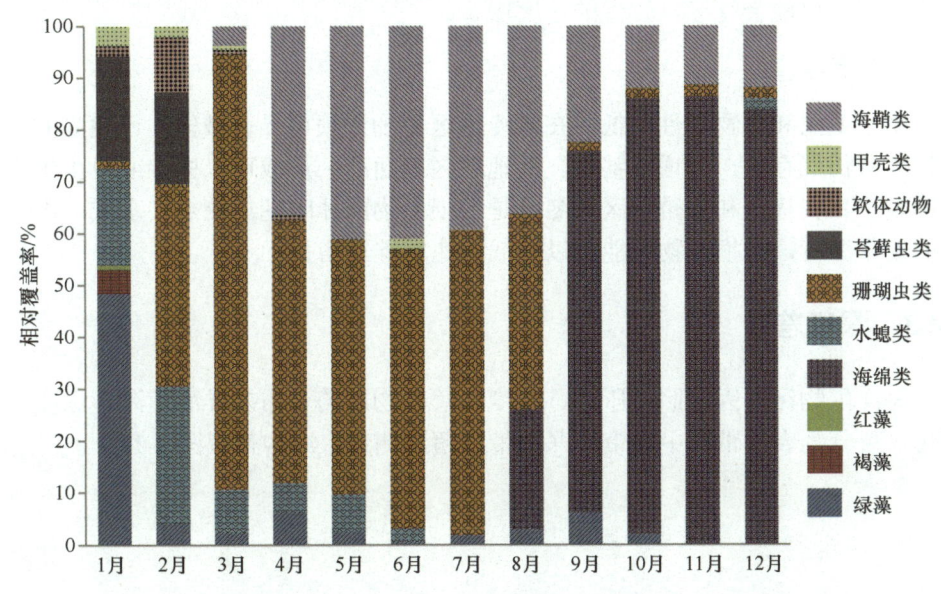

图 2-15 某海水养殖中心主要大型污损群体的每月相对覆盖百分比[24]

（1）春季

由于水温和日照的增加而迅速定殖，浮游植物和微藻的初级产量增加，为后来的"殖民者"形成最初的生物被膜。在温带地区，藤壶和贻贝的幼虫通常在春天定居。在热带水域，春季与全年的定居重叠，但这些活动可能随着季节性温度上升而增加。

（2）夏季

由于最佳水温和快速繁殖，大多数地区的生物污损程度达到峰值。生物污损层变得更厚、更复杂，以大型生物（藤壶、软体动物、藻类）为主。在温带地区，夏季是生物污损的高峰期。在热带和亚热带水域，污损生物全年生长，但由于季风或季节性洋流的影响，污损生物群落在夏季的扩张规模通常达到年度最高水平。

(3) 秋季

随着水温和光照水平下降，污损生物活动减少，生长放缓，但已建立的污损生物群落保持稳定。夏季优势物种，如藤壶和贻贝会持续存在，由于光线减少，藻类的生长减慢。在极地和温带地区，秋天标志着许多污损生物休眠的开始。在热带水域，可能会继续以较慢的速度增长。

(4) 冬季

由于低温和生物活性降低，在寒冷地区生物污损可显著减轻。已建立的生物污损群落仍然存在，但增长甚微。极地地区表面冰的形成可以去除或阻止生物污损的发生。在极地和温带地区，冬季是污损生物的休眠期。在热带水域，由于持续的温暖温度，污损生物可能会以较低的速度继续增长。

2.4.3 深度差异

海洋生物污损因光照、压力、温度和营养物质的分布差异而随海洋深度显著变化，可分为表层带、中层带、深海带、超深渊带、海沟带（图2-16）。

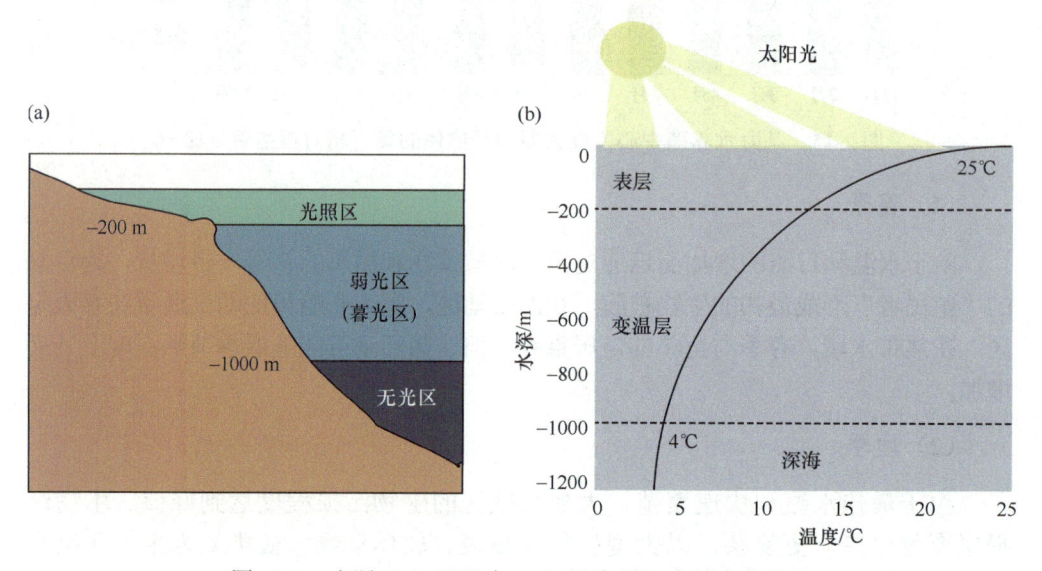

图2-16 光照（a）及温度（b）随海洋深度的变化趋势

(1) 表层带（0～200m）

这个区间光照充足，支持光合作用生物（如藻类和蓝藻）的生长，适宜的温度和丰富的营养促进了快速附着和多样化的生物群落，该区域的污损强度和多样性最高。常见污损生物包括微藻、藤壶、大型藻类、苔藓虫、海鞘、软珊瑚等。

(2) 中层带 (200～1000m)

这个区域光线减少（暮光区），限制了光合作用生物的生长，污损生物依赖于从表层沉降的有机物和富营养洋流生存。但由于温度降低，压力增大，生长速度变慢，以适应低光照环境和缓慢营养流动的生物为主导，包括海绵、苔藓虫、定生甲壳类、细菌和真菌等。

(3) 深海带 (1000～4000m)

这个区域完全没有阳光（暗黑区），生物无法进行光合作用。温度低（接近冰点），压力高，极大地限制了生物生长。营养稀缺，生物的生存完全依赖于从上层沉降的有机物。污损生物主要包括深海海绵、海葵和孤生珊瑚，以及热泉喷口附近的微生物。

(4) 超深渊带 (4000～6000m)

高压力、接近冰点的低温和完全黑暗的极端环境。污损生物种类和数量非常有限，主要是微生物群落。常见污损生物包括化能自养细菌在沉浸表面形成薄生物被膜，以及偶见附着在深海结构上的定生无脊椎动物。

(5) 海沟带 (6000m 以下)

位于海洋深渊，条件最为苛刻，由于能量来源极少，污损生物几乎不存在。常见污损生物包括罕见的嗜极菌和古菌，形成微生物垫。

了解生物污损随深度的变化规律对于制定有效的防污策略和降低海洋操作的维护成本至关重要。浅水区的沿海结构、船舶和近海平台在表层带面临最高的污损风险。深水区的海底设备（如管道和通信电缆）需要针对微生物和嗜极生物采取防污措施。用于深海施工的材料和涂层应考虑嗜极生物的缓慢但持续的污损问题。

2.4.4 材料差异

海洋污损生物在不同材料表面的附着规律不同，其产生的腐蚀机理也存在差异，这一小节就常见的海洋工程材料表面的污损生物附着差异和腐蚀机理差异进行讨论。

(1) 钛合金

钛合金力学性能好、密度低，具有优秀的耐腐蚀性能，广泛应用于海洋工程领域，如海水管路及海水冷却装置等。钛合金具有优秀的生物相容性，因此容易被污损生物附着。研究表明，早期生物被膜对钛合金基体可产生短期保护效应，但随着污损群落的动态演变，反而会加速钛合金基体的腐蚀进程。部分大型污损生物呈现类似的腐蚀调控机制。例如，藤壶的致密钙质外壳在存活期能有效阻隔外部腐蚀介质，但死亡后因外壳结构劣化及有机质分解，最终引发局部腐蚀。此外，不均匀覆盖的污损生物会改变微环境，从而造成表面介质性能的差异，也可以导致腐蚀的发生。

（2）铜及铜合金

铜及其合金通常具有一定的防污能力，铜离子释放可以抑制一些海洋生物的附着。然而，在长期浸泡条件下，某些抗铜生物（如绿藻和某些细菌）仍会附着在表面。铜表面的污损生物通过改变表面微环境（如降低氧气含量、分泌有机酸等）加速铜的点蚀或均匀腐蚀。此外，铜的离子迁移可能导致二次污染，对周围环境产生不利影响。

（3）钢材

不锈钢（如304和316L）因其光滑的表面和钝化膜特性，通常对海洋生物的初期附着具有一定抑制作用。然而，在长期暴露于海洋环境时，这些表面可能被细菌、藻类和更复杂的生物群落覆盖。生物被膜下的不锈钢表面可能因氧浓差电池效应导致局部的缝隙腐蚀或点蚀，某些硫酸盐还原菌（SRB）也可能通过代谢产物（如硫化氢）诱发腐蚀。

碳钢表面粗糙，容易吸附微生物和有机物，形成初级污损层。此后，其他复杂污损生物（如贝类和藤壶）会附着。碳钢在海洋环境中的腐蚀速率较快，污损生物会通过分泌代谢产物（如有机酸）和改变氧化还原条件，加速均匀腐蚀和局部点蚀。

（4）铝及铝合金

铝表面在海洋环境中容易被细菌和藻类附着。这种附着行为通常受到铝表面氧化膜完整性的影响。铝及其合金的氧化膜在高盐度环境中较脆弱，污损生物的附着进一步加速氧化膜的破坏。局部腐蚀（如点蚀和缝隙腐蚀）常在生物被膜下发生，尤其是在低pH和低氧条件下。

（5）混凝土

混凝土在海洋环境中容易被藻类、菌类和贝类等生物附着。这种附着通常集中在表面裂缝或粗糙区域。混凝土中钢筋的腐蚀是主要问题。污损生物通过降低局部pH和增加氯化物浓度，加速钢筋的腐蚀。

2.5 中国海域生物污损特点

随着海洋经济的发展，海洋污损生物的影响已成为海洋生态学、工程学及材料科学关注的焦点。中国海域辽阔，跨越温带、亚热带及热带三个气候带，生态环境复杂多样，使得海洋污损生物的种类、分布和影响呈现出显著的区域性和季节性特征。这些生物不仅对航运、水产养殖及海洋工程设施造成危害，也对海洋生态系统的动态平衡产生深远影响。

2.5.1 渤海海域

渤海地处中国北部，面积约 7.7 万 km^2，平均水深较浅（18m），是一典型的半封闭型浅海海域。其受东亚季风和陆源输入的影响显著，形成了独特的地理环境。这种环境为海洋污损生物的生长和扩散提供了特定条件[25,26]。

（1）污损生物类型

在渤海海域，已记录的污损生物有 128 种，明显低于东海和南海。这与其水温较低、盐度波动较大及封闭型海域特性有关。渤海污损生物以耐低温和低盐的物种为主，主要包括藤壶类、双壳类、软体动物、苔藓动物。

藤壶类：如网纹藤壶（*Amphibalanus reticulatus*）和泥藤壶（*Balanus uliginosus*），是该海域的典型污损物种。

双壳类：如巨牡蛎（*Ostrea gigas*）和近江牡蛎（*Crassostrea rivularis*），通常附着于浮标、网箱和港口设施上。

软体动物：如紫贻贝（*Mytilus edulis*），在渤海近岸海域具有较高的种群密度。

苔藓动物：如草苔虫（*Bugula neritina*），在静水环境中易形成优势种。

（2）空间分布特征

渤海近岸水域是污损生物的主要附着区域，尤以港口、养殖区和工业设施周围最为显著。由于人类活动频繁，营养物质输入较多，港口及工业区往往成为藤壶、牡蛎等污损生物的高密度分布区。在网箱养殖区，污损生物与养殖生物竞争附着基质和营养，形成复杂的共生与竞争关系。渤海的污损生物在水深方向的分布表现出显著差异。表层附着以藻类和端足类为主，底层则以牡蛎和藤壶为主，且附着量随水深增加而逐渐减少。

（3）时间动态与季节变化

渤海污损生物的生长与东亚季风带来的气候变化密切相关。春季水温回升，污损生物开始活跃，但附着量相对较低。夏季（6~8月）是污损生物的附着高峰期，生物数量和种类数显著增加。在秋季，污损生物附着强度逐渐减弱，但部分物种（如藤壶）的种群密度仍保持较高水平。冬季因水温降低，生物附着明显减少。但是这些规律并不适用于海域内的所有区域。例如，对渤海石油平台污损生物研究结果表明（表2-3），附着在挂板样件表面的污损生物在秋季数量更多，这可能和局部微环境有关，如不同区域造成的局部温度、盐度和营养物质的不同。

表2-3 渤海石油平台周边污损生物在不同季节的群落指数[27]

群落指数	冬季	春季	夏季	秋季
丰富度	0.207	0.243	0.789	0.866
多样性	0.787	1.191	0.534	2.114
均匀度	0.394	0.596	0.144	0.571
优势度	0.988	0.963	0.950	0.697

2.5.2 黄海海域

黄海位于中国东部沿海，介于渤海和东海之间，总面积约38万km^2，平均水深44m。该海域受东亚季风和黄河、长江等陆源输入的双重影响，呈现出水温适中、盐度较低、营养物质丰富等特点，为污损生物的生长提供了良好条件[28]。

（1）污损生物的类型

黄海的污损生物种类多样，记录的有183种，主要包括藤壶类、双壳类、苔藓动物类、藻类。

藤壶类：如网纹藤壶（*Amphibalanus reticulatus*）、泥藤壶（*Balanus uliginosus*）、白脊藤壶（*Balanus albicostatus*），这些物种在黄海港口及浅海设施中广泛分布，是典型的附着生物。

双壳类：如紫贻贝（*Mytilus edulis*）和牡蛎（*Ostrea gigas*），其附着强度较高，对养殖设施和人工表面的危害较为严重。

苔藓动物类：如草苔虫（*Bugula neritina*）和膜孔苔虫（*Membranipora membranacea*），在静水区域较为常见。

藻类：包括石莼（*Ulva lactuca*）和缘管浒苔（*Enteromorpha linza*），在表层水域大量繁殖，对生态环境和人工设施造成潜在威胁。

（2）空间分布特征

黄海北部受渤海影响较大，污损生物种类与渤海相似，藤壶类和苔藓虫占据主导地位；南部接近东海，污损生物的种类更为丰富，暖水物种如牡蛎和紫贻贝逐渐占据优势。

在近岸区域，营养物质丰富、人类活动频繁，污损生物附着密度更高。例如，港口设施、渔业网箱等表面经常被藤壶、牡蛎等生物大量附着。在远岸区域，因水动力条件较强，污损生物的种类和数量均相对较少，但部分耐流物种如紫贻贝仍能大量附着。

污损生物在水深方向上的分布表现出显著差异。在表层区域，以藻类和小型附着生物为主，如绿藻和端足类。在中下层区域，牡蛎、藤壶和苔藓虫等大型附着生物密度较高，附着量随深度增加而减少。

（3）时间动态与季节变化

黄海污损生物的附着强度受季节变化影响较为明显。春季水温回升，污损生物群落逐渐开始活跃，附着量增加。污损生物在夏季附着达到高峰，特别是藤壶和贻贝类，形成密集的群落。在秋季，污损生物附着强度略有下降，但仍保持较高水平。冬季因水温降低，污损生物的附着活动显著减少。

2.5.3 东海海域

东海是中国的三大边缘海之一，面积约 77 万 km^2，水深较浅，平均深度为 370m。东海受台湾暖流、长江径流及海洋季风的综合影响，盐度和温度变化复杂，为多种海洋污损生物的生长提供了良好的条件[29]。

（1）污损生物的类型

东海记录的污损生物高达 424 种，是中国沿海污损生物物种最丰富的海域之一。主要包括藤壶类、双壳类、苔藓动物类、藻类等。

藤壶类：网纹藤壶（*Amphibalanus reticulatus*）、三角藤壶（*Balanus trigonus*）和泥藤壶（*Balanus uliginosus*）。

双壳类：太平洋牡蛎（*Crassostrea gigas*）、紫贻贝（*Mytilus edulis*）等大型贝类广泛分布。

苔藓动物类：如大室膜孔苔虫（*Membranipora grandicella*）和草苔虫（*Bugula neritina*），常见于人工设施和浮标表面。

藻类：包括缘管浒苔（*Enteromorpha linza*）和绿藻，主要分布在浅海表层区域。

其中，藤壶类和牡蛎是东海的典型优势种群，具有较高的附着能力和适应性，常对养殖设施和港口设施造成较大影响。

（2）空间分布特征

东海海域内的气候较为相似，故纬度对大多数物种分布的影响有限，但也存在一些差异。例如，有些研究发现，一些珠母贝、钳蛤等，仅分布在福建周边海域。对于河水入海口的区域，由于存在盐度的梯度变化，低盐污损生物与高盐污损生物的分布也呈现梯度变化。在垂直深度上，发现了 0～30m 深度处的优势物种，如三角藤壶和红巨藤壶的数量随着深度的增加而增加。

（3）时间动态与季节变化

东海海域污损生物呈季节性分布，但全年都有污损生物附着（表 2-4）。一般污损生物高峰出现在水温较高的夏秋季，附着种类、密度上都达到顶峰。水温较低的冬春季，是污损生物的低谷期，附着种类少、密度低。因此夏秋季节是该海域防治的关键季节。

表 2-4　东海海域污损生物分布情况[25]

海域名	门数	种类数	采样材料
北关港	9	59	水泥试板
斗子港和南部大鹏湾	10	59	船只、网箱、石油平台等
横沙港、吴淞港、中沙等	4	21	船只、浮标和海中设施等
闽江口	8	44	环氧酚醛层压板
厦门港	11	86	环氧酚醛玻璃布层压板
上海	7	52	环氧酚醛玻璃布层压板
舟山朱家尖海域	9	85	环氧酚醛玻璃布层压板

2.5.4　南海海域

南海是中国面积最大的边缘海，总面积约 350 万 km^2，水深深度从浅海大陆架到 5000 多米的深海不等。南海位于热带和亚热带季风气候区，海水温度常年维持在 24～30℃，盐度相对稳定，为污损生物的繁殖和生长提供了理想条件[30]。

（1）污损生物的类型

南海的污损生物种类丰富，已记录 322 种。主要包括藤壶类、双壳类、苔藓动物类、藻类等。

藤壶类：网纹藤壶（*Amphibalanus reticulatus*）、三角藤壶（*Balanus trigonus*）和高峰星藤壶（*Tetraclita squamosa*），是南海的典型污损种群。

双壳类：如太平洋牡蛎（*Crassostrea gigas*）、翡翠贻贝（*Perna viridis*）等大型贝类分布广泛。

苔藓动物类：如膜孔苔虫（*Membranipora membranacea*）和草苔虫（*Bugula neritina*），在静水环境中的浮标和港口设施上密度较高。

藻类：包括绿藻和蓝藻，主要分布在浅海水域的养殖设施附近。

南海优势种多以热带暖水种为主，网纹藤壶和翡翠贻贝占据主导地位，表现出较强的附着能力和环境适应性。

（2）空间分布特征

有研究表明，南海北部近岸的污损生物主要以网纹藤壶（*Amphibalanus reticulatus*）、僧帽牡蛎（*Ostrea cucullata*）、异型琥珀苔虫（*Electra anomala*）为优势种，同时还有一部分皱瘤海鞘（*Styela plicata*）、龙介虫（*Serpula* spp.）及硅藻等；而南部的优势种为龙介虫（*Serpula* spp.）、缨鳃虫（*Sabella* spp.）及少量的网纹藤壶（*Amphibalanus reticulatus*）、翡翠贻贝（*Perna viridis*）、藻类等，呈地域性差异。

（3）时间动态与季节变化

与渤海和黄海不同，南海因其热带海域特性，污损生物几乎全年附着活跃（表2-5）。春季和夏季附着量最大，冬季略有下降，但总体影响较小。由于水温较高和营养物质丰富，污损生物的群落演替速度快。研究显示，南海藤壶和苔藓虫的附着期显著缩短，通常在3～5个月内形成成熟群落。

表 2-5　南海海域污损生物分布情况[25]

海域名	门数	种类数	采样材料
南海全海域	8	87	钢材、试板和船舶等
珠江口	11	118	普通挂板、水泥块
汕头港	10	88	浮标和码头
莆田	6	15	混凝土试板
兴化湾	7	14	混凝土试板

中国海洋生物污损的特点体现了明显的区域性和季节性特征，其影响不仅局限于对人工设施的物理损害，也涉及与生态系统的复杂互动。未来需通过跨学科的综合研究和技术开发，减少污损生物对经济和生态的影响，实现海洋资源的可持续开发。

参 考 文 献

[1] DUCKLOW H W. Bacterioplankton[M]//STEELE J H. Encyclopedia of Ocean Sciences. Oxford: Academic Press, 2001: 217-224.

[2] DAI G, XIE Q, MA C, et al. Biodegradable poly (ester-co-acrylate) with antifoulant pendant groups for marine anti-biofouling[J]. ACS Applied Materials & Interfaces, 2019, 11(12): 11947-11953.

[3] WANG Y S, LIU L, FU Q, et al. Effect of *Bacillus subtilis* on corrosion behavior of 10MnNiCrCu steel in marine environment[J]. Scientific Reports, 2020, 10(1): 5744.

[4] GOLOTIN V, BALABANOVA L, LIKHATSKAYA G, et al. Recombinant production and characterization of a highly active alkaline phosphatase from marine bacterium *Cobetia marina*[J]. Marine Biotechnology, 2015, 17: 130-143.

[5] BUKHARI S I, ALEANIZY F S. Association of OprF mutant and disturbance of biofilm and pyocyanin virulence in pseudomonas aeruginosa[J]. Saudi Pharmaceutical Journal, 2020, 28(2): 196-200.

[6] FU Y, GONG C, WANG W, et al. Antifouling thermoplastic composites with maleimide encapsulated in clay nanotubes[J]. ACS Applied Materials & Interfaces, 2017, 9(35): 30083-30091.

[7] LOWE R L, LALIBERTE G D. Chapter 11 - Benthic Stream Algae: Distribution and Structure [M]//HAUER F R, LAMBERTI G A. Methods in Stream Ecology, Volume 1(3rd ed). Boston: Academic Press, 2017: 193-221.

[8] GETACHEW P, GETACHEW M, JOO J, et al. The slip agents oleamide and erucamide reduce biofouling by marine benthic organisms (diatoms, biofilms and abalones)[J]. Toxicology and Environmental Health Sciences, 2016, 8(5): 341-348.

[9] JIN H, BING W, JIN E, et al. Bioinspired PDMS–Phosphor–Silicone rubber sandwich- structure coatings for combating biofouling[J]. Advanced Materials Interfaces, 2020, 7(4): 1901577.

[10] KHOSRAVI M, NASROLAHI A, SHOKRI M R, et al. Impact of warming on biofouling communities in the northern Persian Gulf[J]. Journal of Thermal Biology, 2019, 85: 102403.

[11] FENG K, NI C, YU L, et al. Synthesis and evaluation of acrylate resins suspending indole derivative structure in the side chain for marine antifouling[J]. Colloids and Surfaces B: Biointerfaces, 2019, 184: 110518.

[12] MENESSES M, BELDEN J, DICKENSON N, et al. Measuring a critical stress for continuous prevention of marine biofouling accumulation with aeration[J]. Biofouling, 2017, 33(9): 703-711.

[13] NOAA. What is a sponge? [EB/OL].(2024-06-16)[2025-02-12]. https://oceanservice.noaa.gov/facts/sponge.html.

[14] SMITH J A. The digital encyclopedia of ancient life [EB/OL].(2020-05-15)[2025-02-12]. https://www.digitalatlasofancientlife.org/learn/bryozoa/.

[15] CALLOW J A, CALLOW M E. Trends in the development of environmentally friendly fouling-resistant marine coatings[J]. Nature Communications, 2011, 2(1): 244.

[16] LIU X, ZOU L, LI B, et al. Chemical signaling in biofilm-mediated biofouling[J]. Nature Chemical Biology, 2024, 20(11): 1406-1419.

[17] MARBELIA L, HERNALSTEENS M-A, ILYAS S, et al. Biofouling in membrane bioreactors: Nexus between polyacrylonitrile surface charge and community composition[J]. Biofouling, 2018, 34(3): 237-251.

[18] JIN H, TIAN L, BING W, et al. Bioinspired marine antifouling coatings: Status, prospects, and future[J]. Progress in Materials Science, 2022, 124: 100889.

[19] OLIVEIRA D, GRANHAG L. Matching forces applied in underwater hull cleaning with adhesion strength of marine organisms[J]. Journal of Marine Science and Engineering, 2016, 4(4): 66.

[20] WALTZ G T, HUNSUCKER K Z, SWAIN G, et al. Using encrusting bryozoan adhesion to evaluate the efficacy of fouling-release marine coatings[J]. Biofouling, 2020, 36(10): 1149-1158.

[21] AMINI S, KOLLE S, PETRONE L, et al. Preventing mussel adhesion using lubricant-infused materials[J]. Science, 2017, 357(6352): 668-673.

[22] HOLM E R, KAVANAGH C J, MEYER A E, et al. Interspecific variation in patterns of adhesion of marine fouling to silicone surfaces[J]. Biofouling, 2006, 22(4): 233-243.

[23] HUNSUCKER K Z, GARDNER H, LIEBERMAN K, et al. Using hydrodynamic testing to assess the performance of fouling control coatings[J]. Ocean Engineering, 2019, 194: 106677.

[24] NASER H A. Variability of marine macrofouling assemblages in a marina and a mariculture centre in Bahrain, Arabian Gulf[J]. Regional Studies in Marine Science, 2017, 16: 162-170.

[25] 周家丽, 刘丽, 王学锋, 等. 中国沿海污损生物研究进展综述[J]. 南方论坛, 2021, 52(10): 27-32.

[26] 严涛, 曹文浩. 黄、渤海污损生物生态特点及研究展望[J]. 海洋学研究, 2008, 26(3): 107-118.

[27] 周斌, 冯春辉, 刘伟, 等. 渤海石油平台污损生物生态研究[J]. 渔业科学进展, 2016, 37(3): 9-13.

[28] 马士德, 王在东, 刘会莲, 等. 青岛海鸥浮码头冬季污损生物调查分析[J]. 广西科学院学报, 2015, 31(3): 214-218.

[29] 陈凯, 王胜通, 元轲新. 我国沿海污损生物分布特点及防治措施[J]. 水产养殖, 2023, 44(11): 40-45+62.

[30] 马士德, 陈新, 邰余, 等. 三亚海洋环境试验站污损生物生态研究[J]. 中国腐蚀与防护学报, 2024, 44(1): 38-46.

第 3 章 传统防污技术

20 世纪 50 年代末,集装箱运输方式的出现引发了货运革命,国际经济在 1950~1973 年迅速扩张,这一时期被称为"黄金时代"。大约在同一时期,三丁基锡(tributyltin,TBT)的防污特性被发现。含 TBT 的防污涂层因其长效性,为商业和娱乐航运带来了巨大的经济优势而迅速占领市场。因此,TBT 被广泛应用于从小型私人游艇到大型集装箱船和油轮等所有船舶类型,在全球范围内广泛使用。

然而,人们很快意识到,防污涂层配方中含有的 TBT 释放到水中会污染水域,并在非目标生物体内积累,对海洋环境造成破坏。20 世纪 70 年代末和 80 年代初,法国养殖的牡蛎遭受了严重的壳变形、生长障碍和繁殖问题。这不仅导致牡蛎的市场价值大幅下降,还致使牡蛎养殖所需的牡蛎幼虫(蚝卵)完全丧失,给牡蛎养殖业带来了巨大的经济损失。研究表明,养殖场附近码头休闲船只释放的 TBT 是导致牡蛎壳畸形、生长受阻,以及幼虫繁殖失败的原因。TBT 与海洋腹足纲动物雄性性器官的发育以及"性畸变"的产生有很强的相关性,这是由于 TBT 干扰了软体动物的内分泌系统。在禁止小型船只使用 TBT 后,法国和英国的牡蛎养殖业呈现显著复苏。与此同时,海洋腹足纲动物种群数量回升的现象也被相继记录。尽管部分国家对小型船只使用 TBT 实施了一系列限制,但由于商业船舶继续使用含 TBT 的防污涂层,因此 TBT 在全球海洋沉积物、动植物群落中普遍存在,对海洋生态系统仍是一个挑战。2008 年,国际海事组织全面禁止使用 TBT 防污涂层。

TBT 的禁用导致了铜基防污涂层的兴起,铜的防污特性自 17 世纪以来就已为人所知,并一直使用到 TBT 的出现(图 3-1)。该类防污涂层主要以氧化亚铜、氧化铜或金属铜作为防污剂,在与水接触时释放铜离子,从而在涂层附近形成有毒环境。由于铜离子从表面扩散时,大多会通过有机和无机配体的相互作用而中和,从而降低了远离表面的毒性作用。

然而,早在含 TBT 涂层被禁止使用之前,就有人对替代配方的安全性提出了担忧,因为缺乏毒性数据以及对非目标海洋生物潜在风险的评估。在法国,1982 年禁止使用 TBT 转而使用含铜涂层后,牡蛎体内的 Cu 含量有所增加。1986 年,我国台湾沿海地区报道了高浓度铜对牡蛎的致死效应。墨角藻(*Fucus vesiculosus*)在发芽时对铜最为敏感。不幸的是,在波罗的海(Baltic Sea)区域,休闲船只释放铜的季节高峰期与藻类繁殖高峰期重合,因此对藻类的受精和发芽产生了显著影响,可能导致其遗传多样性发生变化。

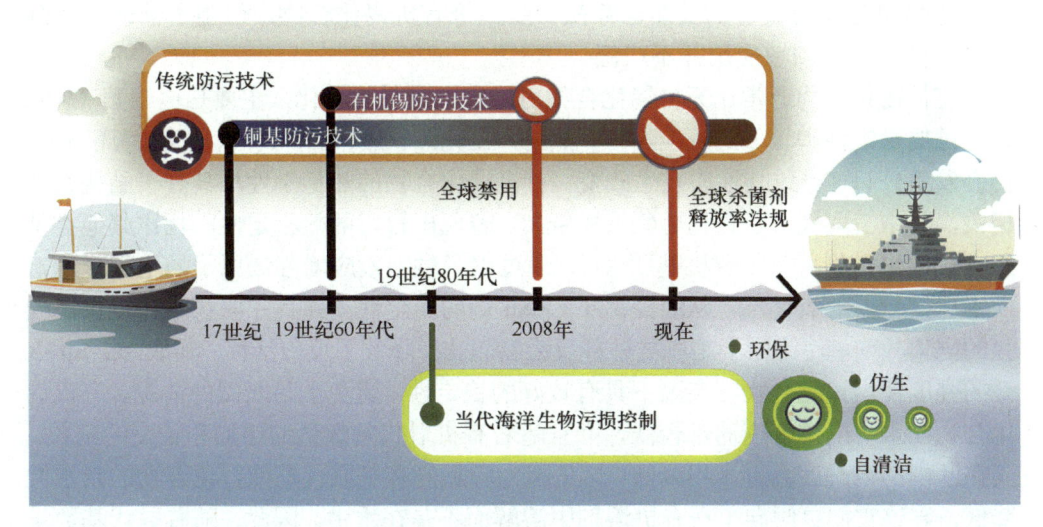

图 3-1　传统防污技术的兴衰

由于一些藻类群体(如 *Enteromorpha*、*Ectocarpus*、*Achnanthes*)对铜具有抗性,为了有效地防止各种生物污损,防污涂层通常会补充所谓的"增效"杀虫剂,如农业中常用的除草剂。增效杀虫剂广泛应用对海洋生态环境造成的影响,引发了全球的广泛关注。在法国蓝色海岸的沿海水域中发现了高达 1700ng/L 的农业除草剂 Irgarol 1051。后来,在全球水环境中都报道了防污增效杀虫剂,如 Irgarol 1051、敌草隆、Sea-Nine®211、二氯氟苯胺、百菌清和其他物质的存在。增效杀虫剂的积累和相互作用会影响非目标藻类的生长,并导致海洋微生物群落对有毒化合物产生耐受性,从而产生严重的生态后果,如生物多样性的丧失和防污涂层效果的降低。

如今,所有含杀虫剂的防污涂层都面临着严格的法规,要求对其释放速率进行监管,并必须经过注册程序。例如,投放欧洲市场的含杀虫剂防污涂层,必须根据《生物杀灭剂产品法规》[(EU)No 528/2012]进行测试,通过测试后方可批准上市。因此,尽管含铜防污涂层能有效防止生物污损,但其负面生态影响日益凸显,未来发展仍面临不确定性,可能会遭遇与 TBT 相同的命运。

3.1　有　机　锡

有机锡化合物是一类由锡原子与一个或多个有机取代基以共价键结合而成的有机金属物质。从化学结构上看,其通式为 R_nSnX_m,其中,R 为烷基或芳基团

（如甲基 Me、乙基 Et、丙基 Pr、丁基 Bu、苯基 Ph 等），Sn 为锡原子，X 为配体（通常为氯、卤化物、氧化物、氢氧化物或其他基团），n 和 m 是整数，表示有机基团和配体的数量。虽然也存在一些二价有机锡化合物，但由于其缺乏实际应用价值，在该领域应用并不广泛。

有机锡化合物通常比无机锡化合物更稳定，不易被氧化，主要是由于其 C—Sn 共价键的稳定性和较低的反应活性。然而，在光照、热、水、氧气、臭氧等环境中，仍会发生分解，导致其性质发生改变。有机锡化合物的热稳定性与其分子结构密切相关，其中三取代有机锡化合物（R_3SnX）表现出较好的热稳定性。相比其他类型的有机锡化合物，三个有机基团（R）通过电子供给效应增强锡原子的电子密度，使锡保持较低的氧化态，从而提高了 C—Sn 键的稳定性。并且三取代结构提供了较强的立体效应，使锡原子难以被外部反应物攻击，降低了反应活性。其次，C—Sn—X 键的强度使得该化合物在高温下具有较好的稳定性，避免了易断裂的情况。有机锡化合物在水中的溶解度通常较低，并且随着有机取代基数量的增加和长度的延长，其在水中的溶解度会进一步降低。这是因为增加的有机取代基使得化合物的亲水性降低，导致它们更倾向于在有机溶剂中溶解而不是在水中。因此，随着取代基数量和长度的增加，有机锡化合物在水中的溶解度呈现出下降的趋势。

表 3-1 详细列出了一些特定有机锡化合物的物理性质。

表 3-1 有机锡化合物的物理性质

化合物	熔点/℃	沸点/℃	密度/（g/cm³）	溶解度
四丁基锡	−97	127～145	1.057	8mg/dm³（水）
三丁基氯化锡	−9	171～173	1.2	17mg/dm³（水）
二丁基二氯化锡	39	135	1.4	320mg/L（水）
丁基三氯化锡	−63	93	1.693	1000g/L（有机溶剂）
三甲基氯化锡	37～39	148	0.988	微溶于氯仿（少量）
二甲基二氯化锡	101～106	188～190	1.397	微溶于水（20g/L，20℃），溶于甲醇（0.1g/mL）
三氯甲基锡	48～51	171	—	溶于氯仿、甲醇（可溶）

3.1.1 生物毒性

无机形式的锡通常被认为是无毒的，但有机锡化合物[如三丁基锡（TBT）、二丁基锡（DBT）等]是环境中广泛存在的有毒污染物，有机锡的毒理学模式非常复杂，对微生物生长代谢过程中的毒性作用各不相同。有机锡的毒性通常是通过与生物分子相互作用，干扰蛋白质、脂类、DNA 等的正常功能而引起的。图 3-2 显示了用作工业防污漆杀菌剂的有机锡化合物。表 3-2 为有机锡化合物对生物体的毒性作用。

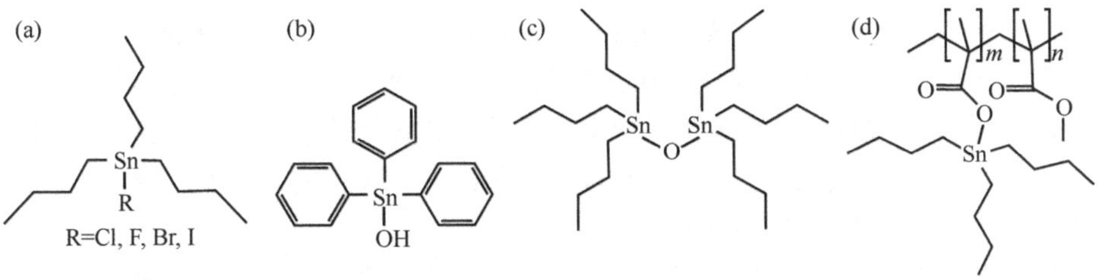

图 3-2 化合物结构式

(a) 三丁基锡（TBT）；(b) 三苯基锡（TPT）；(c) 四氧化三丁基锡（TBO）；(d) 三丁基锡甲基丙烯酸酯（TBTM）和甲基丙烯酸甲酯共聚物的一个重复单元

表 3-2 有机锡化合物对生物体的毒性作用

毒性类型	化合物	毒性机制	生物体/器官
细胞毒性	TBT、TPT	影响细胞膜通透性，诱导溶血；影响细胞色素 P-4501A 活性	鱼类（生殖细胞、肝脏、肾脏）
氧化应激与抗氧化系统抑制	TMT、TBT	诱导 ROS 过量生成；抑制抗氧化酶活性，破坏氧化还原平衡	多种水生生物
基因毒性与 DNA 损伤	TBT、TPT	诱导 DNA 损伤，干扰 DNA 修复机制	褐菖鲉肝脏
神经毒性	TMT、TBT	影响神经递质功能，诱导神经变性，增加 ROS 生成	鱼类、哺乳动物（神经系统）
内分泌干扰	TPT、TBT	干扰激素合成与代谢，改变生殖激素水平	哺乳动物、水生生物（生殖系统）
免疫系统毒性	DBT、TBT	干扰免疫细胞功能，影响免疫应答	哺乳动物、环境生物

（1）细胞毒性作用

有机锡化合物如三丁基锡（TBT）和三苯基锡（TPT）能够影响细胞膜的通透性，导致细胞内物质的泄漏。研究表明，这些化合物能够通过交换扩散的方式，促使有机阴离子如荧光素穿过磷脂双层，这表明它们可能通过影响细胞膜上的阴离子交换过程来引起溶血。此外，有机锡化合物还能诱导细胞色素 P-4501A 的相关活性，这可能与其在环境中与其他污染物如多氯联苯（PCB）的联合毒性效应有关。

有机锡化合物对不同细胞类型有特定的毒性效应。例如，TBT 已被证明能够影响鱼类的生殖细胞，导致精子活力下降，这可能是由于其对精子运动能力的毒性影响。此外，有机锡化合物还能引起鱼类肝脏和肾脏细胞的损伤，表现为细胞坏死等严重病变。

（2）氧化应激及抗氧化系统抑制

有机锡化合物如三甲基锡（TMT）能够诱导细胞内活性氧（ROS）的过量产生。这些 ROS 包括超氧阴离子自由基、过氧化氢和单线态氧等，它们能够与细胞内的脂质、蛋白质和核酸发生反应，导致氧化应激。ROS 的积累导致细胞成分氧化损伤，包括脂质过氧化、蛋白质氧化和 DNA 损伤。这些氧化损伤破坏了细胞的正常结构和功能，引起细胞功能障碍甚至细胞死亡。在贝壳魁蚶（*Scapharca broughtonii*）中，TBT 的暴露显著增加了抗氧化酶[如超氧化物歧化酶（SOD）和过氧化氢酶（CAT）]的活性，以及 H_2O_2 的浓度，这表明了氧化应激的增强，这种氧化应激可能导致细胞损伤和组织功能障碍。

有机锡化合物不仅诱导氧化应激，还可能直接抑制抗氧化系统的活性。TBT 作为内分泌干扰物，能够影响性激素水平，进而可能间接影响抗氧化系统的平衡。例如，TBT 处理能够显著降低卵巢中的睾酮水平，并增加睾丸中的睾酮水平，这种性激素水平的变化可能是通过影响抗氧化系统的活性来实现的。

有机锡化合物引起氧化应激和抑制抗氧化系统的机理可能涉及多个层面。一方面，这些化合物可能直接或间接影响抗氧化酶的基因表达和活性；另一方面，它们可能通过干扰细胞信号转导途径，影响抗氧化系统的调控。此外，有机锡化合物可能通过影响细胞膜的通透性和细胞内的离子平衡，间接影响抗氧化系统的稳定性和效能。

（3）基因毒性及 DNA 损伤

有机锡化合物，尤其是三丁基锡（TBT）和三苯基锡（TPT）对水生生物具有显著的基因毒性和 DNA 损伤效应。TBT 和 TPT 能显著降低肝脏 DNA 的完整性，并与肝脏中的总锡浓度显著相关。进一步的机制研究表明，TBT、TPT 和它们的混合物通过改变核苷酸切除修复（nucleotide excision repair, NER）基因的表达水平来诱导 DNA 损伤。具体来说，*XPB*、*ERCC1* 和 *Polε* 基因的表达显著下降，而 *PCNA*、*HR23B*、*XPG* 和 *DNA lig III* 基因的表达显著增加，表明有机锡化合物可能通过干扰 DNA 修复机制来增强 DNA 损伤。

有机锡引起的 DNA 损伤机理涉及多个方面。一方面，有机锡化合物可能直接或间接产生活性氧（ROS），导致氧化应激，进而损伤 DNA。另一方面，有机锡化合物也可能干扰细胞的信号转导途径，影响 DNA 修复基因的表达。例如，NER 基因表达的变化可能与有机锡对细胞内信号转导途径的干扰有关，导致 DNA 修复机制的功能障碍。这些发现不仅有助于理解有机锡的毒性作用机制，也为未来的风险评估、生物监测和可能的干预策略提供了重要的分子靶点。通过识别关键的 DNA 修复基因和信号通路，未来的研究可以更精确地评估有机锡的遗传毒性，并为减轻其环境影响提供策略。

（4）神经毒性

有机锡化合物对神经系统的影响机制复杂多样，涉及多个层面的生物学过程。有机锡化合物对神经传导和神经递质功能产生影响，可能通过干扰神经细胞的能量代谢，导致线粒体功能障碍，影响神经细胞的正常功能。此外，有机锡化合物还可能通过影响神经细胞膜的流动性和离子通道的功能，干扰神经信号的传递。在神经毒性研究中，三甲基锡（TMT）因其能够选择性地引起海马区域的神经变性而受到特别关注。TMT 通过增加活性氧（ROS）的产生引发氧化应激，破坏细胞内氧化还原平衡，进而导致细胞损伤。同时，TMT 还能激活小胶质细胞，引发炎症反应，释放促炎细胞因子，加剧神经损伤。在细胞死亡/存活的调控方面，TMT 可能通过影响细胞内信号通路，如凋亡相关蛋白的表达，导致神经元死亡。这些发现为理解 TMT 的神经毒性提供了重要见解，并可能对神经退行性疾病的治疗干预有所启示。

TBT 对草鱼幼鱼神经系统影响的试验表明，TBT 暴露导致了一系列神经生化指标的变化，包括乙酰胆碱酯酶（AChE）、单胺氧化酶（MAO）和一氧化氮合酶（NOS）活性的增加，这些变化可能与神经系统功能的损害有关。特别是，AChE 和 MAO 作为神经递质代谢的关键酶，其活性的变化可能影响神经递质的稳态，进而干扰神经系统的正常功能。

（5）内分泌干扰

TBT 和 TPT 对水生生物和哺乳动物的内分泌系统具有显著影响。这些化合物通过多种机制干扰生物的正常生理功能，尤其是影响生殖和发育过程。有机锡化合物对内分泌系统的影响及其背后的机理主要包括如下 2 个方面。

1）直接抑制或诱导关键酶的活性，如芳香酶和 CYP1A，从而干扰激素的合成和代谢。

2）影响生殖激素的水平，进而干扰生殖和发育过程。

芳香酶是合成雌激素的关键酶，TPT 的暴露可以显著改变大鼠后代的芳香酶活性，导致性激素水平失衡。这一发现揭示了 TPT 可能通过抑制芳香酶活性来干扰内分泌系统，进而影响生殖功能。TPT 和 TBT 都能对淡水螺静水椎实螺（*Lymnaea stagnalis*）的生殖输出产生负面影响，其中 TBT 的影响更为严重。这表明有机锡化合物可能通过影响生殖激素的合成或作用来干扰生物的生殖系统。此外，有机锡化合物的环境暴露还与细胞色素 P-4501A（CYP1A）活性的变化有关。TBT 能够增强 3,3',4,4',5-五氯联苯（PCB-126）诱导的 CYP1A 相关活性。CYP1A 是一类参与外源性物质代谢的酶，其活性的变化可能反映了有机锡化合物对内分泌系统的影响，包括对激素代谢的影响。

（6）免疫系统毒性

有机锡化合物因其在工业和农业中的广泛应用而受到广泛关注，尤其是它们对生物体免疫系统的潜在影响。这些化合物的免疫毒性机理涉及多个层面，包括干扰细胞信号转导、影响细胞色素 P-450 酶系统、干扰线粒体功能，以及影响细胞周期控制和细胞凋亡。这些机制可能导致免疫细胞功能受损，影响免疫应答的强度和效率。有机锡化合物可能通过改变细胞表面受体的活性或阻断细胞内信号分子的功能来干扰免疫细胞内的信号转导途径，影响细胞的增殖和活化。此外，有机锡化合物对细胞色素 P-450 酶活性的影响可能改变药物和毒物的代谢，进而影响免疫细胞的功能和免疫应答。线粒体功能的干扰可能导致细胞能量代谢的改变，影响免疫细胞的存活和功能，而影响细胞周期控制和促进细胞凋亡可能导致免疫细胞数量的减少。TBT 与 3,3',4,4',5-五氯联苯（PCB-126）联合暴露时，能够增强 PeCB 诱导的细胞色素 P-4501A 相关活性，表明 TBT 可能通过影响细胞色素 P-450 酶系统来调节免疫系统的功能。丁基锡化合物[如二丁基锡（dibutyltin，DBT）]具有较高的神经毒性和免疫毒性，对环境和人体健康具有潜在的风险。

3.1.2 降解机制

有机锡在自然环境中存在化学降解和微生物降解途径（图 3-3），且这些降解与环境条件（如温度、氧浓度、pH、湿度、盐度、光照条件等）密切相关。在本小节中，将重点介绍这些降解途径以及环境因素对其降解的影响。

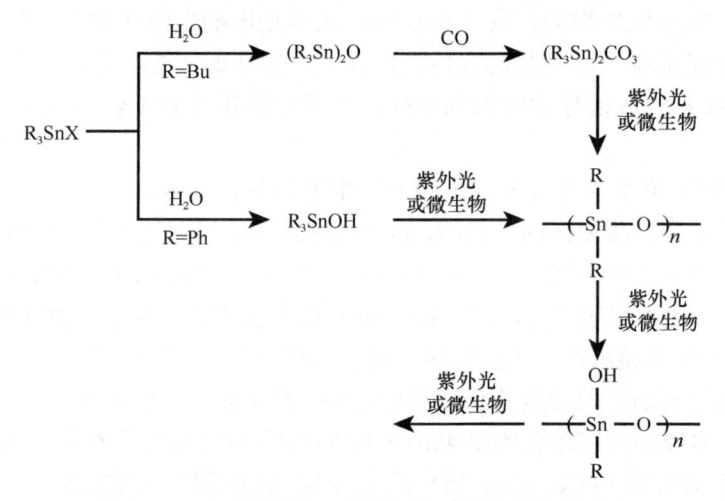

图 3-3　三丁基锡和三苯基锡化合物的降解路径

（1）化学降解

有机锡化合物的化学降解途径主要涉及光催化降解、化学转化、氧化还原、水解、热解，以及金属离子催化降解等过程。

光催化降解是有机锡化合物化学降解的重要途径之一。有机锡在阳光照射下的光解是水中降解的最快途径。C–Sn 键的平均键解离能在 190～220kJ/mol 范围内。

波长为290nm的紫外线辐射对应的能量约为300kJ/mol。因此，只要发生光吸收，就可能发生C–Sn键的断裂。有研究表明，使用TiO₂作为光催化剂，在紫外光照射下，水中的TBT能够实现快速降解，30min内降解率达到99.8%。光催化过程中，TiO₂在紫外光照射下产生电子–空穴对，这些高活性的电子和空穴能够与水分子和氧气反应生成羟基自由基（OH·）和超氧自由基（$O_2^{·-}$）。这些活性物质具有极强的氧化能力，能够无选择性地攻击有机分子，包括有机锡化合物。羟基自由基可以与TBT发生氧化反应，导致其分解为单取代有机锡（MBT）和二取代有机锡（DBT），在进一步的光催化作用下，MBT和DBT也能被继续降解，最终转化为无机锡或其他低毒性的化合物。

有机锡在环境中的降解可以定义为Sn阳离子中有机基团的逐渐丧失：

$$R_4Sn \rightarrow R_3SnX \rightarrow R_2SnX_2 \rightarrow RSnX_3 \rightarrow SnX_4$$

有机锡化合物的降解通常遵循一级动力学模型，其中丁基锡和苯基锡化合物通过连续失去有机基团的方式进行降解。其中MBT、DBT和TBT的降解是通过逐步失去有机基团的方式进行的，而TPT则直接降解为MBT。例如，TBT首先失去一个有机基团形成DBT，然后DBT进一步失去一个有机基团形成MBT，最终MBT失去最后一个有机基团形成无机锡。这一连续的脱烷基化过程不仅降低了有机锡化合物的毒性，也促进了其向环境的无害化转化。

（2）微生物降解

有机锡化合物的微生物降解是一个涉及多种生物化学过程的复杂机制，主要包括酶催化反应、水解作用、甲基化与去甲基化等。这些过程共同作用，促进有机锡化合物向低毒或无毒形式的转化。微生物通过其代谢途径中的酶来转化有机锡化合物。例如，链霉菌中的细胞色素P-450参与DBT的代谢，而荧光假单胞菌产生的低分子量物质能够催化TPT的降解。这些酶促反应是有机锡化合物降解的关键步骤，能够将有机锡转化为更易处理的形式。另外，水解作用在有机锡化合物的降解中同样起着重要作用，特别是在沉积物和水体环境中。水解可以导致有机锡化合物的分解，形成相应的无机锡和有机副产品，如TBT的水解可以转化为DBT和MBT。而有机锡的甲基化与去甲基化反应涉及有机锡化合物中甲基基团的添加或移除。甲基化与去甲基化是微生物降解有机锡化合物的重要途径，尤其是在厌氧条件下，这些反应可以促进有机锡化合物的转化。

还有一些研究聚焦于特定微生物对有机锡的耐受或降解能力。例如，假交替单胞菌（*Pseudoalteromonas* sp. TBT1）对高浓度三丁基锡氯化物（TBTCl）的耐受性并非源于降解作用，而是依赖细胞表面屏障阻止TBTCl进入细胞内部。相反，维罗纳气单胞菌（*Aeromonas veronii* Av27）能够将TBT作为碳源利用，将其降解为低毒性化合物。苏云金芽孢杆菌（*Bacillus thuringiensis*）和茶皂素的联合使用显著增强了

TPT 的生物降解，其中茶皂素提高了酚基锡的溶解度、生物吸附和膜透性。一些研究还探讨了不同微生物之间的协同作用。雅致小克银汉霉（*Cunninghamella elegans*）和新月弯孢霉（*Coochliobolus lunatus*）真菌共培养体系，可以有效降解 TBT 及其代谢产物，减少了样本对旧金山湾卤虫（*Artemia franciscana*）幼虫的毒性。这些研究揭示了特定微生物降解有机锡的潜力及其背后的机理。

尽管微生物降解提供了一种处理有机锡污染的方法，但其效率和效果受到多种环境因素的影响，且对于不同有机锡化合物的降解能力差异较大。此外，有机锡化合物的降解中间产物可能具有更高的生物可利用性或毒性，这增加了微生物降解过程的复杂性。

除了不同有机锡化合物的人为来源之外，甲基锡化合物可以通过生物甲基化过程形成。甲基钴胺素（CH_3B_{12}，维生素 B_{12} 的甲基辅酶）是一种甲基供体，能够将无机锡转化为多种甲基锡化合物。在氧化剂（Fe^{3+}或 Co^{3+}）存在下，氯化亚锡（$SnCl_2$）在盐酸水溶液中与甲基结合，形成单甲基锡化合物。某些藻类和海藻产生的碘甲烷（CH_3I）可以在水性介质中将无机锡盐甲基化以产生单甲基锡化合物，而与锡化合物不发生反应。某些假单胞菌能够形成各种甲基锡化合物。一个重要的反应是甲基锡与其他重金属的甲基转移。这一过程具有显著的生态关联，因为某些甲基化金属对水生生物的毒性高于无机金属。从这些研究可以看出，在模拟环境条件下，无机锡和锡的化合物以及甲基锡衍生物都可以通过化学或生物过程被甲基化。

（3）影响有机锡降解的因素

温度、氧浓度、pH、湿度、盐度、光照条件，以及营养物的可用性等环境因素是影响有机锡化合物降解的关键。这些因素共同决定了有机锡在环境中的生物有效性和生物降解速率。

温度和氧浓度是影响有机锡化合物降解速率的重要环境参数。在许多研究中，实验通常在控制的温度和氧气条件下进行，以确保结果的可重复性。在不同温度的好氧和厌氧条件下对生物降解 TBT 的研究表明，在好氧条件下，随着温度的升高，TBT 的生物降解速度更快。

pH 对有机锡化合物的降解也有一定的影响。pH 的变化会影响有机锡化合物的化学稳定性，进而影响其在水中的溶解性和生物可利用性。在某些情况下，有机锡化合物在酸性或碱性条件下可能会发生水解或其他化学反应，生成更易降解或更稳定的代谢产物。

在土壤和沉积物系统中，湿度和水分含量对有机锡化合物的生物有效性和生物降解速率有显著影响。适宜的水分条件可以促进微生物活性，从而加速有机锡化合物的降解。

盐度是影响有机锡化合物降解的另一个关键环境因素，尤其在水生生态系统中。盐度的变化可以显著影响有机锡化合物的溶解度、生物可利用性，以及微生物的代谢活性，进而影响其生物降解过程。盐度的增加可以改变水体的离子强度，影响有机锡化合物的溶解度和生物可利用性。例如，通过调整盐度至20psu，TBT的溶解度从13%增加到33%，从而减少了它们的生物可利用性。这表明盐度是影响有机锡化合物降解的关键环境因素之一。

光照条件，特别是紫外线（UV）的存在，对有机锡化合物的光催化降解至关重要。使用UV照射是处理吸附在海洋沉积物上有机锡的有效方法。

营养物的添加是促进有机锡化合物降解的一个重要环境管理策略。在有机锡污染的环境中，通过添加营养物可以促进微生物的生长和代谢活动，从而增强有机锡化合物的生物降解效率。营养物的添加可以显著提升微生物的活性，因为这些营养物通常是微生物生长和代谢所需的关键元素。例如，氮、磷等营养物质的添加可以促进微生物种群的增长，进而提高其对有机锡化合物的生物降解能力。

3.1.3　环境影响

由于有机锡化合物在人类活动的众多领域中得到了广泛应用，因而大量此类物质被引入到各类生态系统中。在水生环境的各个组成部分，包括水、悬浮物质、沉积物，以及生物中，均检测到了这些污染物及其代谢产物的可观浓度。然而，在大气中可检测到的有机锡化合物的量微乎其微，表明大气迁移对整体环境归趋的影响可忽略不计。

（1）水系统中的有机锡

有机锡化合物在水体中的来源和释放途径是多样化的，涉及工业、农业和日常生活等多个领域（图3-4）。工业排放是有机锡污染的主要来源之一，尤其是有机锡作为聚氯乙烯（PVC）稳定剂和船舶防污涂层的使用。尽管全球范围内已经禁止了有机锡防污涂层的使用，但由于其在环境中的持久性，此类化合物仍然可以在受船舶活动影响的海域中被检测到。农业领域的有机锡类农药通过地表径流输入水体，可对水体造成污染，其输入强度与降雨事件和土地利用方式密切相关。城市和工业中的废水处理厂，可能未能完全去除有机锡化合物，导致它们在排放到自然水体后仍然存在，这一现象在老旧污水处理设施中尤为突出。此外，沉积物中的有机锡会通过再悬浮和生物扰动等过程重新释放到水体中，这增加了水体中有机锡的浓度和生物可利用性。这种多维度迁移转化特性使得有机锡污染管控难度倍增，亟须构建涵盖源头减排、过程阻断与末端治理的综合管理体系。

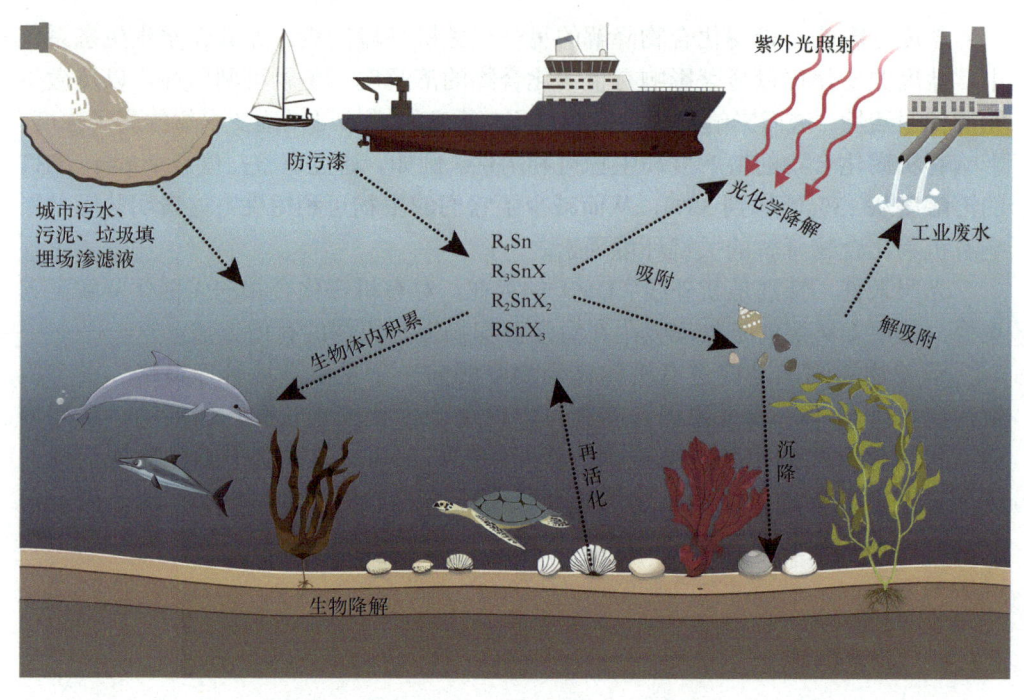

图 3-4　有机锡进入水环境的一般途径及归宿

对各种有机锡在水溶液中的存在形态人们已经进行了广泛而深入的研究。在天然水体中，这些有机锡化合物在水溶液中的存在形态会随着 pH 的变化而改变。例如，三辛基锡（TOT）主要存在中性的 TOT-OH 形式或者 TOT$^+$ 阳离子形态。当 pH 小于 4 时，二甲基锡（DMT）主要以阳离子 Me$_2$Sn^{2+} 的存在形态出现；而在 pH 为 6~8 时，其主要存在形态为 Me$_2$Sn(OH)$_2$。对于三甲基锡（TMT）化合物，在 pH 小于 5 时，主要以三甲基锡阳离子 Me$_3$Sn$^+$ 的形式存在；当 pH 大于 5 时，则以 Me$_3$SnOH 的形态存在。三丁基锡的存在形态同样受到 pH 和盐度的影响。在 pH 为 8（约为海水的正常 pH）时，其主要存在形态为三丁基锡氢氧化物以及三丁基锡碳酸盐。

不同水体中有机锡的浓度分布具有显著的空间差异（表 3-3）。例如，在中国重庆市区长江和嘉陵江的研究发现，这些河流受到了丁基锡和苯基锡的污染，其中丁基锡是主要的污染物。在 18 个采样站点中，所有站点都检测到了单丁基锡，而苯基锡仅在 11 个站点被检测到。这些有机锡的浓度变化范围较大，为 27.3~1145.8ng Sn/L，其中二苯基锡和二丁基锡是第二常见的有机锡，最高浓度分别为 113.7ng Sn/L 和 202.5ng Sn/L。这些数据揭示了淡水环境中有机锡污染分布的广泛性和复杂性。在海水环境中，有机锡的浓度分布同样受到多种因素的影响。例如，在马尼拉湾的研究中，三丁基锡（TBT）及其降解产物在翡翠贻贝（*Perna viridis*）和海洋沉积物中被检测到。沉积物中 TBT 的浓度范围为 0.5~9.0ng Sn/g，而在翡翠贻贝中，TBT 的浓度范围为 2.1～8.9ng Sn/g。这些值虽然相对较低，但有研究表明，即使是低浓度的 TBT 也可能对软体动物产生危害。

表 3-3　水系统中 TBT、TPT、DBT、MBT 的浓度　　（单位：ng Sn/L）

样本类型	种类	浓度范围	参考文献
中国台湾高雄港	TBT	18.5～34.1	[1]
	TPT	11～182	
日本大阪港和淀川	TBT	11～182	[2]
	TPT	＜0.001～130	
印度西海岸马尔木高港	DBT、TBT	＜163~363	[3]
中国沿海渔港	TBT	＜3.6～194	[4]
	DBT	＜2.3～41.5	
	MBT	＜5.1～66.1	
波罗的海南部沿海地带	TBT、DBT、MBT	2～182	[5]

（2）沉积物中的有机锡

作为一种广泛使用的生物杀灭剂，有机锡化合物在沉积物中的分布、积累和降解过程受到多种环境因素的影响，其环境持久性和生物可利用性对生态系统构成了潜在风险。研究表明，有机锡化合物，尤其是三丁基锡（TBT）和三苯基锡（TPT），在全球范围内的沉积物中均有发现（表 3-4）。这些化合物通常来源于船体防污涂层的释放，其在沉积物中的浓度分布与船只活动密切相关。我国三峡库区的研究表明，TBT 及其降解产物在沉积物中的浓度在不同地点之间差异显著，且与船只交通量和废水排放水平高度相关。在地中海地区的研究也发现 TBT 在沉积物中的浓度与港口活动密切相关。

表 3-4　河流、湖泊、海洋和港口沉积物中丁基锡浓度的比较　（单位：ng Sn/g 干重）

有机锡种类	浓度范围	地点	参考文献
丁基锡类（BTs）、苯基锡类（PhTs）	ΣBTs：20.26～213.88，ΣPhTs：0.7～24.62	三峡库区河流沉积物	[6]
BTs	ΣBTs：＜定量限（LOQ）～542	巴西东北海岸两个河口	[7]
BTs	ΣBTs：96.6～1174.6	智利北部阿塔卡马大区	[8]
BTs，PhTs	MBT：27.3～1145.8	中国重庆市区长江和嘉陵江	[9]
有机锡类（OTs）	TBT：＜2～70，DBT：159，MBT：19	希腊沿海地区	[10]
BTs	TBT：6～1045，ΣBTs：6～1676	克罗地亚亚得里亚海岸	[11]
TBT	＜7.0～9576	韩国沿海地区	[12]

欧洲易北河和穆尔德河沿岸港口沉积物中的丁基锡测定结果显示，这些区域受到多种污染物来源的影响，有机锡浓度分布及变化情况具有重要的科学价值。

汉堡港和库韦德港的沉积物中 TBT 含量较高，这可能是由于防污剂中 TBT 的释放和频繁的航运活动所致。穆尔德河虽非航运通道，但其沉积物却受到严重有机锡污染，尤其是四丁基锡和无机锡，这可能与比特费尔德一家化工厂未经处理的排放物有关，因为这两种污染物是二丁基锡生产过程中的主要副产物。1992 年，在易北河几个港口位置的沉积物中发现甲基锡浓度高达 55μg Sn/kg 干重，且存在丁基甲基锡混合物，其中丁基三甲基锡浓度高达 540μg Sn/kg 干重。这些化合物可能不是人为因素引入水生环境，而是通过生物甲基化形成的。甲基化的锡化合物对水生生物的毒性比同等的丁基锡低，但这些混合丁基甲基锡化合物的毒性仍是未知的。

有机锡在沉积物中的结合形式主要是在有机质和无机颗粒上的吸附。有机锡在沉积物中的吸附是一个快速且可逆的过程，主要涉及颗粒有机质作为吸附剂。吸附的有机锡主要通过有机碳标准化的有机碳-水分配系数（Koc）来描述，这反映了有机锡在沉积物和水之间的分配行为。有机锡的化学形态直接影响其稳定性和生物可利用性。有机锡在沉积物中的吸附和解吸行为受 pH 和盐度的影响，这些因素决定了有机锡的化学形态和稳定性。

有机锡在沉积物中的吸附是影响其环境行为的关键过程。研究表明，有机锡主要以未充电的羟基复合物（TBT-OH）的形式存在于海洋环境中，其吸附行为类似于疏水性有机污染物。有机锡对黑碳的吸附强度与对总有机碳的吸附强度相当，表明有机锡对黑碳的吸附并不像其他疏水性有机污染物那样强烈。此外，活化碳对有机锡具有很强的吸附能力，这为受污染沉积物的原位修复提供了可能。

有机锡可以从防污涂层中持续释放到沉积物中。尽管对有机锡的使用有所限制，但在长期受到有机锡污染的沉积物中，其浓度下降缓慢，这表明了有机锡在沉积物中的持久性。有研究发现，有机锡及其降解产物在沉积物中的含量在过去几十年中有所下降，但在一些地区仍处于较高水平。

沉积物中累积的有机锡化合物可通过水动力扰动（如强流作用）引发的再悬浮过程重新进入水体，这个过程增加了其在水体中的生物可利用性，进而影响水质和生物健康。

（3）生物体内的有机锡

有机锡在水中主要以非离子型或离子型的形式存在，其生物可利用性受 pH、盐度和温度等环境因素影响。这些有机锡能被水生生物通过鳃或皮肤直接吸收，进入生物体后，与生物大分子（如蛋白质和核酸）发生作用，干扰正常的生理功能。有机锡在水生生物体内具有较高的生物积累潜力，尤其是对于那些处于食物链较高营养级的生物。这些化合物在生物体内的积累量往往随着营养级的升高而增加，这一现象称为生物放大（biomagnification）。生物放大会导致顶级捕食者体内有机锡浓度显著升高,从而面临更大的健康风险。一些微生物和高等生物具有将有机锡化合物代谢为低毒性衍生物的能力。例如,某些细菌和真菌能够通过酶促反应将 TBT 降解为二丁基锡(DBT)和单丁基锡(MBT)。然而,这些代谢过程通常较慢,且不完全,导致有机锡化合物在环境中持久的存在。

在海洋环境中,有机锡最初通过防污涂层释放到海水中,然后被浮游生物(如藻类和浮游动物)吸收。这些初级生产者随后被更高营养级的生物(如小鱼和甲壳类)捕食,有机锡随之进入这些生物体内。最终,这些有机锡化合物通过食物链进入顶级捕食者的体内。有机锡化合物在生物体内的累积可能导致各种毒性效应,包括内分泌干扰、生殖系统损伤和免疫系统抑制。在淡水生态系统中,有机锡作为一种农业杀菌剂被广泛使用,有机锡在水生食物链中的浓度可能会随着营养级的升高而增加。有机锡能够通过水生植物(如水稻)的吸收进入食物链,并通过食物链传递给以水稻为食的昆虫、鸟类,以及哺乳动物。这一过程不仅影响了非目标生物的健康,也对生态系统的稳定性构成了威胁。表 3-5 介绍了在各种生物的身体、组织和器官中所检测到的丁基锡化合物浓度的调查数据。

表 3-5　生物身体和组织中丁基锡化合物浓度的比较　(单位:ng Sn/g 湿重)

水域	动物	部位	MBT	DBT	TBT	参考文献
意大利沿海	宽吻海豚	脂肪	55	16	41	[13]
		肝脏	150	800	250	
	蓝鳍金枪鱼	肝脏	38	125	46	
		肌肉	15	8.6	39	
	大青鲨	肝脏	6.6	5.1	19	
		肾脏	8.7	26	105	
黑海	港湾鼠海豚	肝脏	8~35	50~164	15~42	[14]
加利福尼亚沿海	海獭	肝脏	1.9~610	4~2400	10~1300	[15]
荷兰阿尔斯梅尔湖	斑马贻贝	身体	21~120	20~160	180~2500	[16]
	鳗鱼	身体	13~63	9~40	50~390	
	拟鲤	身体	7~34	20~210	160~2500	

有机锡对水生生物的生殖系统具有较大的影响,能够对水生生物产生广泛的毒性效应。这些效应不仅影响了生物个体的生存和繁殖,也可能对整个水生生态系统的稳定性和健康造成长期影响。有机锡化合物,特别是 TBT,能够引起水生无脊椎动物的内分泌系统紊乱。这种干扰主要表现为"性畸变"现象,即雌性个体出现雄性特征,如阴茎和输精管的发育。这一现象是由于有机锡化合物抑制了芳香酶的活性,芳香酶是一种关键酶,负责将雄激素(如睾酮)转化为雌激素(如雌二醇)。由于雌激素水平的下降和雄激素水平的相对升高,导致雌性动物表现出雄性化特征。有机锡化合物对水生无脊椎动物的生殖能力有显著的负面影响。

例如，TBT 能够降低双壳类动物的受精成功率，这可能是由于这些化合物对精子的毒性作用，降低了精子的活力和受精能力。有机锡化合物对鱼类的生殖系统和胚胎发育具有毒性。TBT 能够抑制鱼类卵巢的发育，影响卵泡的生长和成熟，进而影响鱼类的繁殖能力。此外，TPT 能够导致鱼类胚胎发生畸形，这可能是由于 TPT 干扰了胚胎期的细胞分化和发育过程。

除了对生殖系统的影响，有机锡化合物还会对生物的神经系统、内分泌系统、免疫系统、遗传物质和普通细胞等产生影响。TBT 能够干扰神经递质的正常释放和再摄取，影响神经信号的传递。神经递质如多巴胺、5-羟色胺（血清素）等在调节动物行为、情绪和认知功能中起着关键作用。TBT 通过与神经递质受体或转运蛋白相互作用，改变它们的活性，从而影响神经系统的功能。有机锡化合物能够直接损害神经细胞，导致细胞内钙离子稳态失衡、线粒体功能障碍和细胞能量代谢障碍，最终导致神经细胞功能障碍或死亡。由于神经系统的损伤，动物可能表现出异常的行为，如活动减少、捕食和逃避能力下降，以及社交行为的改变。在发育过程中，神经系统的损伤可能导致永久性的结构和功能异常，影响动物的长期健康和生存能力。

有机锡化合物能够干扰生物体的内分泌系统，特别是影响甲状腺激素和性激素的平衡。这些激素对于调节生物的生长、发育和代谢至关重要。甲状腺激素对于幼体的生长发育尤为重要，而性激素则与生殖和次级性征的发育相关。当这些激素水平被扰乱时，可能会导致生长迟缓和发育异常。有机锡化合物可能影响生物体对营养物质的吸收和利用。例如，它们可能会干扰肠道对营养的吸收或改变营养物质的代谢途径，导致能量和生长必需营养素的供应不足，进而影响生物的生长。

TBT 和 TPT 能够诱导细胞内活性氧（ROS）的增加，导致氧化应激的发生。ROS 的过量生成会导致脂质过氧化，损伤细胞膜的完整性，影响细胞的生存。ROS 还会损伤蛋白质和 DNA，进而引发细胞功能障碍。在氧化应激的影响下，细胞可能启动凋亡（程序性细胞死亡）或坏死（非程序性细胞死亡）机制。TBT 和 TPT 的暴露可能通过激活特定的凋亡信号通路（如线粒体途径）导致细胞死亡，从而影响组织的功能和整体健康。有机锡化合物的暴露还可能引发炎症反应，进一步加剧细胞损伤。炎症反应的激活可能导致细胞因子和趋化因子的释放，吸引免疫细胞到达受损区域，虽然这是一种保护机制，但过度的炎症反应可能导致组织损伤和细胞死亡。

有机锡化合物能够直接或间接地与 DNA 发生反应，导致 DNA 的损伤。这种损伤可能包括 DNA 链的断裂、碱基的修饰或 DNA 交联，这些损伤会影响 DNA 的复制和细胞的正常功能。遗传毒性物质可能会干扰细胞周期的调控，导致细胞在受损的 DNA 未被修复的情况下进行分裂，从而将突变传递给后代细胞。这种遗传不稳定性可能会导致肿瘤的发展或其他遗传疾病。有机锡化合物可能会影响某些基因的表达，包括与 DNA 修复、细胞周期控制和细胞死亡相关的基因。这种基因表达的改变可能会导致细胞对 DNA 损伤的响应不当，增加突变的风险。除了直接的 DNA 损伤外，有机锡化合物还可能通过影响表观遗传修饰（如 DNA 甲基化和组蛋白修饰）来改变基因表达，这些改变可能在不改变 DNA 序列的情况下影响基因的功能，并可能遗传给后代细胞。

脊椎动物，尤其是鱼类对有机锡的敏感性相对较低（表 3-6），但其生殖和发育仍受影响。有机锡化合物能够干扰鱼类的内分泌系统，特别是影响性激素的合成和分泌。例如，TBT 能够影响鱼类卵巢发育，导致性激素水平失衡，进而影响鱼类的繁殖能力。有机锡化合物对鱼类胚胎和幼体的发育具有毒性，可能导致畸形和其他发育异常。这些影响可能与有机锡对细胞分裂和分化过程中的关键分子途径的干扰有关。

表 3-6　不同生物种类对有机锡的敏感性

生物类别	代表性生物	敏感性
无脊椎动物	犬峨螺（*Nucella lapillus*）	高
	翡翠贻贝（*Perna viridis*）	高
	羽摇蚊（*Chironomus plumosus*）	中
脊椎动物	斑马鱼（*Danio rerio*）	高
	褐菖鲉（*Sebastiscus marmoratus*）	高
滤食性生物	地中海贻贝（*Mytilus galloprovincialis*）	高
	太平洋牡蛎（*Crassostrea gigas*）	高
捕食性生物	白腰鼠海豚（*Phocoenoides dalli*）	中
	真鲷（*Pagrus major*）	高
浮游生物	小球藻（*Chlorella vulgaris*）	低

滤食性生物，如双壳类和某些浮游动物，由于其滤食习性，可能更容易通过摄取含有有机锡的悬浮颗粒物而受到影响。由于滤食性生物通过过滤大量的水体来摄取食物，这个过程中也摄入了水中的有机锡污染物。由于它们处于食物链的较低营养级，有机锡可以通过食物链在它们体内积累，尤其是在长期暴露的情况下。同时，由于滤食性生物的摄食方式，它们直接与水体中的污染物接触，这使得它们更容易受到有机锡的影响，特别是在有机锡浓度较高的环境中更为严重。

捕食性生物，如鱼类和海洋哺乳动物，可能通过食物链的生物放大作用累积更高浓度的有机锡。在食物链中，有机锡化合物可以通过生物放大作用在高营养级生物体内累积到更高浓度。这是因为有机锡化合物不易被生物体代谢和排出，随着食物链的逐级传递，体内有机锡浓度逐级增加。捕食性生物由于处在较高的食物链位置和较长的生命周期,可能长期暴露于有机锡污染中,导致有机锡在其体内累积。这种长期累积可能导致慢性毒性效应,影响其生殖能力、免疫系统和整体健康。

长期暴露于有机锡污染环境中的水生生物可能通过自然选择和进化适应压力,发展出一定程度的耐受性。这种适应性可能涉及代谢途径的变化、解毒酶活性的提高或修复机制的增强。一些水生生物可能通过生理和行为上的调整来应对有机锡的毒性,如改变其生活习性、繁殖策略或栖息地选择,以减少有机锡的摄入和毒性效应。水生生物,尤其是那些生活在有机锡污染严重区域的生物,可能对有机锡有一定的适应性,但这并不意味着它们对所有有机锡化合物都具有高耐受性。例如,一些水生植物可能对 TBT 表现出一定程度的耐受性,但其生长和繁殖仍受 TBT 影响。

然而,有机锡污染所影响的范围并非局限于水生生物。处于食物链较高级别的鸟类,其体内呈现出高水平的外源化合物(图 3-5),这类物质可作为监测环境污染状况的生物指示物。针对野生鸟类及其天然食物中有机锡化合物浓度开展的比较研究,能够获取有关有机锡在摄取过程中富集情况的信息。以日本琵琶湖的部分鸦鹚为例,它们体内的丁基锡浓度为 42~160ng/g 湿重,而这些鸟类所摄入鱼类中的污染水平则为 10~55ng/g 湿重。据此计算得出的生物放大系数为 1.1~4.1。尽管有关鸟类体内 TBT 浓度的数据相对有限,但已获取的证据表明其存在广泛的积累现象。三丁基锡及其分解产物 MBT 和 DBT 会在各类水鸟的羽毛、肌肉、肝脏、肾脏中积累。在 1989~1992 年,基于从不列颠哥伦比亚省西海岸的各个港口和码头采集的海鸭研究发现,其肝脏中的丁基锡化合物浓度为 28~1100ng/g 湿重。一个颇为有趣的结果是,以软体动物为食的海鸭,相较于以鱼类、小型哺乳动物或其他小型鸟类为食的掠食性鸟类,似乎会积累更高浓度的丁基锡。

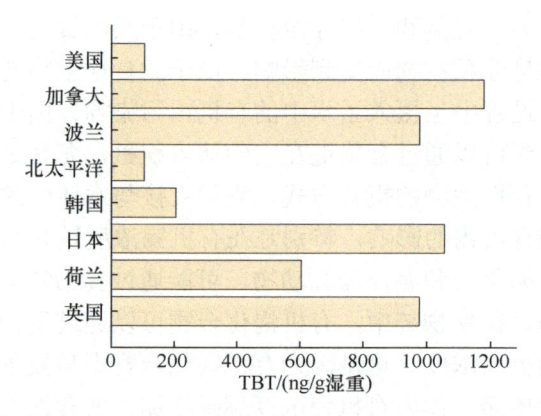

图 3-5 从不同国家和地区采集的鸟类肝脏中三丁基锡化合物浓度的范围

（4）人类体内的有机锡

人类广泛暴露于有机锡污染的环境中。截至目前，人类受有机锡污染状况及其毒性效应的相关记录尚不详尽。有关有机锡在人体组织内富集的研究较为匮乏。人类主要有两种暴露途径（图 3-6）：一是摄入受污染食物，沿海与湖泊区域所采集的海鲜（如鱼、贻贝、螃蟹等）含有不同含量的丁基锡化合物，处于食物链顶端的人类食用此类食物时面临风险；二是接触含有机锡化合物的家居用品所产生的间接暴露。

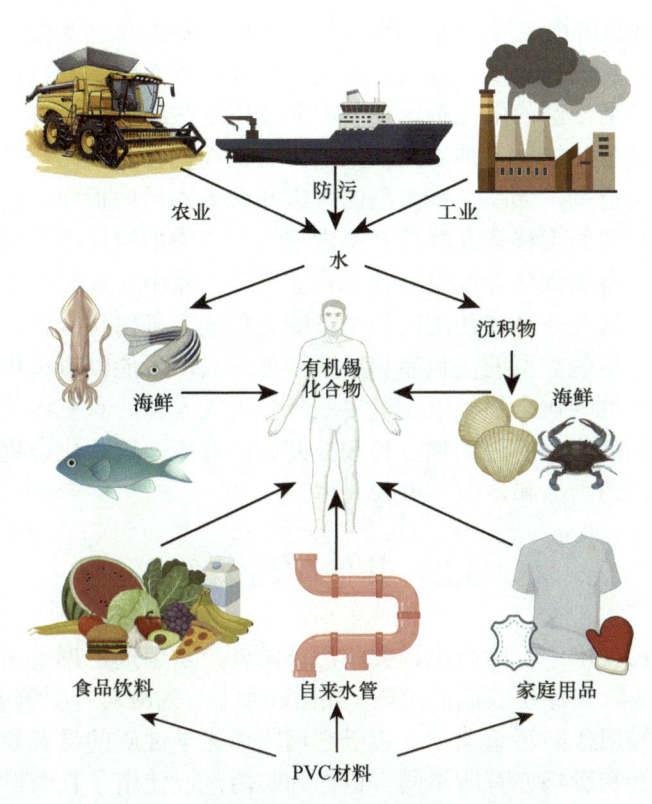

图 3-6 人体接触有机锡化合物的一般来源

有机锡化合物广泛用于船舶防污涂层，这些化合物会从船体释放到水体中，进而影响海洋生态系统。由于这些化合物的持久性和生物累积性，它们可以通过食物链累积在海洋生物体内，最终通过人类摄入海产品的途径进入人体。有机锡化合物（如 TBT、TPT）在全球范围内的海洋水域都有发现，尤其是在航运活跃区域。由于有机锡化合物在海洋环境中的广泛分布，海产品成为人体接触有机锡的主要饮食来源。特别是贝类（如贻贝和牡蛎），因其滤食习性，能够在体内富集较高水平的有机锡化合物。研究表明，海产品中的有机锡含量与水域中的污染水平密切相关，食用这些受污染的海产品可能导致人体健康风险。

有机锡化合物也被用作农业中的杀菌剂和杀虫剂，尤其是在水稻种植中。这可能导致有机锡在农产品中的残留，进而通过食物链进入人体。有研究显示，在巴西稻田中使用三苯基锡（TPT）后，水稻植物的根部、叶子和谷物中均检测到了有机锡化合物。在某些地区，有机锡化合物可能通过饮用水进入人体。特别是当水源受到污染或者水处理过程中使用有机锡化合物时，这些化合物可能在饮用水中被检测到。有机锡化合物，尤其是丁基锡和苯基锡化合物，广泛用作聚氯乙烯（PVC）塑料的热稳定剂。这些化合物在 PVC 产品的生产和使用过程中可能会释放到环境中，从而有可能通过接触或空气传播进入人体。有机锡化合物也被用作硅橡胶和聚氨酯泡沫的催化剂，在生产和使用这些材料的过程中，可能会有有机锡化合物的释放，增加人体暴露的风险。有机锡化合物被用作某些室内装饰材料的防腐剂和稳定剂，如在某些类型的壁纸和聚氯乙烯地板中。这些材料中的有机锡可能随着时间的推移逐渐释放到室内空气中，增加居住者通过呼吸接触这些化合物的风险。有机锡化合物也存在于一些日常用品中，如某些类型的玩具、衣物和家用管道。这些产品在使用过程中可能会释放有机锡化合物，尤其是当它们磨损或损坏时。某些类型的化妆品和皮肤护理产品，可能以有机锡化合物作为防腐剂或稳定剂，这些化合物可以通过皮肤吸收进入人体。有机锡化合物也曾被用作动物饲料添加剂，以促进动物生长和提高饲料效率。这些化合物可能通过动物产品（如肉类、奶制品和蛋类）进入人体。

3.2　其他防污技术

在传统防污技术中，除有机锡类防污技术外，杀菌剂占据着重要地位。其能有效抑制各类生物在涂层表面的沉降、黏附和生长。为应对种类繁多的污损生物，多种化学物质被用作防污杀菌剂，鉴于它们物理化学性质的显著差异，其在环境中的归宿、行为和影响亦有所不同。铜作为防污剂已使用了几个世纪，大量研究致力于探究铜对生物防污性和对环境毒害的影响。对于诸如 Irgarol 1051 和敌草隆这类已广泛使用数十年的杀菌剂而言，公共领域存有大量环境数据，其中包含它们各自代谢物的数据，这些数据有助于评估其环境安全性以及对环境的潜在风险。本小节将就这些杀菌剂进行介绍。

3.2.1　滴滴涕

1874 年，还是博士生的奥地利药剂师奥特马·蔡德勒首次合成了一种有机氯化合物（图 3-7），即'滴滴涕'（dichlorodiphenyltrichloroethane，DDT），并发表在期刊 *Berichte der Deutsche Chemischen Gesellschaft* 上，但在当时并未引起关注。1925 年，瑞士化学家保罗·穆勒在巴塞尔大学取得博士学位后，立即被瑞士最大的化学品制造商之一的 Geigy 公司聘用，从事植物色素和杀虫剂等方面的研发。1939 年，保罗·穆勒注意到了 DDT 的合成论文，并发现 DDT 具有强烈的接触杀虫效果，效果强于任何已知的化学物质。当时正值第二次世界大战的爆发，在炎热的气候中，多水的地区蚊子滋生严重，蚊子传播的疟疾等疾病给军队造成了较大的影响。DDT 的使用对防治疟疾、伤寒，以及昆虫传播的人类疾病，效果显著。在农作物和牲畜养殖以及花园等的昆虫防治方面也非常有效。这些出色的性能导致了它在美国和其他国家的广泛应用，最终使保罗·穆勒在 1948 年获得了诺贝尔生理学或医学奖。但 DDT 的大量使用，也导致许多害虫出现了抗药性。

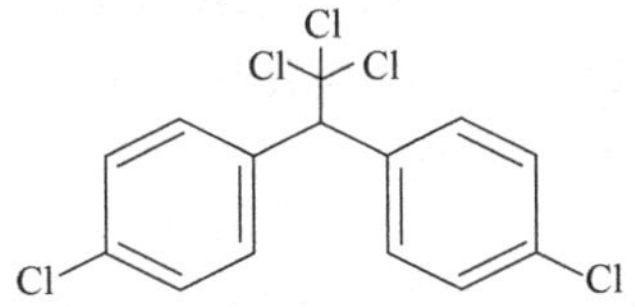

CAS号：50-29-3
分子式：$C_{14}H_9C_{15}$
分子量：354.486
EINECS号：200-024-3

图 3-7 DDT 化学信息

1945 年，约翰·F.马尔尚发表在 *Science* 上的一篇文章指出，DDT 具有物理和药理学特性，具有成为高效海洋防污剂的潜力。DDT 在水中的不溶解性可以防止它被海洋水流冲走，而它的脂质溶解性可以让它被固着生长的生物吸收，该类海洋生物都有一些脂质物质分布在它们的组织中。DDT 对昆虫的高毒性表明，如果这种物质可以用作生长抑制剂，那么蔓足类动物和其他甲壳类动物也可能受到同样的影响。自 20 世纪 50 年代起，DDT 被广泛添加到防污漆中，并应用到全球各种类型的船只上。DDT 防污漆在我国也得到了生产和应用。我国环保部门的资料显示，截至 2002 年，我国累计用于防污漆的 DDT 总产量已经达到 1 万 t。

（1）防污机制

DDT 对污损生物或虫类的杀灭机制主要有神经毒性和胃毒性。

1）神经毒性：DDT 可以干扰生物的正常神经传递。可以与生物的细胞膜结合，抑制神经细胞中的 Na^+ 输送通道，阻断神经脉冲传递，最终使生物肌肉麻痹而死亡。

2）胃毒性：DDT 进入生物体内时，破坏生物体内氢化酶、氧化酶等酶的活性，导致生物体内代谢紊乱、内脏损伤，最终导致生物死亡。

（2）非目标生物毒性

DDT 的代谢物 DDE 对广泛分布的甲藻类 *Exuviella baltica* 有剧毒。通过 DDT

对海洋多毛类 *Neanthes arenaceodentata* 的生长研究发现，在较低 DDT 浓度下，它们的生长都明显减慢。它们可能检测到了食物中含有 DDT，取食速度降低，导致生长速度减慢。DDT 能抑制海洋硬骨鱼肠道黏膜和鳃中的 Na^+/K^+-ATP 酶活性。当鳉鱼暴露在 DDT 环境中时，肠道、肝脏和卵巢中均可以检测到 DDT 的痕迹，DDT 会降低鱼卵的受精率、延缓受精卵的正常发育速度。

DDT 对底栖无脊椎动物 *Chironomus dilutus* 的慢性毒性试验表明，DDT 及其降解产物 DDX 在暴露 10 天、20 天和 63 天后的中位致死浓度分别为 334（165～568）nmol/g、21.4（11.2～34.3）nmol/g 和 7.50（4.61～10.6）nmol/g，对其生长、出苗和繁殖均产生了影响。

DDT 及其代谢物对动物和人类的毒性和致癌性研究表明，其能影响生殖系统的内分泌，这种影响因物种的接触水平而异。流行病学研究表明，接触 DDT 与肿瘤发展之间存在正相关或负相关，但没有明确证据表明 DDT 会导致人类癌症。在对动物的试验中，DDT 在肝脏、肺和肾上腺中显示出肿瘤诱导作用。

（3）降解机制

DDT 在环境中可以非常持久地存在，会在脂肪组织中积累，并能在高层大气中长距离传播。DDT 的半衰期为 2～25 年，随着时间的推移，DDT 与沉积物成分的联系会变得更加紧密，并且变得难以降解。DDT 的生物半衰期约为 8 年，这意味着一个动物需要 8 年的时间才能代谢掉它一半的量。如果继续以稳定的速度摄入，DDT 就会随着时间在动物体内积累。研究发现，水生环境中的植物、鱼类、哺乳动物、鸟类，以及浮游植物和浮游动物都会在体内积累 DDT。在加拿大北部完成的一项研究发现，生活在海底的生物群落中的 DDT 总量远远高于生活在公海的生物群落，这意味着 DDT 可以在海底沉积物中沉降或被沉积物中的颗粒吸附。

在适当的环境条件下，DDT 可在沉积物中转化或部分降解。DDT 最常见的两种降解产物为有氧代谢物 DDE[1,1-dichloro-2,2-bis(p-chlorophenyl)ethylene]和厌氧分解产物 DDD[1,1-dichloro-2,2-bis(p-chlorophenyl)ethane]（图 3-8）。不幸的是，这些降解产物与 DDT 一样具有毒性和持久性。

（4）全球措施

1962 年，美国生物学家蕾切尔·卡森出版了一本名为《寂静的春天》（*Silent Spring*）的著作，在这本书中作者强调了杀虫剂的大量负面影响，这使得民众对杀虫剂的使用产生了极大的焦虑。之后，要求禁止或限制使用 DDT 类杀虫剂的呼声越来越高。在 1970 年美国国家环境保护局成立前，负责监管农药的联邦机构美国农业部在 20 世纪 50 年代末和 60 年代初开始采取监管行动，以限制 DDT 的应用。到了 20 世纪 70 年代，DDT 在许多国家被禁止或限制使用。进入 21 世纪前后，由于蚊子传播疾病的暴发，一些国家重新批准了 DDT 的使用。

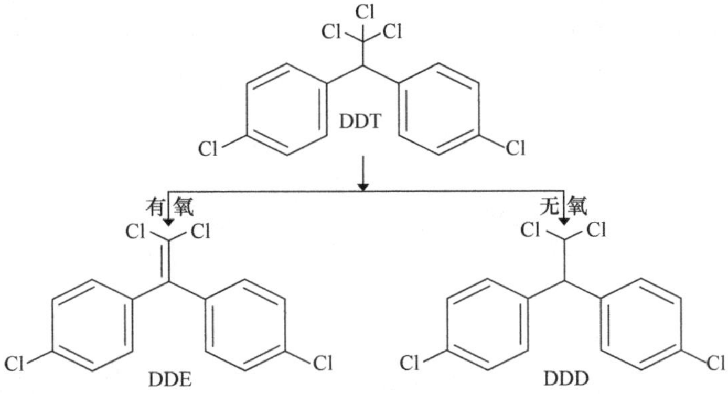

图 3-8 DDT 的降解产物

虽然有些国家重新开始使用 DDT，但从长远来看，其使用需要被强力管控。为保护人类健康和生态环境免受持久性有机污染物（如 DDT）的危害，国际社会于 2001 年 5 月 22 日在瑞典斯德哥尔摩通过了《关于持久性有机污染物的斯德哥尔摩公约》，该公约于 2004 年 5 月 17 日生效。截至 2023 年 10 月，共有 186 个缔约方。中国积极提倡环境保护和可持续发展，于 2004 年 8 月 13 日提交批准书，并于当年 11 月 11 日在中国生效。

为减少 DDT 对环境的破坏，我国也相继出台了相关政策和强制性国家标准。在《中国涂料行业"十二五"规划》中，提出了淘汰含 DDT 防污涂料的目标。在强制性国家标准 GB 38469—2019《船舶涂料中有害物质限量》中要求船舶涂料不得使用 DDT。1982 年，我国已经开始禁止 DDT 作为农药使用。2009 年 4 月 16 日，中国环境保护部发布公告，从 2009 年 5 月 17 日起，我国境内禁止生产、流通、使用和进出口 DDT。

3.2.2 铜基杀菌剂

人类使用铜的历史悠久，在古代文明中便有用铜来制作容器和入药的记载。在抗生素发明之前，铜就已经被用于治疗微生物感染，早在 1962 年就有铜作为抗菌涂层的记载。在 TBT 流行的时代，铜离子杀菌剂也一直作为某些 TBT 涂层的添加剂，以增加涂层的防污性能。在 TBT 禁用后，铜成为主要的防污杀菌剂。但是在加拿大、丹麦等国家，铜的释放率被严格限制，一些国家禁止在小型船只表面使用含铜涂层。虽然有这些限制，但铜离子杀菌剂的防污性能优秀，成本较低，仍在市场上占有一定的地位。

(1) 杀菌机制

当前常使用的铜的类别有氧化亚铜（Cu_2O）、氧化铜（CuO）、纳米铜颗粒（copper nanoparticle，Cu NPs）等，当涂层在水中释放 Cu^+ 和 Cu^{2+} 后，纳米铜及铜离子可以对多种细胞功能造成损害，潜在的杀菌过程如下（图 3-9）[17]。

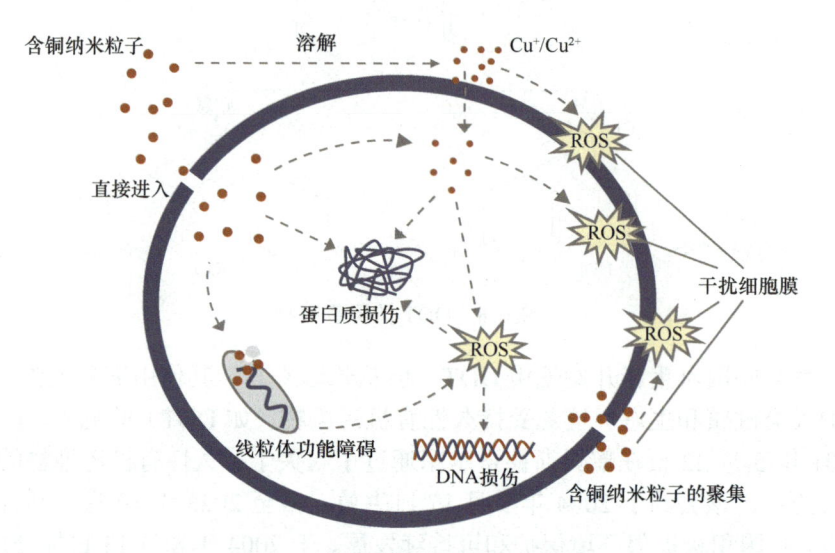

图 3-9 含铜纳米粒子的抗菌机制

1）产生活性氧（ROS），对细菌细胞膜造成不可逆的破坏，这是铜离子杀菌的主要机制。

2）微生物细胞壁和细胞膜的破坏。当铜离子从涂层中溶出时，由于铜离子表面带正电荷，细菌在水溶液中一般带负电荷。通过静电相互作用，铜离子可被吸附到细菌表面，从而破坏细菌的细胞壁。铜离子亦可以与细胞膜上带负电荷的区域相结合，引起去极化，导致膜渗漏甚至破裂。

3）取代或结合金属蛋白中的天然辅因子。有研究发现，在厌氧条件下，铜的积累也会增加对细菌的细胞毒性。最新的研究还发现，细菌细胞中积累的铜主要以高毒性 Cu^+ 的形式存在，Cu^+ 与溶剂暴露的脱水酶的硫酸盐或无机硫配体配合，取代铁原子，迅速灭活 Fe/S 簇脱水酶，导致细胞功能障碍。

4）细胞内成分的损伤。铜离子可以进入细菌细胞内部，从而破坏线粒体、DNA 等，造成细胞生理功能障碍。

(2) 生物毒性

防污涂层中常使用 Cu_2O 作为杀菌剂，当自由铜离子（Cu^+）释放到海水中时，立即被氧化成 Cu^{2+}，并与无机、有机配体形成配合物。虽然很多生物的正常生理活动离不开铜离子的参与,但一旦铜离子浓度过高,则会对生物产生危害。纳米铜及铜离子可以在生物体内的多个部位聚集,从而危害生物的正常生理活动。氧化应激的发生是金属中毒的基本分子机制。这种压力削弱了免疫系统,导致组织和器官损伤、生长缺陷和生殖能力降低。铜已经成为对水生物种危害最大的金属之一,引起了全球的广泛关注。

1) 对非目标生物的毒性。硅藻是最重要的藻类群体之一,在各种生境中往往占主导地位,通常将硅藻作为评判水质的指标。通过对硅藻的研究,发现铜浓度较低时,对硅藻存在应激反应,随着浓度的增高,硅藻产生主动反应和极端应激反应,影响一些重要细胞的通路,导致细胞损伤和生长抑制。

铜可以通过鱼鳃、体表和消化道等途径进入鱼的体内。鱼的大脑、心脏、肾脏、鱼鳃、肝脏、性腺等都受铜的影响(图 3-10)。当铜在这些器官积累时,器官的生理活动受到干扰、抑制或破坏。氧化铜纳米颗粒对国王鲤(*Cyprinus carpio*)的毒性和组织病理学研究表明,氧化铜纳米颗粒可以引起鳃部次级片层的增生和融合。氧化铜纳米颗粒浓度与鱼类死亡率之间存在回归关系($p<0.01$),也与组织病变呈现显著相关性($p<0.01$)。

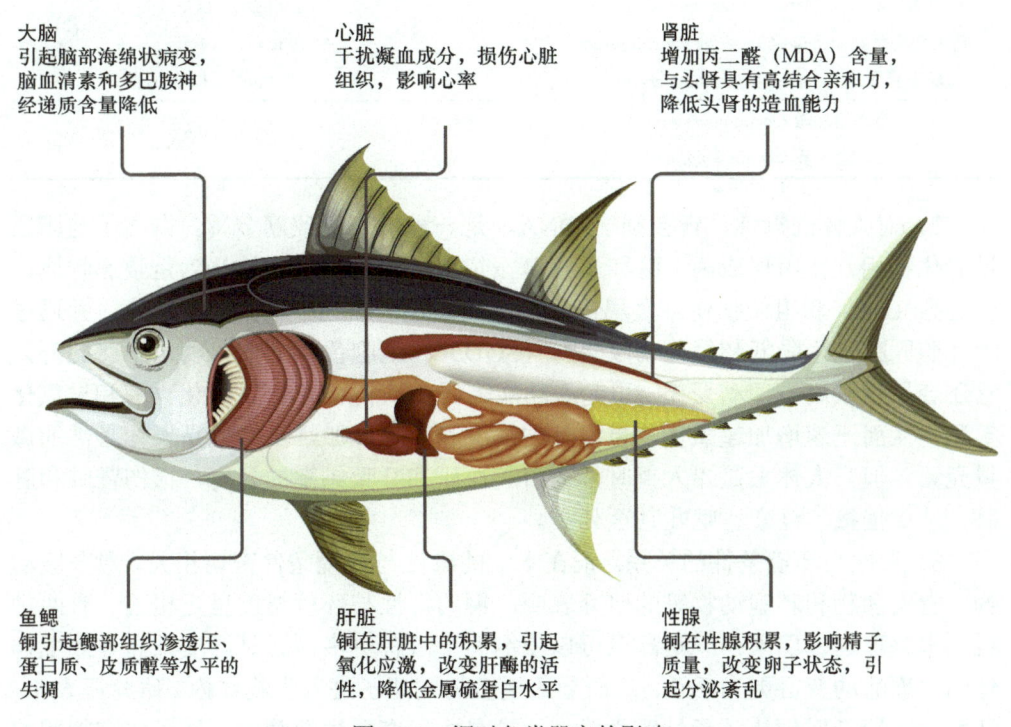

大脑
引起脑部海绵状病变,脑血清素和多巴胺神经递质含量降低

心脏
干扰凝血成分,损伤心脏组织,影响心率

肾脏
增加丙二醛(MDA)含量,与头肾具有高结合亲和力,降低头肾的造血能力

鱼鳃
铜引起鳃部组织渗透压、蛋白质、皮质醇等水平的失调

肝脏
铜在肝脏中的积累,引起氧化应激,改变肝酶的活性,降低金属硫蛋白水平

性腺
铜在性腺积累,影响精子质量,改变卵子状态,引起分泌紊乱

图 3-10 铜对鱼类器官的影响

研究发现,铜对多种生物存在危害(表 3-7)。美国生态毒理数据库(USEPA

ECOTOX 2014）的资料显示，铜离子引起的淡水生物急性毒性 24h LC_{50} 范围为 0.086μg/L 至 282mg/L，中位数值为 5.8mg/L。其他研究显示，纳米铜对幼鱼和成年鱼的 LC_{50} 范围为 700～1500μg/L。对于纳米氧化亚铜，24h LC_{50} 范围为 470μg/L 至 217mg/L。纳米铜和 Cu^{2+} 的毒性要强一些，而氧化铜纳米颗粒的毒性阈值相对来说高一些。对于水蚤类的生物，氧化铜纳米颗粒和纳米铜的 LC_{50} 较低，说明这些物质对其影响较大，而甲壳类和鱼类则对氧化铜纳米颗粒和纳米铜的耐受性更高。

表 3-7 铜对部分生物的毒性

生物类型	LC_{50}（半致死浓度）	EC_{50}（半数效应浓度）	参考文献
卤虫的无节幼体 Brine shrimp	24.6mm²/mL（24h）		[18]
大型藻类		6.4μg/L	
甲壳类	2000μg/L		[19]
细菌		800μg/L	
朱氏四爿藻 Tetraselmis chuii		0.145mg/L	[20]
斯蒂芬森蛀木水虱 Isopod Limnoria stephenseni	150μg/L（14 天）		
奥氏奥布里莫扁虫 Flatworm Obrimoposthia ohlini	236μg/L（14 天）		[21]
暗色平滨螺 Gastropod Laevilittorina caliginosa	98μg/L（14 天）		
梯形盖马蛤 Bivalve Gaimardia trapesina	<22μg/L（14 天）		
弯钩哲水蚤 Oncaea curvata	64μg/L		[22]
长足冠水蚤 Stephos longipes	56μg/L		

2）对人体的毒性。铜会损害 DNA，是一种潜在的致癌金属。铜离子与脂质过氧化物相互作用形成丙二醛和 4-羟基壬烯醛，这两种物质被认为是致癌物质，会导致 DNA 和组织损伤。金属锌的过量积累导致细胞中铜离子的消耗，并通过增加胆固醇水平降低超氧化物歧化酶（SOD）和细胞色素 c 氧化酶水平。此外，它还会导致铁离子调动受损，引起心功能障碍，抑制 SOD、过氧化物酶和过氧化氢酶，从而迅速增加超氧化物自由基的浓度和氧化应激。虽然铜是人体必需的微量元素，但当人体大量摄入铜时，会引起血压和呼吸频率的升高，损伤肾脏和肝脏，造成抽搐、痉挛、呕吐甚至死亡。

3）毒性与环境条件的关系。铜在水中的毒性与环境条件密切相关。对节肢动物、脊索动物和刺胞动物等的研究表明，铜的毒性与环境温度呈正相关。有两种机制来解释这种现象：一是高温可以使铜离子溶解更多；二是温度升高导致生物体的生理活动变得更为活跃，从而导致更多的铜离子进入生物体内。研究还表明，环境 pH 降低时铜离子毒性随之降低，这是由于在酸性溶液中，质子化官能团的比例较高，由于分子间静电斥力减少，细胞磷脂的包裹更加紧密，导致细胞膜的通透性降低，进而减少了铜的生物利用度。

(3) 富集作用

铜可以在藻类、鱼类、软体动物,以及海洋沉积物中积累,这些积累会对动物、植物造成严重的损害和毒性作用,并可能进一步导致较高的生态风险。

1) 藻类。藻类处于海洋食物链的较底端位置,藻类对铜等重金属的富集作用较强,对藻类体内金属含量的检测可以较好地反映水体污染程度。一些研究表明,pH 会影响金属在藻类体内的富集过程。图 3-11 为石莼属绿藻(*Ulva* spp.)、仙菜属红藻(*Ceramium* spp.)、地中海贻贝(*Mytillus galoprovincialis*)、欧洲黍鲱(*Sprattus sprattus*)身体组织内金属富集情况。可以看出,在这些生物体内,铜的含量高于其他金属,占主导地位[23]。

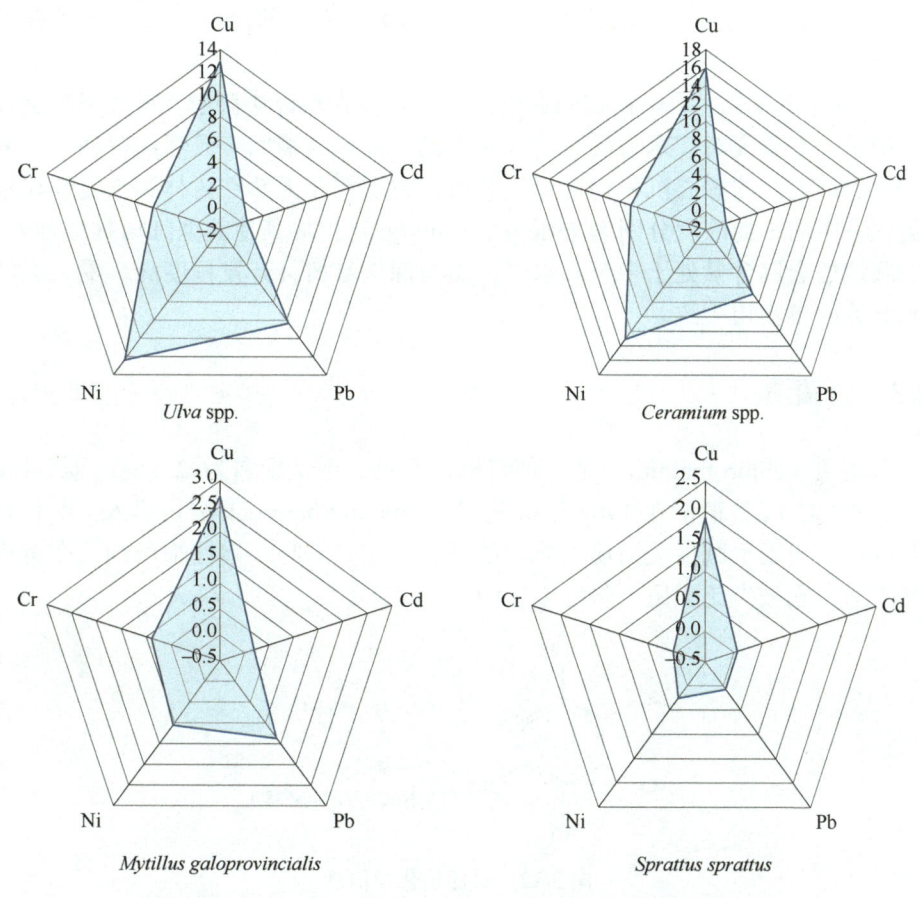

图 3-11 Cu、Cd、Pb、Ni、Cr 金属在不同生物体内的浓度

2) 虾类。虾类为杂食性动物,一般以浮游藻类、浮游动物、底栖动物和遗骸为食,铜可以通过藻类、有机物等途径进入虾的体内。丰年虾(*Artemia salina*)

易于培养，成本低，适应性强，常被用作鱼类的饲料。对丰年虾的研究发现，氧化铜纳米颗粒可在丰年虾的肠道内积累，从而引起毒性指标的变化，影响丰年虾的生长。

3）鱼类。海洋草食性鱼类直接食用大型藻类，这些藻类在污染地区极易积累大量的铜等微量金属。基于对海洋草食性鱼类黄斑蓝子鱼（*Siganus oramin*）体内铜的生物积累动力学研究，发现铜在鱼体内的积累量与饵料中铜含量呈线性相关，与水中铜浓度成正比。

4）人类。海洋软体动物、甲壳类动物和鱼类通常含有人体必需的氨基酸，它们是微量元素、维生素和不饱和脂肪酸的重要来源。随着海洋食品业的发展，人类从海洋获取的食物量增加，海洋生物组织中的重金属可能通过食用海产品转移给人类，特别是对以海产品为主要动物蛋白来源的沿海居民造成潜在的健康风险。

5）海洋沉积物。水中存在的铜以及生物尸体在海洋中降解，铜离子也会在海泥中积累。有研究对广东省后海湾（深圳湾）南岸线潮间带天然红树林、恢复红树林和邻近泥滩的核心沉积物进行了分析，发现铜在天然红树林和恢复红树林表层沉积物中的平均浓度分别为75ng/g和50ng/g。与世界其他典型红树林湿地相比，深圳湿地的金属含量处于中至高水平，这与深圳红树林开发程度高、受人类活动影响显著的事实相一致。

3.2.3　百菌清

百菌清（chlorothalonil）是一种有机化合物，中文别名为 2,4,5,6-四氯-1,3-苯二腈（图 3-12）。百菌清在 1965 年被美国 Diamond Shamrock 公司引入，并于 1966 年首次被注册用于减少美国境内草坪的病害。它是一种广谱性杀菌剂，在有机锡被禁用后，它被广泛应用于防污涂层中。

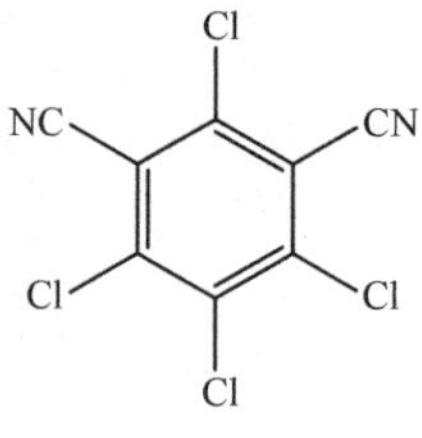

CAS 号：1897-45-6
分子式：$C_8Cl_4N_2$
分子量：265.911
EINECS号：217-588-1

图 3-12　百菌清化学信息

（1）杀菌机制

细胞对杀菌剂的初始吸收导致了百菌清取代还原型谷胱甘肽衍生物的快

速形成。在衍生物形成过程中，百菌清与蛋白质发生反应，但直到所有谷胱甘肽反应并抑制特定的 NAD 硫醇依赖性糖酵解酶和呼吸酶时，细胞活力才会下降。因此，百菌清通过形成谷胱甘肽-杀菌剂衍生物，实现对硫醇依赖酶的抑制来杀菌。

（2）对非目标生物毒性

百菌清对许多水生物种具有较强的毒性，如胖头鱼、河蚌幼虫等（表 3-8），而对水蚤、桃红对虾的毒性稍弱。在实验室条件下，发现虹鳟鱼（96h LC$_{50}$ = 69μg/L）比蓝贻贝（96h LC$_{50}$ = 5.94mg/L）对百菌清更加敏感。而在野外条件下，百菌清毒性减弱，没有发现任何虹鳟鱼的死亡，这可能是由于环境因素的吸附和微生物的降解，从而降低百菌清的毒性。

表 3-8 百菌清对部分水生生物的毒性数据[24]

生物类型	学名	48h 或 96h LC$_{50}$/（μg/L）
胖头鱼	*Pimephales promelas*	23
蓝鳃太阳鱼	*Lepomis macrochirus*	51～84
大型溞	*Daphnia magna*	54～68
桃红对虾	*Penaeus duorarum*	154

（3）降解机制

百菌清在环境中的降解主要有非生物降解、生物降解，以及有机物的吸附。

1）非生物降解。非生物降解又包括水解和光解（图 3-13）。

水解：在 pH 为 5 和 7 时，百菌清可以稳定地水解，而在碱性条件下（pH=9），降解会生成 3-氰基-2,4,5,6-四氯苯酰胺和 4-羟基-2,5,6-三氯二苯腈。还有研究提出百菌清在水环境中会进行还原脱氯生成三氯-1,3-邻苯二甲腈，以及氧化脱氯/水解反应生成 2,5,6-三氯-4 羟基间苯二腈。

光解：百菌清对 300～340nm 的波长较为敏感，是造成其直接光解的主要原因。百菌清的光解速率较快，光解的主要产物为单氯异酞腈和 3-氨甲酰三氯苯甲酸。

2）生物降解。微生物消化吸收是百菌清降解的主要生物途径。百菌清的微生物降解途径包括脱氯和羟基化（图 3-14），最终生成 2,5,6-三氯异酞腈、4-羟基-2,5,6-三氯-1,3-苯二腈及 1,3-双氨基甲酰基-2,4,5,6-四氯苯。

3）有机物吸附。在海洋的沉积物等有机物中可以观察到百菌清的吸附。有研究表明，水/沉积物体系中的百菌清的耗散率高于无沉积物的自然水体。

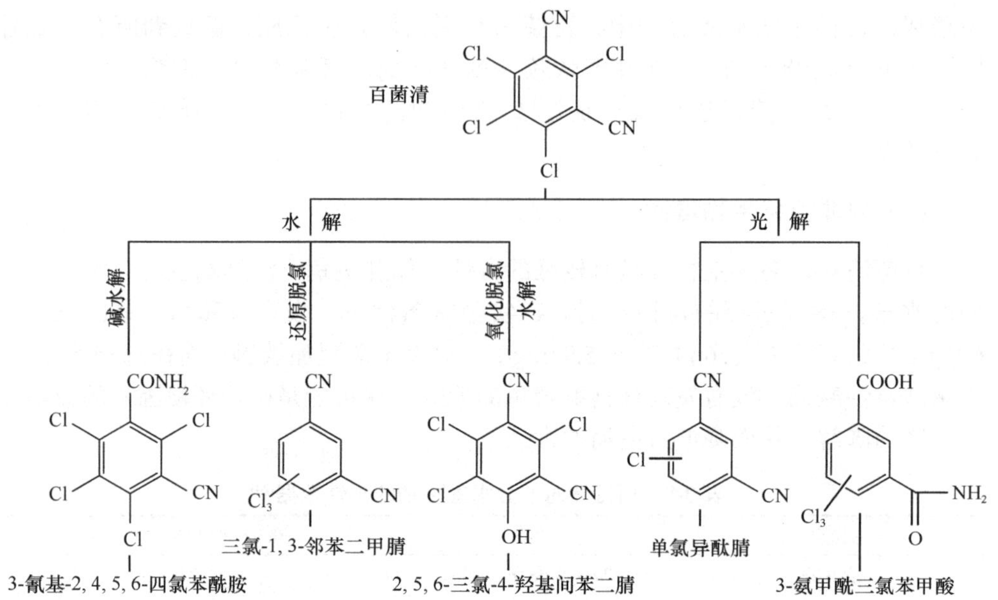

图 3-13　百菌清的水解和光解降解途径及产物

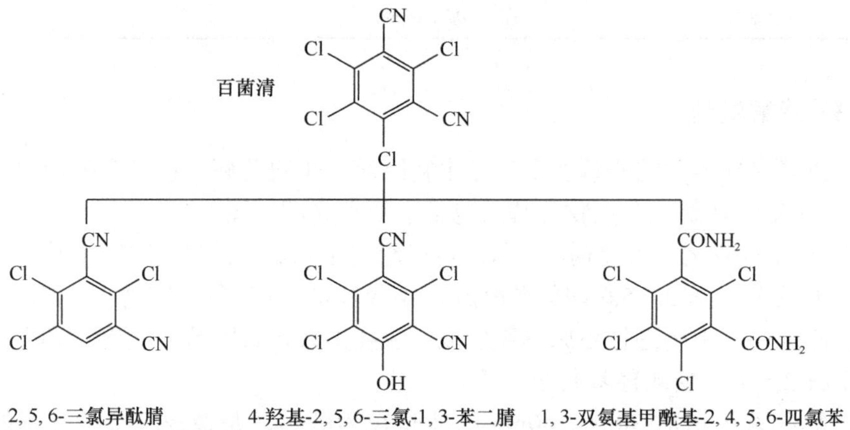

图 3-14　百菌清生物降解途径及产物

（4）管控措施

百菌清除了被用在防污涂层中，也广泛应用于农作物、果树等的病虫害防治，在世界范围内得到了大量应用。随着百菌清危害研究的深入，多个国家采取了管控措施，以降低其对环境的破坏。新西兰环保署要求从 2017 年 5 月起禁止在新西兰生产或进口百菌清，从 2017 年 11 月起，部分含有百菌清的产品被严格限制使用。从 2019 年 5 月起，欧盟不再受理百菌清的批准申请。土耳其则要求从 2020

年 12 月起禁止进口和使用百菌清，并从 2021 年 2 月起禁止生产。巴西国家卫生监督局于 2019 年 8 月宣布对百菌清产品的毒理学特征进行重新评估，以核实其对环境破坏的严重性。在我国，也有学者呼吁应该重视百菌清的应用风险。

3.2.4 抑菌灵

抑菌灵（dichlofluanid），也称为苯氟磺胺（图 3-15），是在 1965 年推出的一种杀菌剂，它对大肠杆菌、白色念珠菌等有较强的抑制作用，常被用作对抗农作物病虫害的抗菌剂。由于其对生物污损的控制效果显著，被应用于海洋防污涂层中，主要用于防止藻类、藤壶和软体动物等污损生物附着在水下结构表面上。在 20 世纪 80、90 年代，该化合物因其高效性而受到广泛欢迎。抑菌灵通常与其他活性成分结合使用，以增强防污涂层的综合性能。

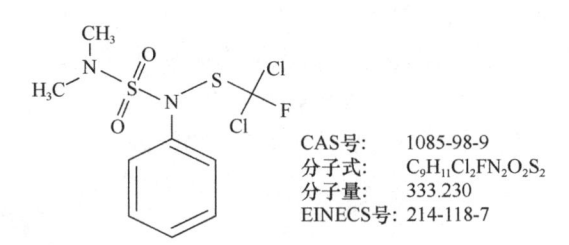

CAS号： 1085-98-9
分子式： $C_9H_{11}Cl_2FN_2O_2S_2$
分子量： 333.230
EINECS号： 214-118-7

图 3-15　抑菌灵化学信息

（1）杀菌机制

抑菌灵通过破坏微生物的细胞功能发挥其抗菌作用。尽管其具体机制尚未完全明确，但研究表明，其可能通过以下方式发挥作用。

1）抑制细胞呼吸作用：通过阻断微生物的细胞呼吸过程，抑制其能量代谢，从而有效阻止其生长和繁殖所需的能量供应。

2）破坏细胞膜完整性：该化合物可能损伤细胞膜，导致细胞内容物泄漏，最终导致细胞死亡。

3）抑制酶活性：它可能通过抑制微生物某些关键酶的活性，从而破坏微生物的正常代谢，达到抑制微生物生长的目的。

（2）对非目标生物毒性

与许多生物杀菌剂一样，抑菌灵也对环境，特别是海洋生态系统构成一定的风险。有研究表明，抑菌灵对海胆等无脊椎动物有中等毒性，而对其他海洋生物的毒性研究较少（表 3-9）。抑菌灵和其他杀菌剂联用时，表现出增强作用。抑菌灵对哺乳动物系统也存在危害，如脂质过氧化、细胞毒性、致癌和诱变效应等。

表 3-9　抑菌灵对部分海洋生物的毒性

生物类型	物种名	EC$_{50}$	参考文献
海胆	*Strongylocentrotus intermedius*	890.17～2531.57nmol/L	[25]
双壳类贻贝、海胆和海鞘的胚胎和幼虫	*Mytilus edulis*、*Paracentrotus lividus*、*Ciona intestinalis*	244～4311nmol/L	[26]
藻类	*Nitzschia pungens*	377.01μg/L	[27]

抑菌灵存在急性毒性和慢性毒性。急性毒性可导致种群死亡率和氧化应激上升，繁殖率和胆碱能活性下降。慢性毒性会对生物体的正常生长发育产生影响，并可能进一步阻碍其种群的繁衍与延续。

（3）降解机制

抑菌灵在水中和土壤中均不稳定，会迅速发生水解和光降解，生成 2,3-二巯基丁二酸（DMSA）、二氯二氟甲烷、对二氟甲硫基苯胺和苯胺（图 3-16）。但是在海洋的沉积物中，其相对稳定。其水解降解率非常高，在不同温度下的海水中的半衰期在数小时内。代谢物 DMSA 在初始时不容易生物降解，且毒性较低，但随着暴露时间的延长，DMSA 也会逐渐被生物降解。

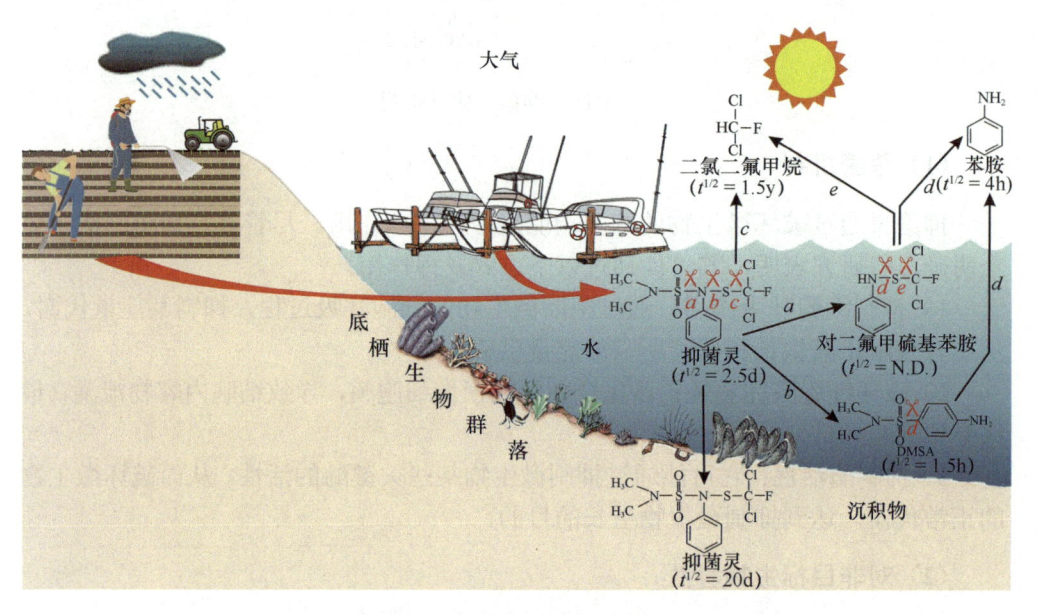

图 3-16　抑菌灵的降解途径[28]

抑菌灵在不同的海域降解速率也存在差异。有研究表明，其在近海岸海域的降解速率高于远海海域。在希腊海域的抑菌灵浓度低于西班牙海域，而在英格兰则没有发现抑菌灵的污染痕迹。和其他有毒化合物类似，在航海的繁忙时间段内，抑菌灵在海水中的浓度增加。

3.2.5 DCOIT

DCOIT 的全称为 4,5-二氯-*N*-辛基-4-异噻唑啉-3-酮（图 3-17），它通过干扰微生物黏附过程阻止其在表面的附着，对细菌黏液、藻类、藤壶、管虫、水螅虫、苔藓虫、被囊动物和硅藻具有广谱活性。DCOIT 是 Sea-Nine®211 防污剂的主要成分，由美国罗门哈斯公司（Rohm and Haas Company）于 1994 年在美国注册。由于其绿色、高效的防污性能，于 1996 年获得 Presidential Green Chemistry Challenge 奖，在 1997 年获得化工环境优胜奖。在国际海事组织（IMO）禁用三丁基锡类涂层后，DCOIT 已经成为最重要的防污剂之一。DCOIT 不含重金属，在环境中会迅速渗透到沉淀物中降解，被认为是一种对环境安全的防污杀菌剂，欧盟批准 DCOIT 用作生物杀菌剂，用于木材的储存和防污。

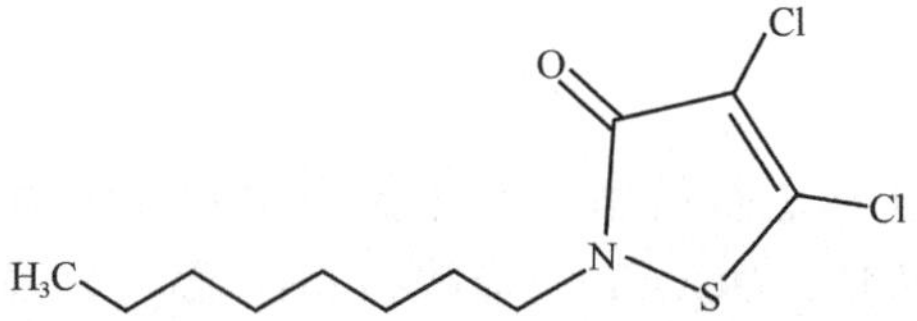

CAS号：　64359-81-5
分子式：　$C_{11}H_{17}Cl_2NOS$
分子量：　282.230
EINECS号：264-843-8

图 3-17　DCOIT 化学信息

（1）杀菌机制

DCOIT 能够扩散穿过细菌细胞膜和真菌细胞壁。在细胞内介质中，DCOIT 的 N—S 键的缺电子硫可以与细胞组分的亲核基团反应，如蛋白质活性位点半胱氨酸的硫醇，阻断其酶活性，最终导致细胞死亡。

（2）对非目标生物毒性

DCOIT 可以对多种非目标生物产生毒性（表 3-10）。DCOIT 可引起鱼体内活性氧（ROS）水平升高、超氧化物歧化酶活性增加、谷胱甘肽过氧化物酶水平改变。DCOIT 对双壳类动物的试验表明，暴露 24h 后，DCOIT 增加了血细胞黏附能力，导致总血细胞计数和血细胞活力下降。暴露 96h 后，DCOIT 仅影响血细胞黏附能力，对贻贝在空气中的生存能力没有影响。将鱼类在 DCOIT 中暴露 4 周后，鱼鳃中 ATP 酶活性升高，黑色素沉积。对虾肝胰腺转录组学分析显示，DCOIT 引起肝胰腺形态和代谢的变化，包括高厌氧呼吸和甘油三酯的积累，DCOIT 可诱导基因表达改变，干扰虾的代谢、生长和存活。DCOIT 对海洋小球藻的抑制浓度（IC_{50}）为 2.522mg/L，通过超微结构观察和光合作用相关基因的表达分析，发现 DCOIT 对植物光合作用有显著影响。

表 3-10　DCOIT 对水生生物的毒性

生物类型	物种名	LC$_{50}$/（μg/L）	EC$_{50}$/（μg/L）
卤虫	*Artemia* sp.	163（135~169）（48h）	
海胆	*Echinometra lucunter*		33.9（17~65）（36h）
贻贝	*Perna perna*		8.3（7~9）（48h）
桡足类	*Nitrocra* sp.		200（10~480）（10 天）
片足类	*Tiburonella viscana*	0.5（0.1~2.6）（10 天）	
桡足类	*Acartia tonsa*	0.01824	

DCOIT 对人类也有毒性。多光谱技术结合计算机预测方法研究表明，DCOIT 与人血清白蛋白（HSA）存在相互作用。DCOIT 通过氢键与范德瓦尔斯力自发地结合在 HSA 的位点 I 上导致 HSA 荧光的静态猝灭，诱导了 HSA 的去折叠化以及色氨酸残基附近微环境疏水性的增强，从而抑制酯酶活性并干扰人体解毒过程。亦有研究表明，DCOIT 可能引起人类皮肤刺激和眼睛的损伤。

（3）降解机制

DCOIT 在天然海水中可以快速进行降解，从天然海水和水生微生物中去除 DCOIT 的半衰期分别小于 1 天和 1h。DCOIT 的降解和 pH、温度、溶解氧等条件相关。在 pH 为 4 时，其半衰期为 6.8 天；当 pH 为 7 时，半衰期缩短为 1.2 天；当 pH 为 9 时，半衰期为 3.7 天。随着温度的升高，降解速率逐渐增大。DCOIT 在 4℃、25℃和 40℃下的半衰期分别为 64 天、27.9 天和 4.5 天。DCOIT 在自然环境中存在多种降解机制。

1）光降解。针对 DCOIT 在自然水环境中的光降解动力学和机理研究表明，其在天然淡水和海水中主要通过激发单重态进行直接光解，而未观察到自敏化光解[29]。DCOIT 的直接光解速率常数分别为（57±0.03）/h。DCOIT 的光降解过程为富电子硫原子被氧化为砜，Cl 原子被羟基取代，S 原子被氧化，生成降解产物 A（图 3-18）。DCOIT 还发生辛链的裂解和去甲基化反应，生成化合物 B 和 C。在 290nm 以上紫外光照射下，DCOIT 中的 N—S 键断裂，Cl 原子被 OH 取代，生成化合物 D。此外，化合物 E 也是反应生成物。

2）生物降解。褐腐菌（*Gloeophyllum trabeum*）可以很快地分解 DCOIT，这可能是其产生活性氧的原因。细菌对 DCOIT 降解的生物贡献率为 50.56%，其次是浮游动物的 27.23%，非生物因子对 DCOIT 降解的贡献率超过 10%。有研究表明，生物降解比水解或光解速率快 200 倍以上。对于微藻而言，DCOIT 不具有生物蓄积性。贻贝中仅在 1~3h 内可以检测到 DCOIT，这表明 DCOIT 被生物体迅速内化和代谢。

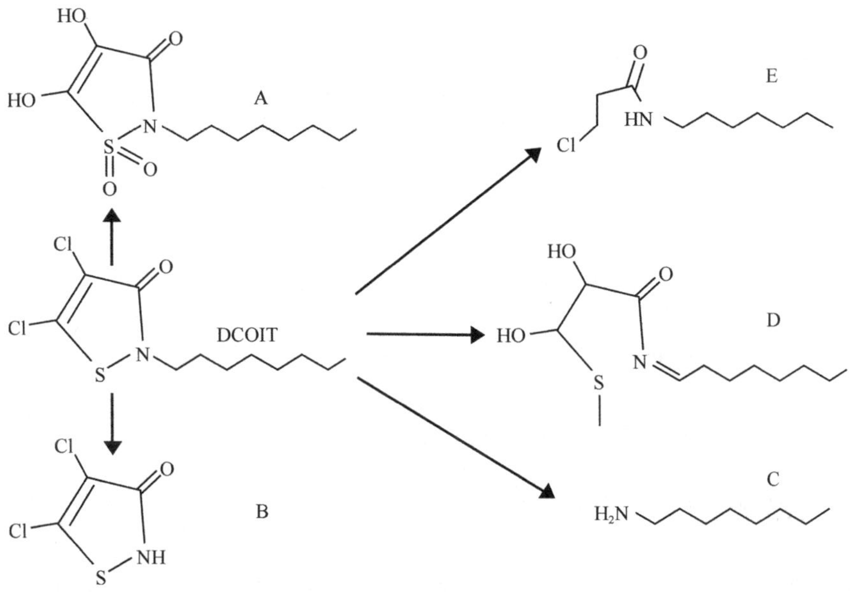

图 3-18　DCOIT 光降解产物

（4）全球影响

以 DCOIT 作为主要活性成分的 Sea-Nine®211 是全球应用最广泛的防污剂之一，DCOIT 在水中倾向于吸附到悬浮颗粒上，随着颗粒的沉积作用，最终融入海洋沉积物中，DCOIT 与沉积物有较强的不可逆结合。此外，DCOIT 的代谢产物也容易吸附在沉积物中。在韩国、日本、西班牙、瑞典、英国、马来西亚、泰国、印度尼西亚、越南等国家的海域水中或沉积物中都检测到 DCOIT 的痕迹。韩国海岸和港口的沉积物样本中 DCOIT 的含量高达 281ng/g 干重。DCOIT 在海水中的浓度分布存在一些规律。例如，其浓度随着与涂漆船舶距离的增加而逐渐降低；风速可以对 DCOIT 的浓度产生影响，风速较大的海域浓度更低；在夏季时，由于游船的活动更频繁，所以 DCOIT 在水中的浓度显著上升。例如，在西班牙地中海加泰罗尼亚码头，夏季 DCOIT 浓度可达 3700ng/L。

有报道称 DCOIT 的半衰期较短，且生物降解速度极快（图 3-19）。DCOIT 的生物富集因子（bioconcentration factor，BCF）为 13，而 TBT 的 BCF 高于 1500。通常 BCF 大于 100 时，被认为对环境有害，所以 DCOIT 被认为对环境友好。然而，仍有证据表明 DCOIT 可以在生物体内积累，这是由于在港口及码头等 DCOIT 存在持续输入的地区，生物的吸收速率可能大于其降解速率，因此 DCOIT 的环境风险仍需要引起足够的重视。

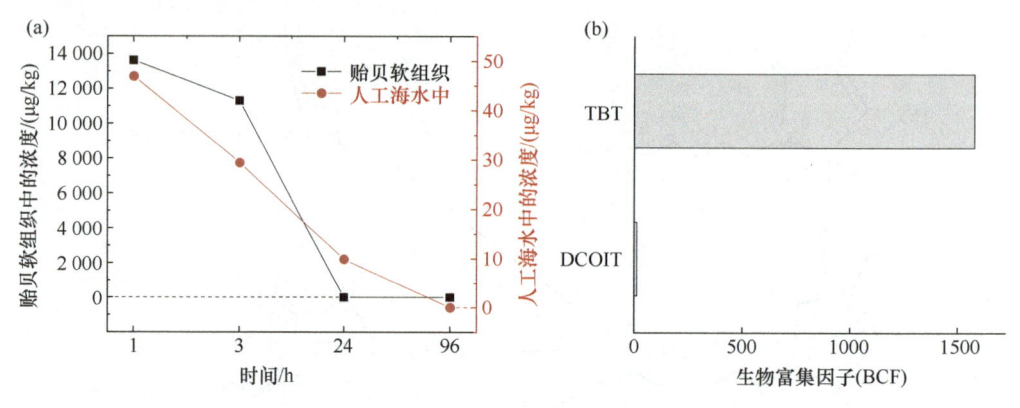

图 3-19 DCOIT 的环境影响

(a) DCOIT 在贻贝体内及海水中的降解趋势；(b) DCOIT 和 TBT 的 BCF 对比

3.2.6 敌草隆

敌草隆（diuron）是一种取代氯苯胺衍生物（图 3-20），是一种无色的纯晶体化合物。在 20℃条件下，其在水中的中等溶解度为 42mg/L，在室温下保持固体状态。它通过抑制杂草的光合作用来除草，在 1954 年由杜邦公司推向除草剂市场，是世界上使用最广泛的五大除草剂之一。这种化学物质对哺乳动物有中等毒性，对鸟类、蚯蚓和水生物种有中等毒性，但对藻类有剧毒。由于铜基防污涂层对藻类效果不佳，敌草隆常作为添加剂来提高铜基防污涂层的杀藻性能。

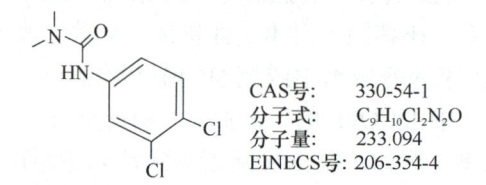

CAS号：330-54-1
分子式：$C_9H_{10}Cl_2N_2O$
分子量：233.094
EINECS号：206-354-4

图 3-20 敌草隆化学信息

（1）抗藻机制

光合作用是植物、藻类和一些细菌将太阳能转化为化学能的过程。生物转化太阳能的手段在于叶绿体的利用。光合作用可以用下式概括：

$$CO_2 + H_2O \longrightarrow CH_2O + O_2$$

在上述光合作用过程中，水在类囊体膜内被氧化成质子、电子和氧。质子和电子通过类囊体的运动产生 ATP 和还原 $NADP^+$，这些能量被用于驱动叶绿体基质中的酶促反应，将 CO_2 还原为碳水化合物。1956 年，韦塞尔斯和范德文首次证实了'敌草隆'（diuron）在微摩尔浓度下可逆地抑制光合电子流动。随后的几十年研究表明'敌草隆'在光合作用光系统 II（photosystem II）还原侧起作用，通过阻断光电子结合位点干扰光合作用的过程。

(2) 非目标生物毒性

'敌草隆'导致的水污染可干扰水生生物的发育和导致死亡，对两栖动物、环节动物、水生植物、刺胞动物、甲壳类动物、棘皮动物、鱼类、昆虫、软体动物、线虫和扁形虫、浮游植物、陆生植物和浮游动物等均会产生负面影响。

2001 年，一项针对英国东安格利亚地区河流和淡水湖中防污剂负面影响的研究发现，水中 diuron 浓度可引起三种重要水生植物种群的应激并降低其生长速度。将珊瑚藻短期暴露于 diuron 中，观察到物种 photosystem II 的有效量子产率降低，在 diuron 浓度 $\geqslant 2.9 \mu g/L$ 时，也观察到光合作用的显著抑制。对潮间带底栖微型植物群落光合作用和垂直迁移的研究表明，在 24h 内，diuron 浓度 $\leqslant 60 \mu g/L$ 时对底栖微型植物群落的垂直迁移无明显影响。低浓度（$10 \mu g/L$）对群落的光合作用无显著影响，而浓度达到 $40 \mu g/L$、$50 \mu g/L$ 和 $60 \mu g/L$ 时，对底栖微型植物群落最大相对电子传递速率、最大 photosystem II 量子产率和非光化学猝灭产生了显著影响。另一项 diuron 对褐藻 *Saccharina japonica* 的研究表明，diuron 对褐藻的生理和生长有显著影响，暴露于浓度 $0.1 \sim 0.4 mg/L$ 的 diuron 溶液 2 周后，观察到褐藻鲜重和面积显著减少（$p<0.001$），增加 diuron 浓度导致类胡萝卜素含量降低，而在 $0.1 \sim 0.4 mg/L$ diuron 浓度范围内，叶绿素含量的降低相对较低，最佳量子产率和最大电子传递速率随浓度的增加而降低。

'敌草隆'对人类也存在危害，可通过皮肤、眼睛、吸入和摄入等途径引起人体中毒，中毒时可影响中枢神经系统、呼吸系统和胃肠道系统。它不是一种可能致癌的致突变性物质，但它是一种内分泌干扰物、生殖毒素和致畸物。

(3) 降解机制

'敌草隆'在环境中存在微生物降解、水解和光降解机制。

1) 微生物降解。微生物代谢在环境中 diuron 的降解和自然衰减中占很大比例[30]。1973 年，盖斯布勒首先报道了灭菌土壤和非灭菌土壤中 diuron 的降解，证实了微生物对'敌草隆'的降解作用。此后，人们对微生物降解 diuron 进行了一系列研究。

'敌草隆'首先降解路径为脱甲基反应（*N*-demethylations），并产生两种代谢物，分别为 DCPMU 和 DCPU（图 3-21）。随后是酰胺键的水解，产生代谢物 3,4-DCA，这是常见的微生物降解 diuron 产物。3,-DCA 具有较高的毒性，并且在土壤和水中也具有持久性。一些微生物可以不经过中间体，直接把 diuron 转化为 DCPU 或 3,4-DCA。酰胺键水解产生的 3,4-DCA 是 diuron 降解的关键酶促步骤。3,4-DCA

的降解主要通过脱卤和羟基化两种不同的代谢途径。3,4-DCA 的第一个降解途径最终生成 3,4-DCHD 和 3-COHDA。随后，3,4-DCA 进入琥珀酸降解途径，生成 3,4-DCAC。3,4-DCA 在微生物作用下还会通过芳香环脱氯生成 4-氯苯胺（4-CA），通过脱氯作用生成苯胺（aniline），最后生成邻苯二酚；通过脱氧作用生成 4-氯儿茶酚（4-CC），最后生成三氯己二烯二酸（3-Chloro-*cis*, *cis*-muconic acid）。

2) 水解。'敌草隆'在 25℃的中性溶液中具有非常缓慢的自然水解速率。然而，当水解发生时，水溶液中的非生物降解是一个不可逆反应，3,4-DCA 是唯一的产物。在自然环境中，有机、无机物产生的 OH^- 及 H^+ 可以催化 diuron 的降解。

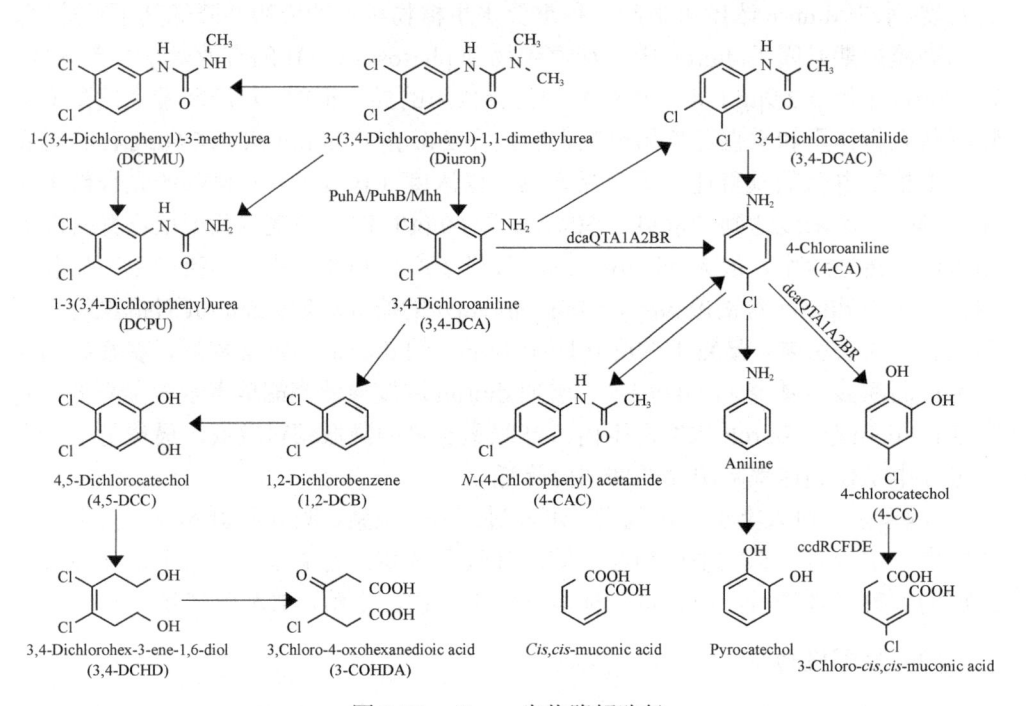

图 3-21 diuron 生物降解路径

3) 光降解。研究表明，200～300nm 波长的紫外线可作用于 diuron 产生光降解，但是在太阳光照射下，diuron 在海水中的光降解效率非常低，造成了其在自然条件下的半衰期较长，可达 1 个月至 1 年。diuron 的降解产物 3,4-DCA 也存在光解效应，其在紫外波长 $\lambda>300$nm 处具有更高的吸收率和相对较高的量子产率，所以其光解效率大于 diuron。

3.2.7 Irgarol 1051

Irgarol 1051（2-叔丁氨基-4-环丙氨基-6-甲硫基-*s*-三嗪，英文名 cybutryne）是

一种微溶、中等亲脂性的三嗪类有机除草剂（图 3-22），与敌草隆的机制类似，Irgarol 1051 通过抑制植物、藻类光系统 II 的过程影响光合作用。在 TBT 被禁用后，铜一直是船舶防污涂层的主要成分，但铜基防污剂对藻类杀灭效果不佳，Irgarol 1051 主要作为铜基防污剂的增强剂使用，它具有非常缓慢的浸出率[一些研究数据为 2.5~16μg/（cm²·d）]，从而起到长效的防污作用，缓慢的浸出也是其进入水体的主要途径。由于其日益普及和在自然环境中相对较高的稳定性，Irgarol 1051 已在世界各地的沿海海洋环境中被发现。虽然 Irgarol 1051 对鱼类和甲壳类动物的毒性不高，但这种化合物对植物的毒性极高，作为一种环境污染物已经引起了人们的关注。随着各个国家对环境保护、可持续发展的重视，Irgarol 1051 的生产和使用在多个国家受到了严格的监管。

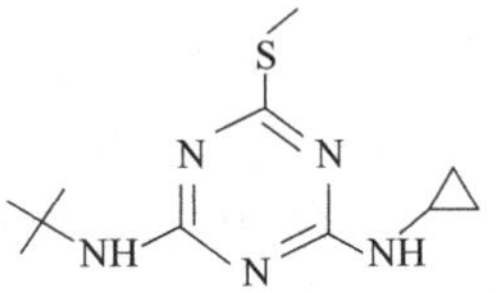

CAS号： 28159-98-0
分子式： $C_{11}H_{19}N_5S$
分子量： 253.367
EINECS号： 248-872-3

图 3-22　Irgarol 1051 化学信息

（1）非目标生物毒性

Irgarol 1051 主要对水生植物产生毒害，对动物的危害较少，也缺乏相关的研究。

Irgarol 1051 对非目标生物海草毒性研究发现，Irgarol 1051 的毒性高于敌草隆，其最低观察效应浓度为 0.5μg/L，10 天 EC_{50} 值为 1.1μg/L，浓度为 1.0μg/L 时，植物的生长受到显著抑制。有研究表明，在 112ng/L 的 Irgarol 1051 暴露浓度下，浮游植物的生长受到抑制，72h 实验结束时真核生物丰度不到对照组的一半。此外，该化合物还被证实在浓度为 500~1000ng/L 时可引起海洋浮游植物群落结构的变化。水生植物是水中氧气的重要贡献者，Irgarol 1051 干扰水生植物的光合作用会导致水中溶解氧降低，同时因光合作用减弱引起水体碱度升高，进而影响水体 pH 的变化，最终对鱼类和水生无脊椎动物产生间接影响。海草稳定海底并创造具有高生物多样性和生产力的栖息地，当 Irgarol 1051 引起藻类物种的减少时，当地群落结构可能会因藻类物种的减少而发生变化，从而对其他水生生物产生危害。

Irgarol 1051 对水生植物的毒性机制主要有以下三种：

1）与光系统 II 中的 D1 蛋白结合，干扰光系统 II 的电子传递，从而降低 ATP、$NADP^+$ 等的产量；

2）促进细胞体内 ROS 的积累，增加光系统 II 的氧化应激压力；

3）阻碍 D1 蛋白的转运。

Irgarol 1051 主要光降解产物为 M1（2-甲基硫-4-叔丁基氨基-6-氨基-s-三嗪），其在水中稳定性较强。对蓝细菌 *Chroococcus minor* 和两种海洋硅藻 *Skeletonema costatum*、*Thalassiosira pseudonana* 的 96h 毒性试验表明，Irgarol 1051 对三种试验生物的毒性均高于 M1，因此 M1 的毒性比 Irgarol 1051 稍小。

（2）降解机制

Irgarol 1051 在环境中存在光降解途径和微生物降解途径。

1）光降解。Irgarol 1051 在自然水域的光降解速率相对较快。在氙灯照射下，在 30~100μg/L 的浓度下，Irgarol 1051 在海水中光降解的半衰期约为 1.8h。在自然和模拟太阳照射下的自然水域（海洋、河流和湖泊）的光降解速率要慢得多，随着水中溶解有机物的增加，光降解速率也随之增加。

Irgarol 1051 的光降解包括两个平行途径的降解机制。主要降解途径包括 n-环丙基环的开环和去甲基化，然后进一步去甲基化，得到更环保的降解产物 2-甲基硫-4-叔丁基氨基-6-氨基-s-三嗪（M1）。次要途径包括甲基硫醇部分氧化为相应的砜，然后是砜基团的裂解。后续的研究还发现 Irgarol 1051 的光降解还有其他的产物，即 3-(4-叔丁基氨基-6-甲基硫基-s-三嗪-2-氨基)丙醛（M2）和 M4（图 3-23）。M2 不像 M1 一样在光解后立即出现，而是需要较长的时间才能观察到。M4 有 2 种分子结构，当 Irgarol 1051 的 n-环丙基链被 1,2-不饱和烯醇取代时，生成的是 M4（Ⅰ）；当 n-环丙基链被 2,3-不饱和烯丙醇取代时，生成的是 M4（Ⅱ）。高分辨率串联

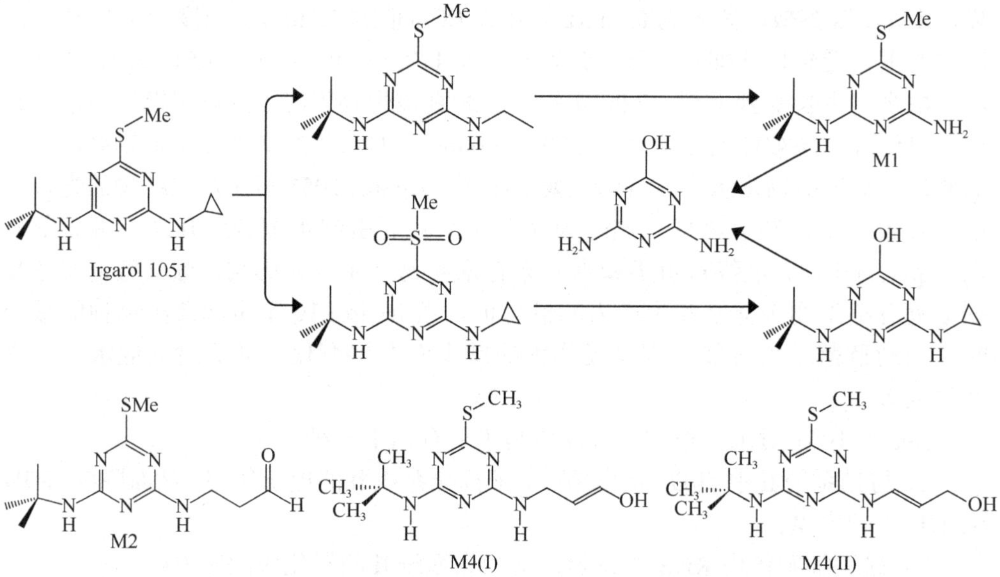

图 3-23 Irgarol 1051 光降解途径及主要产物

质谱分析表明，新的降解产物 M4 可能含有末端醇，可能是 M1 的 *n*-烯丙醇衍生物。这表明 M4 确实可能是 M2 的前体，通过其 *n*-烯丙醇官能团的氧化还原转化。

2）微生物降解。Irgarol 1051 的生物降解速率非常缓慢，有研究认为 Irgarol 1051 生物降解的半衰期为 25 天，也有不同的研究认为它的半衰期为 100~350 天，这可能是由于微生物种类、温度、溶氧量、pH 等的差异。白腐菌 *Phanerochaete chrysosporium* 能够对 Irgarol 1051 进行生物转化，对 Irgarol 1051 的代谢主要通过部分 *n*-脱烷基进行。代谢脱烷基发生在环丙基上，产生代谢物 M1，即 2-甲基硫-4-叔丁基氨基-6-氨基-*s*-三嗪。锰过氧化物酶（manganese peroxidase，MnP）是一种由白腐菌产生的血红素过氧化物酶，它可以有效降解聚乙烯和尼龙，研究表明，正是由于这种酶的作用促进了 Irgarol 1051 的生物降解。

（3）环境风险

自 20 世纪 80 年代起，欧洲就开始广泛使用含 Irgarol 1051 的防污涂层。1998 年，第一批含 Irgarol 1051 的防污涂层在美国开始注册使用。在世界各地的沿海水域都检测到 Irgarol 1051 和 M1 的水平升高。降解物 M1 在水生生态系统中的环境持久性比 Irgarol 1051 更高。例如，日本濑户内海沿岸水域 M1 的浓度高达 1870ng/L，普遍高于 Irgarol 1051。2006 年，在加利福尼亚沿海取样的 15 个码头中，超过 Irgarol 1051 工厂规定的第 10 百分位（193ng/L）的可能性为 7.3%。在马来西亚半岛周边的三个主要港口（西部、南部和东部）的研究发现，Irgarol 1051 在 11 月含量最低，4 月含量最高，各口岸分布规律基本一致。

2000 年 9 月，英国健康与安全执行局（HSE）授权在英国使用的 8 种强化杀菌剂就包括 Irgarol 1051，但随后 HSE 的农药咨询委员会对强力杀菌剂进行审查后，又取消了 Irgarol 1051 的批准，理由是这些化合物在低浓度下可存在持久的环境危害，在某些情况下，Irgarol 1051 等化合物还会对皮肤产生刺激。2021 年 7 月，国际海事组织在第 76 届海洋环境保护委员会（MEPC 76）会议上通过了《国际控制船舶有害防污底系统公约》（AFS 公约）修正案，该公约于 2023 年 1 月 1 日生效。除了已经被禁止在防污系统中用作杀菌剂的有机锡化合物（TBT）外，成分 Irgarol 1051 也被禁止。国际 AFS 证书于 2023 年 1 月 1 日起更改，为受控防污系统的合规选项添加额外的 Irgarol 1051 复选框。在 2023 年 1 月 1 日之后，运营中的船舶将需要在第一次防污换证检验中符合要求，并将获得新的国际 AFS 证书，其中包括不含 cybutryin 的合规。

3.2.8　TCMS pyridine

TCMS pyridine（2,3,5,6-四氯-4-甲磺酰基吡啶）是在 TBT 被禁用后，市场上出现的较新的防污化合物之一（图3-24），在用作防污剂前，其主要用于纺织和制革领域。TCMS pyridine 具有抗菌性能，常用作抗菌剂。和其他增强型防污剂类似，TCMS pyridine 被加入防污涂层中作为增强杀菌剂。

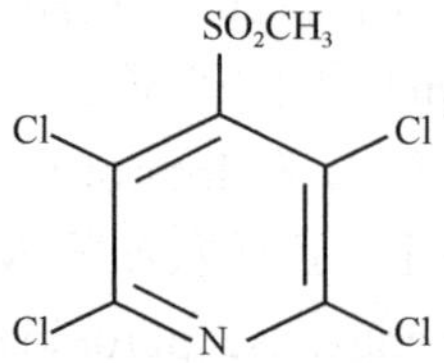

```
CAS号:       13108-52-6
分子式:      C_6H_3Cl_4NO_2S
分子量:      294.970
EINECS号:    236-035-5
```

图 3-24　TCMS pyridine 的化学信息

通过'敌草隆'（diuron）和 TCMS pyridine 对海鞘 *Botryllus schlosseri* 的毒性研究发现，当这两种化合物浓度分别高于 250μmol/L 和 10μmol/L 时，这两种杀菌剂均对细胞产生免疫抑制作用，导致细胞骨架发生深度改变，不可逆地影响细胞形态和吞噬功能，诱导 DNA 损伤，细胞膜改变导致氧化酶和水解酶渗漏。与 TBT 不同，diuron 和 TCMS pyridine 不抑制细胞色素 c 氧化酶，但 TCMS pyridine 会触发氧化应激。TCMS pyridine 与大鼠肝脏线粒体的相互作用研究表明，该化合物能够抑制 ATP 的合成。对 ATP 合成机制的进一步研究表明，TCMS pyridine 对线粒体呼吸链琥珀酸脱氢酶有抑制作用。由于所有生物的呼吸链都是相似的，因此可以得出结论，TCMS pyridine 的毒性作用很可能取决于该化合物的不同生物利用度以及线粒体在动物物种 ATP 生产中的不同重要性。

TCMS pyridine 具有与 TBT 相似的环境特征，因此在允许使用前需要进行详细的风险评估。然而，在英国码头海水的一次测试中，并没有发现 TCMS pyridine 的痕迹，它的浓度低于所采用方法的检测限（<5ng/L）。总体而言，当前对 TCMS pyridine 在海水及沉积物中的研究数据较少。

3.2.9　吡啶硫酮锌

吡啶硫酮锌（zinc pyrithione，ZnPT）是锌和吡啶硫酮的配合物，它由两个吡啶硫酮环通过锌氧桥与中心金属离子结合组成（图 3-25）。ZnPT 具有优秀抗菌的特性，常被用作护肤和护发产品的成分。ZnPT 在 1991 年被引入船舶防污领域，在 TBT 被禁用后，它成为目前最流行的代用防污剂之一，长期以来被广泛用作杀藻剂和杀菌剂。ZnPT 可作为单独的防污剂或与其他防污剂一起加入到涂层中实现防污性能。有研究显示，ZnPT 在环境中的半衰期不到 24h，被认为是环境中性的。

第 3 章　传统防污技术 | 93

CAS号：	13463-41-7
分子式：	$C_{10}H_8N_2O_2S_2Zn$
分子量：	317.690
EINECS号：	236-671-3

图 3-25　吡啶硫酮锌的化学信息

(1) 生物毒性

近年来的研究表明，ZnPT 通过多种作用来诱导生物毒性（图 3-26）[31]：

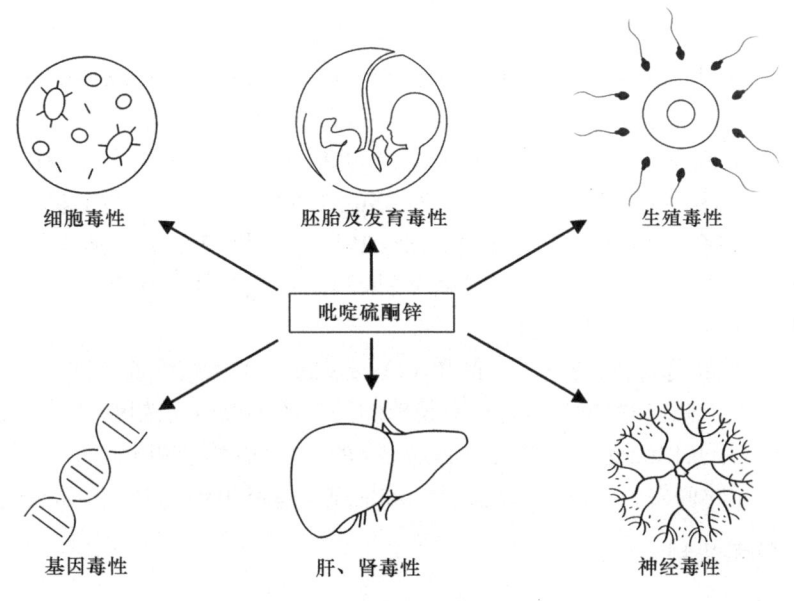

图 3-26　吡啶硫酮锌的毒性

1) 细胞毒性。当哺乳动物细胞暴露于亚 μg（sub-μg）/L 至 mg/L 浓度的 ZnPT 时，会诱导细胞活力降低、增殖抑制、细胞膜受损、能量代谢中断、氧化还原状态紊乱、DNA 损伤增加、细胞形态改变，最终导致细胞死亡、坏死或凋亡。ZnPT 暴露会破坏细胞膜的脂质双分子层，促进锌的流入和从 ZnPT 解离的 PT 进入细胞质。ZnPT 的代谢物可能会干扰细胞内的金属硫蛋白，从而在很大限度上促进锌的积累。

2) 胚胎及发育毒性。在斑马鱼胚胎和幼虫的急性毒性试验中，在暴露于 ZnPT 后，斑马鱼体表发现黑色素沉积，这不仅影响斑马鱼胚胎和幼虫的正常发育，而且对色素沉积有促进作用。在对褐牙鲆（*Paralichthys olivaceus*）的毒性试验中，通过 RNA 测序，发现其肌肉和神经系统发育相关基因的差异基因表达谱发生了显著变化。对黑褐新糠虾（*Neomysis awatschensis*）的研究发现，在 4 周的监测中，观察到 ZnPT 毒性具有年龄特异性，存活率表现出剂量依赖性下降的趋势。

3）生殖及基因毒性。ZnPT 对脊椎动物（如鱼、大鼠、小鼠和人类）具有生殖毒性。ZnPT 在人类细胞模型和水生生物中均可诱导氧化应激水平的改变并破坏金属稳态。此外，它可以阻碍膜运输，干扰细胞 ATP 的合成，并在细胞环境中与蛋白质和金属形成复合物。细胞氧化损伤可能对男性生育能力产生不利影响。这种损伤有可能扰乱存于精子线粒体膜中的脂质，并阻碍特定的蛋白激酶。此外，它可以加剧精子 DNA 的损伤水平，导致精子活力、数量和整体功能的下降，并影响精子的形态。

4）神经毒性。大型溞（*Daphnia magna*）和长刺溞（*Daphnia longispina*）对 ZnPT 的毒性反应试验表明，ZnPT 具有神经毒性和氧化作用，可以改变测试生物的游泳行为。对多毛动物双齿围沙蚕（*Perinereis aibuhitensis*）的毒性测试表明，ZnPT 降低了其掘洞活动和乙酰胆碱酯酶活性，并表现出较高的急性毒性。对霍氏食蚊鱼（*Gambusia holbrooki*）的研究显示，其暴露于 ZnPT 后，摄食和攻击行为发生改变，ZnPT 浓度为 45μg/L 时，对照动物与暴露于 ZnPT 浓度的动物之间存在显著差异。此外，ZnPT 引起氧化应激生物标志物（CAT 和 GST）的变化。ZnPT 也能引起胆碱能神经传递功能和无氧代谢的变化，但仅在慢性暴露后才会发生变化。

5）肝毒性和肾毒性。ZnPT 对鲫鱼（*Carassius* sp.）的急性毒性试验表明，ZnPT 对淡水、盐度 1.5‰和盐度 3‰的水中养殖的鲫鱼的中位致死浓度（LC$_{50}$ 96h）分别为 0.163mg/L、0.126mg/L 和 0.113mg/L。ZnPT 对肝脏的亲和力高于对肾脏的亲和力，组织残留时间较长。ZnPT 还会引起雄性斑马鱼肝组织充血、积水变性、坏死。

（2）降解机制

1）光降解。ZnPT 在自然环境中很容易被光降解（图 3-27）。采用氙灯模拟太阳照射，研究 ZnPT 在不同成分水介质中的光化学行为，发现它的光降解是通过

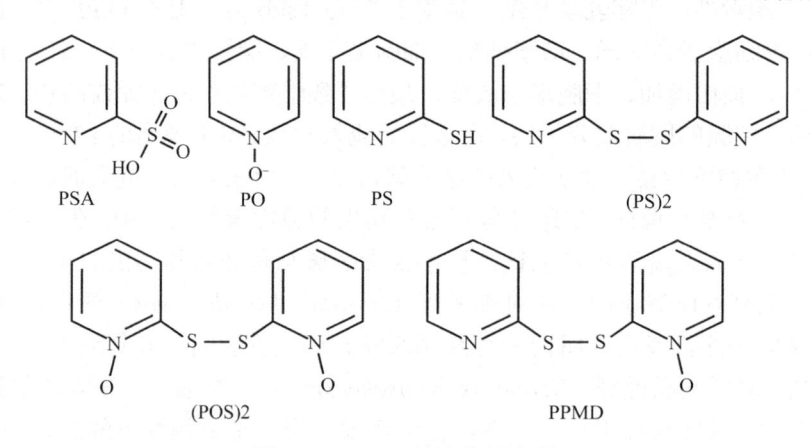

图 3-27 ZnPT 的光降解产物

准一级反应进行的。通过 LC-MS 监测动力学实验，观察到其光解半衰期为 9.2～15.1min。溶解有机物（DOM）浓度的增加加速了光解反应，而硝酸盐离子的存在提高了降解速率，但影响程度较小。ZnPT 水溶液的辐照产生了几种转化产物，分别为 2-吡啶磺酸（PSA）、吡啶-N-氧化物（PO）、2-巯基吡啶（PS）、2,2'-二硫二吡啶[(PS)2]、双硫氧吡啶[(POS)2]和双硫单氧吡啶（PPMD）。

阳光容易透过浊度低、平静的海水，在这种条件下 ZnPT 容易被光降解，形成几种具有各自毒性和稳定性特点的代谢物。然而，在中等浑浊的沿海水域，1～2m 的深度足以减弱或去除紫外线，导致海水或沉积物中 ZnPT 的积累。

2）生物降解。黑暗条件下的降解试验中，生物条件有利于 ZnPT 的降解，在天然海水和河水中的半衰期分别为 4 天和 7～8h，表明可能存在微生物的生物降解。水中有沉积物时，ZnPT 的降解速率更快，可能是沉积物表面微生物的生物降解，也可能是沉积物本身催化的非生物降解。当前，ZnPT 生物降解的研究很少，在生物降解过程中形成的大多数产物尚无明确信息。

3）水解。有研究表明，在黑暗条件下，ZnPT 在无菌缓冲液（pH = 5、7 和 9）中有轻微的水解，在 pH 为 8.2 的人工海水中，会在 96～123 天内水解。当前，ZnPT 水解的研究也较少，相关信息不够充足。

4）金属螯合。ZnPT 中的 Zn^{2+} 可以与其他金属互换。当 Zn^{2+} 与 Cu^{2+} 互换时，可以生成更稳定的 CuPT。有研究在海水中加入等摩尔浓度的铜到 ZnPT，观察到 100% 的迁移，实验后海水中只发现 CuPT。然而，如果将铜与 CuPT 一起加入海水中，则没有观察到浓度的变化，这表明不太可能形成单一的 $CuPT^+$ 配合物。一旦 ZnPT 被释放到海洋环境中，它可以很容易地通过释放配合物中的 Zn^{2+} 和吸收海水中的其他游离金属离子而转运形成新的配合物。

（3）管控措施

ZnPT 虽然具有较好的抗菌效果，被广泛应用于化妆品、洗发水等领域。然而，由于其生殖毒性，该物质被欧盟第 2020/1182 号法规认定为 1B 类生殖毒性物质，从而引发了禁止在化妆品中使用的法规。瑞士蓝标认证 Bluesign®BSBL 也将 ZnPT 列入禁用的抗菌剂条目，使用此类抗菌剂的产品将不能通过蓝标认证。其他国家，如日本和加拿大，也限制或禁止在化妆品中使用 ZnPT。此外，还有人担心它可能对环境造成潜在危害，特别是对水基生态系统的影响，但是暂时还没出现它在防污涂层领域被禁用的限令。

3.2.10 代森锌

代森锌（zineb）是一种乙二硫代氨基甲酸酯类（图 3-28），zineb 中存在的活性成分通过阻碍真菌生长和繁殖而起作用,从而使植物免受真菌引起的病害,早期作为农业的杀菌剂而被广泛使用。Zineb 还被用于织物、皮革、亚麻、油漆和木材表面等的霉菌控制。虽然 zineb 被用作船舶防污剂已有几十年的历史,但直到 2009 年,才有研究报道在沿海环境中检测到它的痕迹。

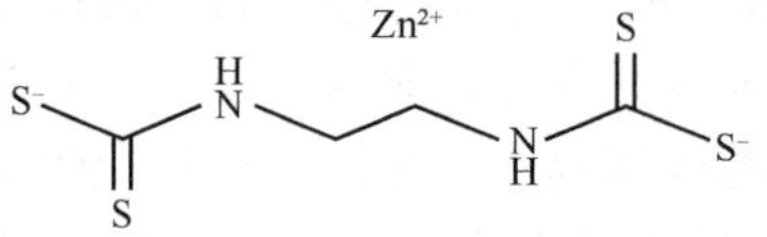

CAS号: 12122-67-7
分子式: $C_4H_6N_2S_4Zn$
分子量: 275.750
EINECS号: 235-180-1

图 3-28　代森锌的化学信息

(1) 生物毒性

代森锌通过破坏微生物的细胞膜和改变其细胞壁结构来实现防污性能。对菱形藻 *Nitzschia pungens* 和卤虫幼虫 *Artemia* larvae 的研究发现,zineb 对 *N. pungens* 的 96h EC_{50} 为 232.249μg/L,对 *Artemia* larvae 的 48h LC_{50} 为 41.17mg/L。zineb 对硅藻 *Amphora coffeaeformis* 的毒性研究表明,其需要一定的时间才能发挥毒性作用,这表明毒性可能是由于其降解产物所致。在一项 zineb 和铜联用防污效果研究中,zineb 和铜的混合物通常比单独使用铜更有效地控制生物污损。含有 75% zineb 和 25%氧化亚铜体积比的涂层效果最好,仅含有锌的油漆完全无效,这是由于铜促进了 zineb 的降解,生成了防污效果更佳的降解产物。采用叶绿素荧光法分析氧化铜基和锌基涂层对蓝杆藻(*Cyanothece* sp.)的光合活性研究也表明,锌在铜基防污涂层中的使用增强了涂层的毒性作用,并促进了蓝藻细胞光系统Ⅱ活性的更快下降。

zineb 存在急性毒性、慢性毒性、生殖毒性、致畸效应、诱变效应和靶器官毒性。据估计,口服剂量的锌只有 11%~17%从大鼠的胃肠道被吸收。一般来说,锌在摄入后会迅速从体内排出。锌在哺乳动物组织中代谢为乙烯硫脲(ETU)和二硫化碳。

(2) 降解机制

zineb 通过水解可迅速降解为 5,6-二氢-3H-咪唑(2,1-c)-1,2,4-二噻唑-3-硫酮(DIDT)、乙烯二异硫氰酸酯(EDI)和乙烯硫脲(ETU)。在 pH 为 10、温度为 20℃的条件下,其半衰期为 96h。在水中,ETU 具有相对稳定的水解和光解性能,在天然水体中存在光敏剂(如核黄素、叶绿素)的情况下,光敏氧化被认为是 ETU 的主要降解途径,一般报道的 ETU 在天然水中的光解半衰期为 1~4 天,ETU 可能是由光化学产生的羟基自由基氧化成 EU。ETU 的光降解产物如图 3-29 所示。

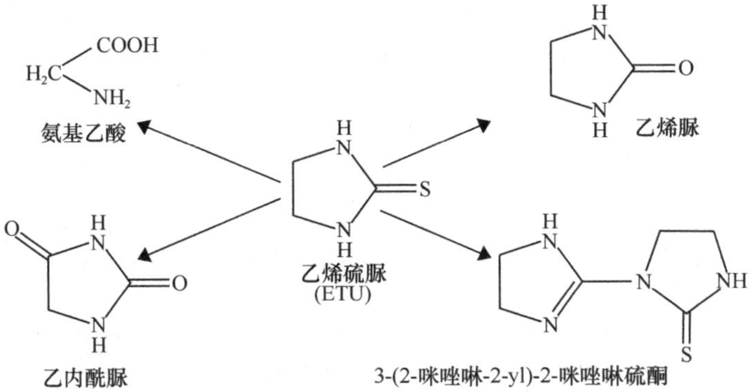

图 3-29　乙烯硫脲（ETU）的光降解产物

zineb 还会发生化学分解（水解），在土壤中的持久性较低。它对土壤颗粒有很强的吸附作用，通常不会移动到土壤的上层以下，对地下水的影响较小。

（3）管控措施

zineb 以前在美国注册为通用农药，并且被评为低毒农药（EPA 毒性等级Ⅳ）。在美国国家环境保护局对包括 zineb 在内的所有乙烯（双）二硫代氨基甲酸酯农药进行特别审查后，所有的 zineb 注册都被制造商自行取消。如今，它在美国以可湿性粉末和粉剂配方提供。在海洋防污涂层领域，zineb 的危害整体研究较少，对其的限制或禁令也未见报道，因此其安全性还需要进一步的研究。

参 考 文 献

[1] SHUE M F, CHEN T C, BELLOTINDOS L M, et al. Tributyltin distribution and producing androgenic activity in water, sediment, and fish muscle[J]. Journal of Environmental Science and Health, Part B, 2014, 49(6): 432-438.
[2] HARINO H, FUKUSHIMA M, KAWAI S. Accumulation of butyltin and phenyltin compounds in various fish species[J]. Archives of Environmental Contamination and Toxicology, 2000, 39(1): 13-19.
[3] BHOSLE N B, GARG A, JADHAV S, et al. Butyltins in water, biofilm, animals and sediments of the west coast of India[J]. Chemosphere, 2004, 57(8): 897-907.
[4] ZHANG K, SHI J, HE B, et al. Organotin compounds in surface sediments from selected fishing ports along the Chinese coast[J]. Chinese Science Bulletin, 2013, 58(2): 231-237.
[5] FILIPKOWSKA A, KOWALEWSKA G, PAVONI B. Organotin compounds in surface sediments of the Southern Baltic coastal zone: A study on the main factors for their accumulation and degradation[J]. Environmental Science and Pollution Research, 2014, 21(3): 2077-2087.
[6] GAO J-M, ZHANG K, CHEN Y-P, et al. Occurrence of organotin compounds in river sediments under the dynamic water level conditions in the Three Gorges Reservoir Area, China[J]. Environmental Science and Pollution Research, 2015, 22(11): 8375-8385.

[7] MACIEL D C, CASTRO Í B, DE SOUZA J R B, et al. Assessment of organotins and imposex in two estuaries of the northeastern Brazilian coast[J]. Marine Pollution Bulletin, 2018, 126: 473-478.

[8] MATTOS Y, STOTZ W B, ROMERO M S, et al. Butyltin contamination in Northern Chilean coast: Is there a potential risk for consumers? [J]. Science of The Total Environment, 2017, 595: 209-217.

[9] GAO J-M, ZHANG Y, GUO J-S, et al. Occurrence of organotins in the Yangtze River and the Jialing River in the urban section of Chongqing, China[J]. Environmental Monitoring and Assessment, 2013, 185(5): 3831-3837.

[10] THOMAIDIS N S, STASINAKIS A S, GATIDOU G, et al. Occurrence of organotin compounds in the aquatic environment of Greece[J]. Water, Air, and Soil Pollution, 2007, 181(1): 201-210.

[11] FURDEK M, VAHČIČ M, ŠČANČAR J, et al. Organotin compounds in seawater and *Mytilus galloprovincialis* mussels along the Croatian Adriatic Coast[J]. Marine Pollution Bulletin, 2012, 64(2): 189-199.

[12] CHOI M, CHOI H-G, MOON H-B, et al. Spatial and temporal distribution of tributyltin (TBT) in seawater, sediments and bivalves from coastal areas of Korea during 2001–2005[J]. Environmental Monitoring and Assessment, 2009, 151(1): 301-310.

[13] KANNAN K, CORSOLINI S, FOCARDI S, et al. Accumulation pattern of butyltin compounds in dolphin, tuna, and shark collected from Italian coastal waters[J]. Archives of Environmental Contamination and Toxicology, 1996, 31(1): 19-23.

[14] MADHUSREE B, TANABE S, ÖZTüRK A A, et al. Contamination by butyltin compounds in harbour porpoise (*Phocoena phocoena*) from the Black Sea[J]. Fresenius' Journal of Analytical Chemistry, 1997, 359(3): 244-248.

[15] KANNAN K, GURUGE K S, THOMAS N J, et al. Butyltin residues in Southern Sea Otters (*Enhydra lutris nereis*) found dead along California Coastal Waters[J]. Environmental Science & Technology, 1998, 32(9): 1169-1175.

[16] STäB J A, TRAAS T P, STROOMBERG G, et al. Determination of organotin compounds in the foodweb of a shallow freshwater lake in The Netherlands[J]. Archives of Environmental Contamination and Toxicology, 1996, 31(3): 319-328.

[17] MA X, ZHOU S, XU X, et al. Copper-containing nanoparticles: mechanism of antimicrobial effect and application in dentistry-a narrative review[J]. Frontiers in Surgery, 2022, 9: 905892.

[18] KATRANITSAS A, CASTRITSI-CATHARIOS J, PERSOONE G. The effects of a copper-based antifouling paint on mortality and enzymatic activity of a non-target marine organism[J]. Marine Pollution Bulletin, 2003, 46(11): 1491-1494.

[19] YTREBERG E, KARLSSON J, EKLUND B. Comparison of toxicity and release rates of Cu and Zn from anti-fouling paints leached in natural and artificial brackish seawater[J]. Science of the Total Environment, 2010, 408(12): 2459-2466.

[20] DAVARPANAH E, GUILHERMINO L. Single and combined effects of microplastics and copper on the population growth of the marine microalgae *Tetraselmis chuii*[J]. Estuarine, Coastal and Shelf Science, 2015, 167: 269-275.

[21] HOLAN J R, KING C K, DAVIS A R. Comparative copper sensitivity between life stages of common subantarctic marine invertebrates[J]. Environmental Toxicology and Chemistry, 2018, 37(3): 807-815.

[22] MARCUS ZAMORA L, KING C K, PAYNE S J, et al. Sensitivity and response time of three common Antarctic marine copepods to metal exposure[J]. Chemosphere, 2015, 120: 267-272.

[23] JITAR O, TEODOSIU C, OROS A, et al. Bioaccumulation of heavy metals in marine organisms

from the Romanian sector of the Black Sea[J]. New Biotechnology, 2015, 32(3): 369-378.
[24] VAN SCOY A R, TJEERDEMA R S. Environmental Fate and Toxicology of Chlorothalonil [M]//WHITACRE D M. Reviews of Environmental Contamination and Toxicology Volume 232. Cham: Springer Cham, 2014: 89-105.
[25] WANG H, LI Y, HUANG H, et al. Toxicity evaluation of single and mixed antifouling biocides using the *Strongylocentrotus intermedius* sea urchin embryo test[J]. Environmental Toxicology and Chemistry, 2011, 30(3): 692-703.
[26] BELLAS J. Comparative toxicity of alternative antifouling biocides on embryos and larvae of marine invertebrates[J]. Science of the Total Environment, 2006, 367(2): 573-585.
[27] JUNG S M, BAE J S, KANG S G, et al. Acute toxicity of organic antifouling biocides to phytoplankton *Nitzschia pungens* and zooplankton *Artemia larvae*[J]. Marine Pollution Bulletin, 2017, 124(2): 811-818.
[28] CIMA F, VARELLO R. Immunotoxicity in ascidians: Antifouling compounds alternative to organotins—V. the case of dichlofluanid[J]. Journal of Marine Science and Engineering, 2020, 8(6): 396.
[29] YU P, GUO Z, WANG T, et al. Elucidating the photodegradation mechanism of octylisothiazolinone and dichlorooctylisothiazolinone in surface water: An in-depth comprehensive analysis[J]. Science of the Total Environment, 2024, 946: 174185.
[30] LI J, ZHANG W, LIN Z, et al. Emerging strategies for the bioremediation of the phenylurea herbicide diuron[J]. Frontiers in Microbiology, 2021, 12: 686509.
[31] WU X, JEONG C-B, HUANG W, et al. Environmental occurrence, biological effects, and health implications of zinc pyrithione: A review[J]. Marine Pollution Bulletin, 2024, 203: 116466.

第 4 章　现代防污技术

在全球海洋经济不断发展的背景下，船舶生物污损问题日益突出。该问题不仅对船舶运行效率和燃料消耗造成显著影响，还对全球海洋环境保护构成严重挑战。生物污损会导致船体表面粗糙度增加，从而增加航行阻力和燃油消耗，并产生额外的温室气体排放。此外，生物污损还可能加速船体材料的腐蚀，增加维护与修理成本。

为解决这一难题，防污技术经历了不断的发展与创新，形成了现代防污技术，其主要可分为涂层类和非涂层类两大类。涂层类技术基于化学、材料等领域科技的进步，通过在船体表面增加防污涂层抑制海洋污损生物的附着。这些技术的发展面临诸多挑战，须在性能、耐用性和环保性之间取得平衡。在环保法规日益严格的背景下，涂层材料的研发需全面评估其在全生命周期（包括原材料选择、生产工艺、废弃物处理等环节）对环境的潜在影响，重点关注有害物质释放、生物降解性及污染风险等关键指标。非涂层类技术则以一系列创新方法为支撑，如超声波防污、电解防污等。超声波防污技术利用声波震荡防止生物附着，而电解防污通过电化学反应产生物质降低船体表面的生物活性。这些技术通过物理或生物机制，避免使用化学制剂，以提供可持续和环保的防污解决方案。

本章将深入探讨现代防污技术的科学原理、应用现状及面临的技术挑战，从而为海洋防污技术发展提供前瞻性视角和科学指导。

4.1　涂层类防污技术

4.1.1　防污剂释放型防污涂层

1. 防污机理

防污剂释放型防污涂层依靠涂层中活性防污成分的逐步释放机制而发挥功效（图 4-1）。这些防污剂通过溶解或扩散机制缓慢释放至涂层表面，形成化学屏障，有效抑制诸如藻类、苔藓虫和贻贝等海洋生物的附着、繁殖和生长。这类涂层通常含有广谱抗生物活性的防污剂，能够抑制多种海洋生物的附着。其设计旨在通过可控的持续释放机制实现防污剂的长效供给，从而保障防污效果的长期稳定性。

同时通过与海水相互作用（如采用自抛光共聚物涂层）调节防污剂释放速率，起到防污作用，并兼顾环境安全。

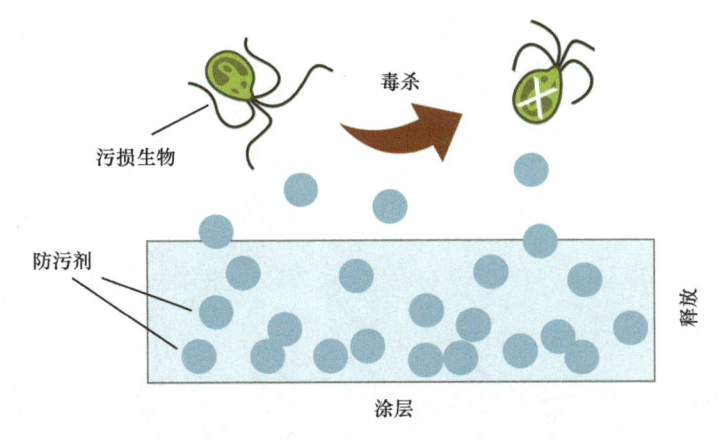

图 4-1 防污剂释放型防污涂层防污机理示意图

2. 主要分类

传统的防污涂层多为防污剂释放型。例如，在20世纪50年代，三丁基锡（TBT）开始作为防污漆中的杀菌剂使用，成为接下来半个世纪的主要防污剂。然而，由于其非靶向性生物毒性，TBT的使用对海洋生态系统造成了重大破坏。最终，TBT于2008年被国际海事组织禁止用于防污涂层。随后，氧化亚铜和锌等具有较低生物毒性和环境影响的金属杀菌剂被逐步采用。然而，铜离子仍对海洋生物有害，并且在海洋环境中，尤其是在沉积物中具有富集性。常用的锌基杀菌剂如吡啶硫酮锌也被发现对多种海洋生物有毒。此外，金属离子防污剂的广谱性不如TBT，因此需要与增强型有机杀菌剂配合使用。一些研究表明，金属离子与有机杀菌剂的组合可能导致生物污损群落产生抗生素和化学耐药性。这些缺陷源于金属离子的不可降解性，使得金属基杀菌剂的发展受到了限制。因此，开发无毒替代品显得尤为紧迫。

鉴于金属基防污剂的诸多缺陷，寻找对环境无害的有机防污剂成为一种必然选择。理想的防污剂应具备广谱且持久的活性，对非目标生物毒性低，无生物累积性，且易于降解。许多天然化合物具备这些优良特性。由于大多数天然防污剂是生物衍生的有机化合物（表4-1），它们的生物相容性和降解性优于人工合成的防污剂，从而弥补了金属基防污剂的不足，成为值得探索的重要方向。目前，新型防污剂的主要来源包括以下三类。

表 4-1　天然防污剂的基本信息

名称	分子式	分子结构	优点	缺点
微结肠素 A	$C_{39}H_{65}N_5O_9$		环境友好性、生物活性	成本高、技术难题、耐久性不足
微结肠素 B	$C_{39}H_{65}N_5O_8$		环境友好性、生物活性	成本高、技术难题、耐久性不足
丁烯酸内酯	/		结构简单、易于合成、防污活性高、低毒性、易降解、无环境蓄积风险	技术难题、环境影响评估
西松烷	$C_{20}H_{34}O_3$		环境友好性、生物活性、长效防污	成本高、技术难题、环境影响评估
辣椒素	$C_{18}H_{27}NO_3$		环境友好性、低毒性、高效性	成本高、技术难题、释放控制问题
（2,4-二羟基-3-甲基-5-苯甲酰胺甲基苄基）苯甲酰胺	$C_{23}H_{23}N_2O_4$		环境友好性、生物活性、高效性、结晶特性	成本高、技术难题、应用研究有限
5-丙烯酰胺乙基-2-羟基-4-甲基苯甲酸	$C_{12}H_{14}NO_4$		环境友好性、生物活性、高效性	成本高、产量低、技术难题、环境影响评估
（4,4'-异亚丙基二苯氧基）二邻苯二甲酸二酐	$C_{16}H_{16}NO_4$		环境友好性、稳定性	成本高、潜在健康风险
4-（3,5-二丙烯酰氨基甲基）枯基苯酚	$C_{23}H_{27}N_2O_3$		环境友好性、高效性、多功能性	成本高、技术难题、生物积累性
金雀异黄酮	$C_{15}H_{15}O_5$		环境友好性、生物活性、抗氧化性	高剂量的潜在毒性、耐久性不足、成本效益低
查尔酮	$C_{15}H_{12}O$		生物活性、抗菌和抗真菌活性、环境友好性	高剂量的潜在毒性、耐久性不足、成本效益低、技术难题

续表

名称	分子式	分子结构	优点	缺点
胡椒碱	$C_{17}H_{19}NO_3$		强效的防污活性、环境友好性	提取成本高、生物积累性
蓼二醛	$C_{15}H_{22}O_2$		抗真菌活性、环境友好性、广谱活性	成本高、技术难题、环境影响评估、毒性和安全性问题
吴茱萸碱	$C_{19}H_{17}N_3O$		环境友好性、结构简单、易于合成、药理活性	水溶性差、技术难题
单宁酸	$C_{76}H_{52}O_{46}$		环境友好性、生物活性、金属离子螯合能力、经济可行性、可获取性	溶解性差、漂洗难度大、环境影响评估
儿茶素	$C_{15}H_{14}O_6$		环境友好性、抗氧化性、抗菌和抗真菌特性	稳定性差、水溶性差、提取和纯化成本高

(1) 海洋生物

海洋生物是天然防污剂的理想来源，因为它们会分泌抑制微生物生长的化学物质以获得竞争优势。已有研究从藻类、无脊椎动物和微生物等海洋生物中分离出了具有防污特性的天然产物。例如，通过甲醇从三种大型藻类中分离活性物质，并测试其防污效果。在为期三个月的现场试验中，活性物质显著减少了尼龙网上的污损生物，主要的防污成分可能包括脂肪酸、植物甾醇和萜类化合物。

(2) 陆生动植物

陆生动植物也可作为天然防污剂的来源。陆生植物中的某些化合物，如辣椒、瓜蒌和夹竹桃，已被证明在制药、杀虫剂、杀藻剂、防污剂和化学工程领域具有潜力。其中最著名的是辣椒素，这是一种辣椒的天然产物。有研究团队合成了 6 种辣椒素衍生物，并测试了它们对几种藻类的防污能力及毒性。其中，一种衍生物能够抑制 95% 的生物污损，其毒性则为低或中等。在海洋现场测试中，含有辣椒素衍生物的涂层在至少三个月内表现出令人满意的防污性能。

（3）酶防污剂

酶作为防污剂也受到广泛关注。根据酶的种类，防污效果可以通过直接或间接途径实现。直接防污是指酶降解污损生物的附着物或对其造成直接伤害。研究表明，藻类和细菌的附着主要依赖于多糖、蛋白质及其复合物，而无脊椎动物则通过分泌各种蛋白质促进附着。因此，蛋白酶和糖水解酶常用于直接防污。间接防污则是通过酶催化反应，生成对污损生物有害的物质。例如，有研究团队制备了一种含有淀粉、葡萄糖淀粉酶和己糖氧化酶的酶涂层，该涂层能产生过氧化氢（H_2O_2），从而抑制海洋假单胞菌的生长。在为期 97 天的海洋环境试验中，该涂层表现出了与商用金属基防污涂层相当的防污效果。

防污剂释放型防污涂层可以根据其基质的类型划分为基质不可溶型、基质可溶型及自抛光型，这些类型涂层具有不同的工作机理和防污剂释放速率的差异（图 4-2）。

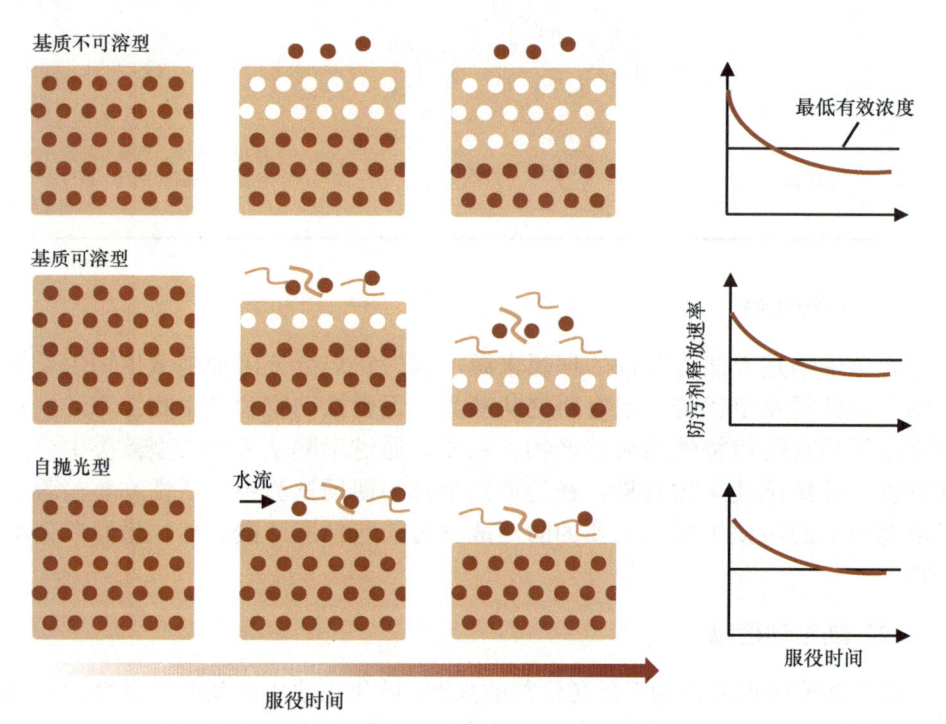

图 4-2　防污剂释放型防污涂层工作原理

1) 基质不可溶型防污涂层。基质不可溶型防污涂层是一种专门开发用于防止海洋生物附着的涂层，其主要成分为不溶解于海水的树脂，如丙烯酸类树脂、氯化橡胶、乙烯基树脂和环氧树脂等。这些树脂具备优良的力学特性和耐久性，在海水环境中表现为惰性，无法溶解。在这种涂层中，防污剂的释放机制主要依赖于溶解和扩散。当涂层表面的防污剂逐渐释放后，海水会渗透进涂层内部，溶解内层的防污剂。随着时间的推移，涂层内部会形成多个孔洞，这些孔洞与惰性树脂和填料等共同构成的渗滤层会阻碍海水的进一步渗入。同时，涂层内部与海水中防污剂的浓度差逐渐减小，从而导致防污剂的释放速率下降。当防污剂的浓度低于一定水平时，涂层便失去了防污功能。由于这一特性，基质不可溶型防污涂层的有效防污期通常为 12～24 个月，适用于小型渔船和其他短期使用的水上或水下设施。尽管这种涂层在初期能够提供良好的防污效果，但为了维持其性能，需要定期进行重新涂覆。

2) 基质可溶型防污涂层。基质可溶型防污涂层的设计理念是通过基质的逐渐溶解来实现防污剂的持续释放。基质通常由可控溶解速率的聚合物组成，在与海水接触时缓慢溶解，使内部的防污剂释放到水中。这种类型的涂层能够提供相对均匀的防污剂释放速率，确保在使用初期即能实现显著的防污效果。其优势在于施工简单，且防污效果迅速显现，适合需要快速防污反应的应用场景。然而，由于基质的可溶性，这类涂层的耐久性相对较差，容易在长期使用中被完全溶解，从而失去防污功能。这种涂层更适合短期使用或需要频繁重新涂覆的应用，如租赁船舶或临时设施。

3) 自抛光型防污涂层。自抛光型防污涂层是现代防污技术的一个重要进展，其特别设计使得涂层在接触水流时能够自我磨损和抛光。这种抛光过程不仅使涂层表面保持光滑，减少船体阻力，还能确保防污剂的持续释放。通常，自抛光涂层使用的是含有铜基化合物或有机硅聚合物的体系，能够在长时间内提供稳定的防污效果。其显著优势在于能够在整个使用周期内保持相对一致的防污性能和低维护需求，非常适合长期在水中运行的船舶和设施。自抛光涂层渗滤层比基质不可溶和基质可溶型涂层薄，防污剂可持续释放并维持在一定的有效浓度，是目前商业化产品中最有效的防污材料之一，防污期效可达 3～5 年。虽然自抛光涂层的初始成本较高，但其长期的防污效果和较低的维护频率使其成为经济效益较好的选择。然而，其施工要求严格，需配备专业设备并由熟练技术人员操作以保障涂层质量与效果。

3. 制备技术

(1) 溶胶-凝胶法

溶胶-凝胶法是一种广泛应用于材料科学中的制备技术，尤其适合于制备防污涂层。该方法的核心在于通过化学反应将金属氧化物前驱体转化为凝胶[图 4-3（a）]，从而形成均匀的涂层。首先，选择合适的金属前驱体，如硅醇或铝醇，并将其溶解在有机溶剂中，形成均匀的溶胶。然后，通过调节 pH 或温度，促进溶胶中的前驱体发生水解和缩聚反应。这一过程中，溶胶逐渐转变为凝胶。接下来，将凝胶进行干燥，以去除多余的溶剂，最后在适当的温度下进行烧结，以提高涂层的强度和稳定性。溶胶-凝胶法的优点在于能够制备出具有高度均匀性和微观结构可控性的涂层，从而实现良好的防污性能。此外，涂层的厚度和表面特性也可以通过调节反应条件进行优化。这种方法在水下防污涂层、船舶等领域具有广泛的应用前景，能够有效减少表面生物污损，提升材料的耐久性和涂层性能。

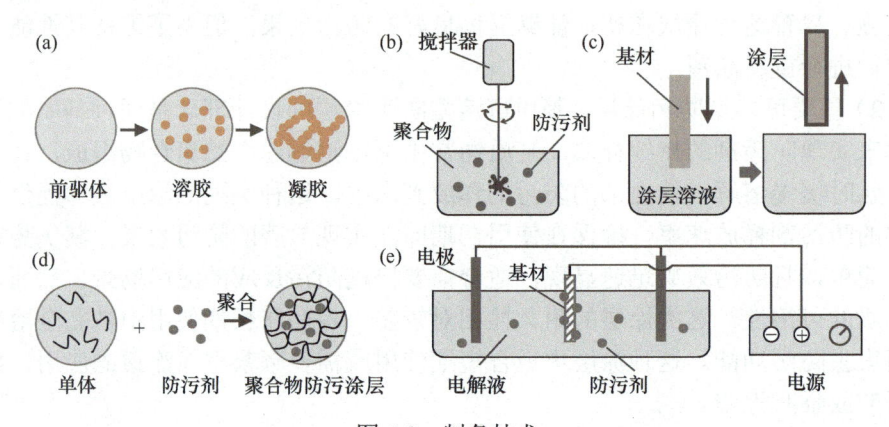

图 4-3 制备技术
（a）溶胶-凝胶法；（b）机械共混法；（c）浸涂法；（d）溶液聚合法；（e）电沉积法

（2）机械共混法

机械共混法是一种简单而高效的制备防污剂释放型防污涂层的方法，通过机械手段将不同的聚合物和防污剂均匀混合[图 4-3（b）]。该方法的基本步骤包括选择适当的聚合物基体和防污剂，通常防污剂可以是天然提取物或合成化合物。接着，将这些材料放入高剪切混合机、双螺杆挤出机或其他搅拌设备中进行混合。在混合过程中，防污剂会被均匀分散到聚合物基体中，从而形成复合材料。混合后，可以将材料进行热塑性成型或涂覆于基材表面，形成所需的涂层。机械共混法的优点在于操作简便，适合大规模生产，同时能够实现防污剂的有效释放。通过调节混合比例、混合时间和温度等参数，可以优化涂层的性能，如提高其防污能力和机械强度。此外，该方法还具有良好的经济性，能在保证性能的同时降低生产成本。因此，机械共混法在防污涂层的工业应用中得到了广泛的认可，尤其是在船舶、建筑和水下结构等领域。

(3) 浸涂法

浸涂法是一种简单而有效的防污涂层制备方法，广泛用于涂层的均匀性和附着力的提高。在该方法中，首先需制备含有防污剂的液态涂层，通常由聚合物基体和防污剂的混合物组成[图 4-3（c）]。接着，将基材完全浸入涂层中，保持一定时间以确保涂层充分渗透到基材表面。在浸泡过程中，涂层会通过毛细作用和重力作用均匀附着在基材表面，形成一层具有防污性能的涂层。取出基材后，需要去除多余的涂层，并在适当的条件下进行干燥或固化，以确保涂层的机械强度和耐久性。浸涂法的主要优点在于其操作简单，适合于各种形状和尺寸的基材，特别是那些具有复杂几何形状的物体。通过调整浸泡时间和涂层浓度，可以优化涂层的厚度和防污性能。此外，浸涂法在船舶、海洋结构和水处理设施等领域的应用非常广泛，能够有效减少污损生物附着，提高设备的耐久性和安全性。

(4) 溶液聚合法

溶液聚合法是一种利用化学反应将防污剂与聚合物链结合，制备防污涂层的重要方法[图 4-3（d）]。该方法的基本步骤包括将聚合物单体和防污剂溶解在合适的溶剂中，形成均匀的溶液。接着，通过加热、光照或添加催化剂等方式引发聚合反应。在反应过程中，单体逐渐聚合形成长链聚合物，防污剂则嵌入聚合物链中，从而实现防污性能的提升。聚合反应完成后，需要将混合物涂覆在基材表面，并进行固化处理，以形成坚固的涂层。溶液聚合法的优点在于其能够合成具有特定功能的聚合物涂层，同时实现防污剂的均匀分布。这种方法适用于多种防污剂和聚合物，能够根据不同的应用需求进行调整。通过优化反应条件，可以在一定程度上改善涂层的性能，如提高防污能力、耐磨性和机械强度。溶液聚合法在船舶涂层、建筑材料和环境保护等领域得到了广泛应用，为提高材料的防污性能提供了有效的解决方案。

(5) 电沉积法

电沉积法是一种利用电场将带电的防污剂颗粒沉积在基材表面的技术[图 4-3（e）]，广泛应用于防污涂层的制备。该方法的基本原理是将含有防污剂的电解液与待涂覆的基材一起放置在电场中。当施加电场后，带电的防污剂颗粒会向基材表面移动，并在表面沉积形成涂层。在电沉积过程中，需要控制电流密度、沉积时间和溶液的组成，以确保涂层的均匀性和附着力。电沉积法的优点在于能够在基材表面形成均匀且致密的涂层，特别适合于金属基材的防污处理。此外，该方法能够有效地控制涂层的厚度和组成，进而调节涂层的防污性能。电沉积法还具有良好的环保特性，通常使用水基电解液，减少了有机溶剂的使用。在船舶、海洋工程和水下设备等领域，电沉积法制备的防污涂层已显示出优异的性能，能够有效减少生物附着，延长设备的使用寿命。

4. 优势及挑战

作为广泛应用于海洋船舶、海上平台及其他水下结构的防污技术，防污剂释放型防污涂层具备显著的技术优势。其在防止海洋生物附着方面表现突出，通过缓慢而持久地释放活性防污剂在涂层表面形成化学屏障，持续抑制海洋生物的附着和定殖，保持船体表面的光滑。这不仅减少了船体阻力，提高燃油效率，降低运营成本，还减少了维护工作量。此外，现代防污剂配方具有广谱活性，可有效针对多种海洋生物，提高防污效果的普适性。而这类涂层的另一优点在于持久性和可控性。通过精确调整防污剂释放速率，使用者可根据不同船舶类型和使用条件选择不同涂层方案，满足长期的防污需求。同时，先进的涂层设计如自抛光共聚物还能自动调节释放速率，以适应不同工况下的防污需求。

然而，这种涂层也存在某些不足之处。首先是对环境的潜在影响。尽管有机锡类化合物禁用减少了生态风险，但某些现代防污剂仍可能对海洋生态系统产生不良影响，对环境的长期影响需要持续监测和评估。此外，随着防污剂的逐步消耗，涂层的厚度和有效性会逐渐削弱，需定期重新涂装，导致额外的维护和材料成本。技术成本同样是需考虑的因素。这类涂层的研发和生产通常涉及复杂的化学反应过程，可能比传统涂层更昂贵。初期施工成本较高，可能给船东和运营者带来经济压力，同时需要专业人员涂装以确保合理的防污剂释放速率和良好的涂膜质量。因此，尽管防污剂释放型防污涂层因其优异的防污效果和持久性成为海洋工程领域的重要工具，但在未来的应用和研发中，仍需努力平衡生态风险与经济效益，实现可持续的发展。

4.1.2 亲水型防污涂层

1. 防污机理

亲水型防污涂层通过其独特的高亲水特性，在涂层表面形成一层水化层，由于水化层具有较高的能量，污损生物突破该层接触到涂层表面需要较大的能量，因此亲水性涂层可以阻碍污损生物的附着（图4-4）。这些涂层通过降低表面能减少生物附着的"力"，使生物更易被水流剥离。同时，亲水型涂层设计成光滑的表面结构，物理上减少生物附着的可能性，使其更易脱落。该涂层在阻止细菌和其他微生物初始附着方面也表现出色，进而抑制生物被膜的形成，限制更大生物体的附着。凭借这些物理和化学特性，亲水型防污涂层能够有效地防止海洋生物的附着和生长，降低维护成本，提高船舶和海洋结构的效率和性能。

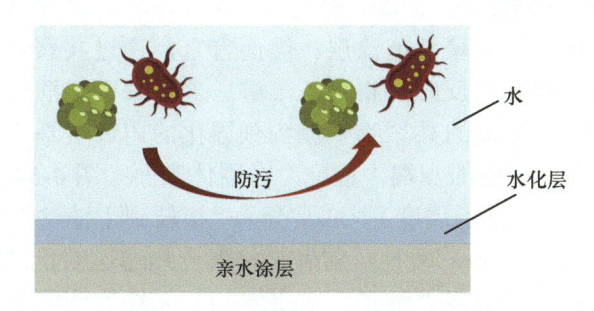

图 4-4　亲水型防污涂层防污机理

2. 主要分类

亲水性涂层作为一种防污新方法，其防污应用的潜力在近年来被广泛研究。亲水性聚合物诱导的表面水化层可赋予表面防生物污损特性，因为一层紧密结合的水化层可作为能量和物理屏障，有效抵御生物污损过程，包括蛋白质附着、初始细菌附着和随后的生物被膜形成。一些亲水性聚合物被用作开发亲水性防生物污损涂层的候选材料。其中，聚乙二醇（PEG）、含低聚物的聚合物及其衍生物可通过氢键和静电引力形成水合层，因此被广泛研究。由于亲水性聚合物的水溶性和较差的机械耐久性，它们不能单独用作涂层。

为提高亲水性聚合物的耐久性，研究人员采取了大量策略，这些策略可归纳为两个类别：①疏水性表面的功能化，如通过原子转移自由基聚合（ATRP）或光引发构建亲水性聚合物刷；②与疏水性聚合物共聚或物理混合，如甲基丙烯酸甲酯（MMA）、聚氨酯（PU）或聚二甲基硅氧烷（PDMS）。

但迄今为止，这些技术都没有显示出潜在的应用价值。具体来说，聚合物刷的构建通常需要复杂的化学工艺和惰性气氛，而且刷层厚度有限，涂层容易受到机械损伤。另外，通过简单的共聚或物理混合就能加入疏水性分子的 PEG 或齐聚物含量有限，亲水性聚合物含量越高，涂层的整体机械耐久性就越差。因此，研究人员广泛研究了新的策略和技术，以赋予亲水性聚合物所需的特性，主要包含以下几种。

（1）三维接枝涂层

将亲水聚合物接枝到具有机械和化学稳定性的疏水涂层上是一种广泛应用的技术，可获得所需的表面亲水性和防生物污损特性。传统的接枝方法由于亲水性聚合物的脱落和降解,其耐久性有限,无法长期使用。为了克服传统方法的缺点,已有研究提出了一种新颖的三维接枝方法,通过在基体表面和内部接枝亲水性聚合物来延长耐久性。另外,也可以使用具有更好稳定性的非污损材料——齐聚物进行三维接枝。例如,研究人员采用了一种新型齐聚物三嵌段共聚物来构建三维接枝自修复聚氨酯涂层。简而言之,通过共聚物中的羟基与聚氨酯中的异氰酸酯基团发生反应,将聚乙二醇、聚甲基丙烯酸羟乙酯和聚甲基丙烯酰氧乙基磷酰胆碱组成的共聚物喷涂到预固化的丙烯酸基聚氨酯涂层上。聚合物刷是将有机高分子链的一端"锚定"在固体表面(图 4-5),另一端呈伸展状态的"刷"状结构(分子尺度)。通常分为"接枝到主链法"(graft to)和"从主链接枝法"(graft from)两种,前者是将聚合物通过共价键或强相互作用接枝到固体表面,后者则是将"种子"(引发剂)先修饰到固体表面,然后浸入到含有催化剂和单体的溶液中,在固体表面通过引发单体聚合"生长"形成大分子的"刷"状结构。

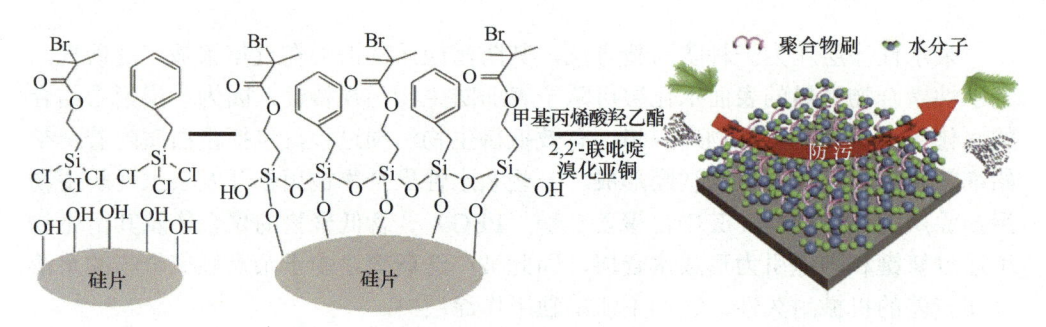

图 4-5 亲水性聚合物刷涂层的制备[1]

(2) 无机纳米粒子增强涂层

亲水性聚合物接枝纳米粒子作为一种易于改性且用途广泛的平台,得到了广泛的研究。为了解决亲水性聚合物机械耐久性差的固有缺点,研究人员设计了无机纳米材料包围的聚合物外壳结构,以获得耐久性和表面亲水性的结合。研究人员采用连续沉积法研制了一种耐用的防污涂层。在这种方法中,将齐聚物功能化到二氧化硅纳米粒子上,以实现聚甲基丙烯酸磺基甜菜碱/乙烯基三甲氧基硅烷/二氧化硅的结构,并采用单宁酸(TA)和聚乙二醇(PEG)的混合物作为黏合剂层,将纳米粒子附着到基底上。这种持久的亲水性主要归功于以下两个原因。

1)TA/PEG 夹层的物理支撑作用和无机纳米二氧化硅的机械坚固性。

2)混合纳米粒子堆叠形成的分层结构,即使顶层被机械损伤去除,也能保持持久的亲水性。

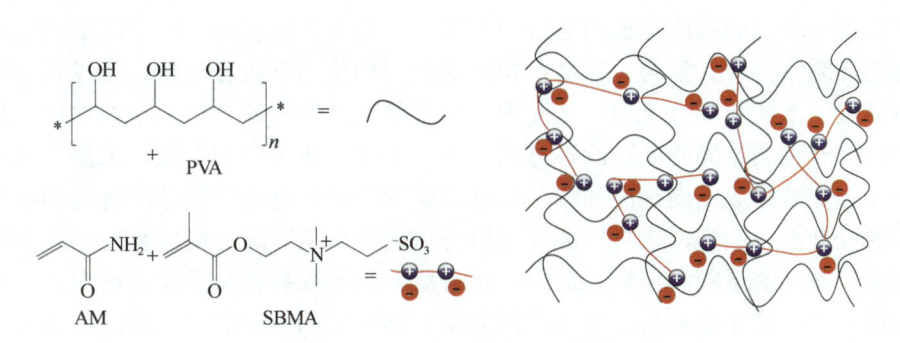

(3) 两性离子聚合物涂层

两性离子聚合物在其聚合物链上具有相同数量的阳离子和阴离子,具有良好的亲水性。几种阳离子(如季铵、季磷、吡啶和咪唑)和阴离子(如磺酸盐、羧酸盐和磷酸盐)已被用于制备两性离子聚合物。研究最广泛的两性离子聚合物是磺基甜菜碱(SB)、羧甜菜碱(CB)和磷酸胆碱(PC),它们都具有相同的季铵阳离子。具体来说,阴离子为磺酸盐时两性离子基为SB,为羧酸盐时两性离子基为CB,为磷酸盐时两性离子基为PC。半互穿聚合物网络(SIPN)由一个或多个具有互穿线型聚合物的网络组成,可用于防生物污损和水净化应用。SIPN提供了一种易于调节的结构,可增强亲水性聚合物的机械性能和化学稳定性。研究人员基于带电聚合物和聚乙烯醇(PVA)制备了SIPN,用于海洋防污。甲基丙烯酰乙基磺基甜菜碱(SBMA)和丙烯酰胺(AM)单体与交联剂N,N'-亚甲基双丙烯酰胺(MBA)共聚,通过原位自由基聚合与PVA形成SIPN(图4-6)。这种涂层具有较好的抗绿藻附着性能,与对照组相比,实验组上的绿藻密度降低了46%。

图4-6 两性离子聚合物涂层[2]

3. 制备方法

1)溶胶-凝胶法。溶胶-凝胶法是一种广泛应用于制备亲水型防污涂层的技术,具有良好的可控性和优良的性能。该方法的基本原理是通过水解和缩聚反应将金属有机化合物或硅烷前驱体转化为网络状的三维结构。首先,选择合适的前驱体,如四乙氧基硅烷(TEOS)等,将其溶解在适当的溶剂中,并通过调节pH和温度促进水解反应,形成溶胶。在此过程中,溶胶中的颗粒逐渐增长并形成纳米结构。随后,将溶胶均匀涂布在基材表面,常用的涂布方法包括喷涂、浸涂和刷涂等。涂布后的溶胶在特定的温度和湿度条件下发生凝胶化,形成固态涂层。接下来,需要经过干燥处理去除溶剂,以提高涂层的致密性和附着力。最后,可通过热处理进一步增强涂层的性能,促进交联反应,从而提升其耐久性和防污效果。该方法的优势在于可以调控涂层的成分和结构,从而实现不同的功能需求,且制备过程相对简单、环保,适合大规模生产。

2) 溶液聚合。溶液聚合是一种常用的制备亲水型防污涂层的方法,主要通过聚合反应合成具有亲水性的聚合物。该方法的基本步骤包括选择合适的单体,如亲水性单体(聚乙烯醇、聚丙烯酸等),在溶剂中进行聚合反应。反应条件(如温度、催化剂的种类和浓度等)会直接影响聚合物的分子量、分子结构及其最终性能。聚合完成后,可以通过溶液法将合成的聚合物涂布在基材表面,形成均匀的涂层。在涂布过程中,需确保涂层的厚度均匀,以达到最佳的防污效果。经过干燥和固化处理后,涂层的物理性能和化学性能会显著改善,增强其耐久性能和防污性能。溶液聚合法的优点在于其原料来源广泛,工艺简单易操作,且可以通过调节聚合条件实现对涂层性能的精确控制。在制备过程中,聚合物的选择和聚合条件的优化是关键,需根据具体应用需求进行调节,以确保涂层的性能达到预期效果。

3) 水热合成。水热合成是一种在高温和高压条件下进行反应的制备方法,广泛应用于亲水型防污涂层的制备中(图4-7)。该方法通常在密闭的反应釜中进行,以保证反应环境的温度和压力适宜。首先,将亲水性前驱体(如金属盐或硅源)与溶剂(通常为水)混合,然后在特定的温度和压力下进行加热。此过程中,前驱体会发生水解和聚合反应,从而形成纳米级的氧化物或其他亲水性材料。反应完成后,产物通过离心或过滤等方式分离,并进一步洗涤和干燥。水热合成法的优势在于能够合成出高纯度和均匀性好的纳米材料,且反应条件相对温和,具有较高的安全性。此外,水热合成还可以通过调节反应时间、温度和前驱体浓度来控制最终产品的形貌和结构。最终,将合成的亲水性材料与其他助剂混合,制备成涂层,通过涂布在基材上实现防污效果。该方法的应用前景广阔,能够满足日益增长的高性能防污涂层需求。

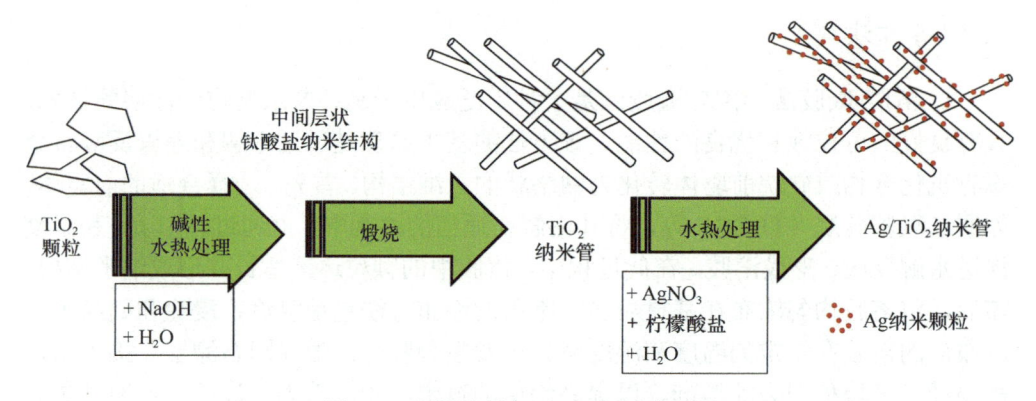

图 4-7 水热法制备 Ag/TiO$_2$ 纳米管[3]

4）沉积技术（CVD/PVD）。沉积技术[如化学气相沉积（CVD）和物理气相沉积（PVD）]是制备亲水型防污涂层的另一有效方法（图 4-8）。这些技术通过在气相中进行反应，将涂层材料沉积到基材表面，形成均匀而致密的涂层。CVD 法通常使用气态前驱体，在高温条件下发生化学反应，使材料沉积在基材上形成涂层。这种方法能够在较大面积内均匀涂覆，并且可以实现对涂层厚度和成分的精确控制。PVD 法则是通过物理方法将材料从固态或液态转变为气相，然后在基材表面沉积，形成薄膜。这种方法通常在真空环境中进行，能够产生高质量的涂层，且附着力强。沉积技术的优点在于其能够在复杂形状的基材上实现均匀涂层，且涂层的致密性和耐磨性较好。通过调节沉积条件，可以优化涂层的亲水性和防污性能。尽管这些技术的设备投资相对较高，但其在高性能涂层领域的应用潜力巨大，特别适合于要求严格的工业和航天领域。

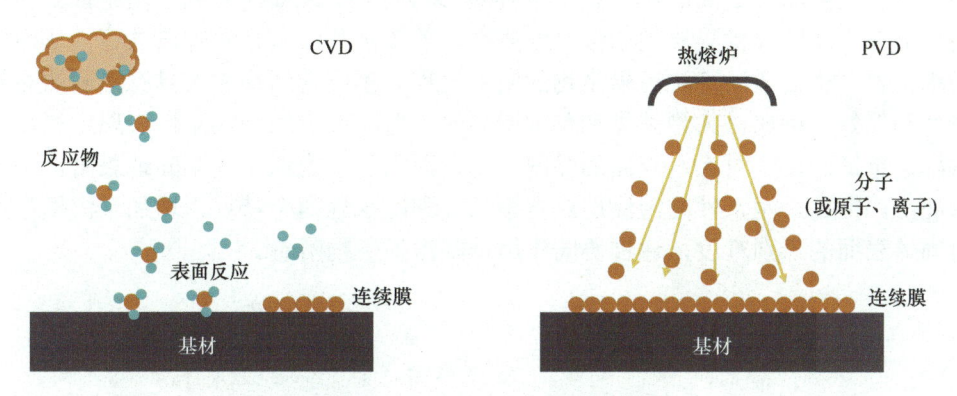

图 4-8　CVD 及 PVD 原理示意图

4. 优势及挑战

亲水型防污涂层在环保特性方面具有显著优势。由于涂层中通常不含或仅含少量有害化学物质，与传统含有杀菌剂的防污涂层相比，其对环境的负面影响较小，符合环保法规与可持续发展要求。此类涂层表面形成的水化层能有效阻止海洋生物的附着，并且在自然水流中能更容易地将附着物冲刷掉，从而降低船体阻力，节省燃油消耗。由于附着生物的减少，船体清理的难度和频次降低，从而可以降低维护成本。此外，亲水型防污涂层适用于多种海洋环境，包括船舶、海上平台、渔网及其他水下结构，应用范围广泛。

然而，亲水型防污涂层仍面临一些技术劣势。随着时间的推移，由于有机物、淤泥等的覆盖，其防污效果可能减弱，因此需要适度地维护和定期重新涂装，这可能影响其长期使用效果。此外，相较传统涂层，亲水型涂层在研发和采购上的成本较高，初始涂装投入较大。在不同海水成分和温度条件下，该涂层的效果可能波动,需要在特定环境中进行进一步验证。亲水型涂层在某些材料上的附着力不如传统涂层,需要使用特殊底漆或处理方法来增强附着性能。综上所述,尽管亲水型防污涂层在环保性和降低维护成本方面具有优越性,应用时仍需仔细考虑实际需求以及环境条件的变化,以充分发挥其潜力。

4.1.3　两亲性聚合物防污涂层

1. 防污机理

两亲性聚合物是将亲水性片段和疏水性片段整合在一个化学结构中。由于两亲性聚合物能够有效降低海洋生物污损(图 4-9),因此在防污领域的应用前景广阔。几种此类涂层已商品化,如 Intersleek 系列和 Hempasil 系列。两亲性聚合物的优势在于能够提供异质纳米级化学表面,使疏水片段和亲水片段共存,从而使污损生物产生混淆,干扰污损生物的附着过程。不同的污损生物具有不同的黏附特性和偏好。例如,大型藻类和单细胞硅藻,对固体表面的润湿性表现出相反的偏好。单细胞硅藻对亲水表面的黏附较弱,而大型藻类通常更牢固地黏附在亲水表面上。因此,两亲性防污涂层结合亲水性和疏水性两个特性,增加了污损生物对固体表面的识别难度,通过协同作用抑制污损生物附着。

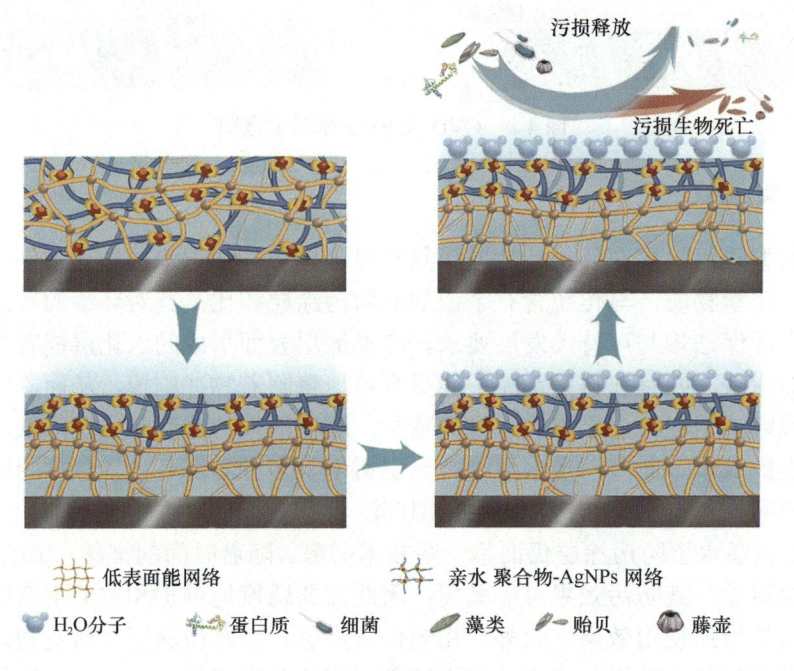

图 4-9　两亲性聚合物防污涂层的制备[4]

2. 主要分类

目前，在对两亲性聚合物防污涂层的研究中，取得了一些重要的进展。例如，通过将少量两性羧基甜菜碱甲基丙烯酸酯（CBMA）与疏水性双环戊二烯氧乙基丙烯酸酯（DCPEA）混合，合成了一种两亲性丙烯酸酯/甲基丙烯酸酯共聚物[5]。研究显示，添加仅 5wt%的 CBMA 即可快速形成亲水界面，且随着 CBMA 含量的增加，水接触角减小，亲水特性增强。动态微流控测定进一步显示，硅藻数量大幅减少，防污能力显著提高。

另外，研究人员以生物丁香酚为基础制备的生物基亲水凝胶涂层，通过在原位形成的疏水和亲水互穿聚合物网络，展现出优异的防污和机械性能。该涂层结合生物基环氧单体和含巯基的亲水性聚合物，结合了含硅氧烷链的疏水部分的拉伸强度和附着力，以及纳米银交联的亲水性水凝胶部分的优异防污性能，有效抵抗蛋白质、细菌、藻类和海洋生物的附着。现场测试结果表明，这种涂层在东海环境中保持完好无损，几乎没有生物附着，为制造生物基和高性能防污涂层提供了新策略。此外，研究者开发了一种结合亲水性聚乙烯吡咯烷酮（PVP）、疏水性聚[1-(1H,1H,2H,2H-全氟癸氧基)-3-(3,6,9-三氧杂癸氧基)丙-2-基丙烯酸酯]（PFA），以及聚二甲基硅氧烷（PDMS）的新型两亲性聚合物。通过将该共聚物混入 PDMS 基质中，制备了高防污性能的两亲性船舶涂层。该涂层结合亲水性链段的防污能力和氟硅链段的低表面能，显著降低细菌（98.1%）、硅藻（98.5%）和藤壶（84.3%）的黏附性。这些涂层不仅显示出优秀的防污性能，其无毒性和长效稳定性也使其在海洋工业设施中展现出广阔的应用潜力。这些研究通过分子设计和材料合成，极大地提升了涂层的防污和机械性能，为防污涂层的开发提供了丰富的理论和实践基础。

根据拓扑结构的不同，两亲性聚合物防污涂层可分为线性两亲性聚合物和非线性两亲性聚合物。线性聚合物包括嵌段共聚物、无规共聚物、梯度共聚物和交替共聚物等；而非线性聚合物则涵盖接枝、星形、超支化及两亲性聚合物网络等（图 4-10）。

（1）线性两亲性聚合物

线性两亲性聚合物最为常见的是两亲性嵌段共聚物，在该类型的共聚物中，亲水链段与疏水链段的种类和长度直接影响两亲性线性嵌段共聚物的性能。可通过调整链段的种类和长度来调控聚合物性能，以满足多样化的应用需求。此外，其亲水或亲油链段可以是单一单体的均聚物，也可以是多种单体的无规共聚物。无规共聚物的链虽然是无序的，所构筑的材料宏观结构却可以有序。两亲性无规共聚物在特定条件下也能够自组装成稳定的聚集体。通过改变亲水与疏水链段的比例或组装条件，可以调控两亲性无规共聚物的宏观形貌。与具有

嵌段共聚物　　　　　　　无规共聚物　　　　　　　梯度共聚物

交替共聚物　　　　　　　接枝　　　　　　　　　　星形

超支化　　　　　　　　　两亲性聚合物网络

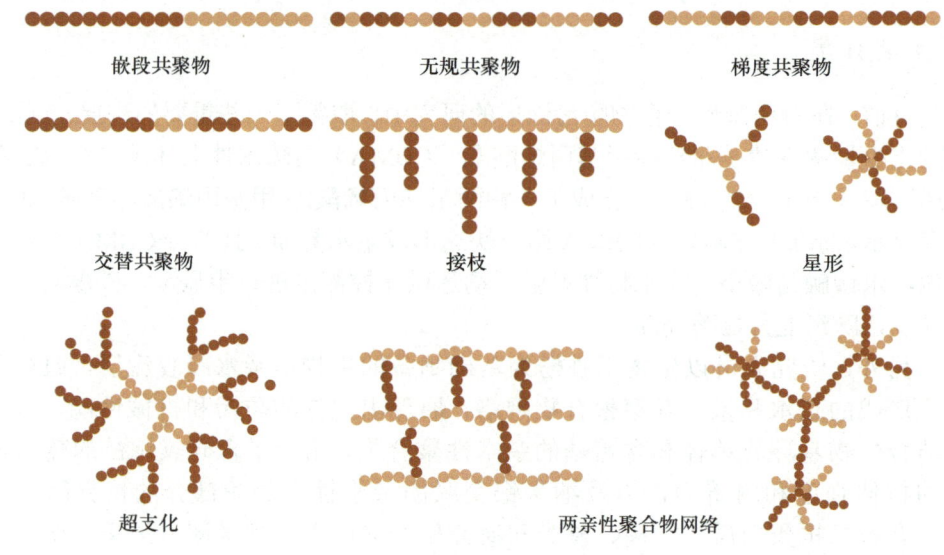

图 4-10　两亲性聚合物拓扑结构

明显亲水和疏水微区分布的两亲性嵌段共聚物不同，两亲性无规共聚物的亲水与疏水微区在组装体中呈现弥散分布，组装体表面同时存在亲水和疏水微区，从而形成双亲性的胶体粒子。

（2）非线性两亲性聚合物

非线性两亲性聚合物最为常见的是两亲性接枝共聚物，其由具有不同亲水性的主链和侧链构成，其链段的长度、数量及接枝类型等均易于调控，能够满足广泛的物理特性需求。两亲性接枝共聚物独特的结构使其在溶液中表现出更为稳定的聚集状态。当选择性溶剂发生变化时，这类聚合物的组装体可实现核壳状胶束与花状胶束之间的转化，在药物递送、生物反应器、催化等领域具有应用前景。树枝状和超支化聚合物是两种支化度较高的聚合物。其中，树枝状聚合物的支化结构相对规整，由核心分子、分支点和外围功能分子三部分组成，具备良好的溶解性和较低的黏度。超支化聚合物则具有不对称的三维支化结构，通常被称为不完美的树枝状聚合物。线性聚合物体系的黏度受其相对分子质量的影响较大，高相对分子质量的线性分子链会导致强缠结作用，从而增加体系黏度。然而，含有众多支化点的树枝状与超支化共聚物则呈现类似球形的致密结构，分子链不易缠结，因此体系黏度对相对分子质量的增加不那么敏感。两亲性树枝状和超支化共聚物通常含有大量功能性端基，通过修饰可以实现其在各种溶剂中的溶解，以满足不同功能材料的需求。

3. 制备方法

(1) 传统自由基聚合

自由基聚合在高分子合成中扮演着重要角色，全球约 40%的聚合物是通过该方法合成的。自由基聚合具有反应条件温和、适用单体范围广等优点。对于具有长烷基链和短支链侧基的丙烯酰胺类两亲性聚合物，通常采用传统的自由基聚合方法，而非活性自由基聚合。这主要是因为丙烯酰胺类单体在非活性自由基聚合中的可控性相对较差。例如，研究人员采用自由基胶束聚合法制备了一种含长烷基链的两亲性聚合物。该反应采用一锅法，在 10～15℃的条件下反应 4h，即可得到最终产物。所制备的两亲性聚合物展现出良好的热稳定性、增稠性能和耐盐性能，并能够降低煤油与水的界面张力。有研究人员采用自由基胶束聚合方法制备了含有多种不同疏水基团的两亲性聚合物[6]，该聚合物以丙烯酰胺作为亲水单体，N,N-十二烷基丙烯酰胺作为疏水单体，2-丙烯酰氨基-2-甲基-1-丙磺酸作为功能单体，展现出更好的耐温性、耐盐性和机械剪切性能。

(2) 可逆加成-断裂链转移 (RAFT) 聚合

RAFT 聚合是一种典型的活性自由基聚合方法，其特点在于随着单体的不断加入，反应可以持续进行，制备出的聚合物分子量可控且分子量分布较窄。与其他活性聚合方法不同，RAFT 聚合不需要添加金属催化剂，而是在传统自由基聚合的基础上引入了 RAFT。在采用 RAFT 聚合合成两亲性聚合物时，可以对聚合物的亲水和疏水链段进行精确调控，从而设计和制备出多样结构的两亲性聚合物。RAFT 聚合通过向反应体系中添加具有高链转移常数的链转移剂（CTA）实现持续的链增长。CTA 主要分为图 4-11 中所示的 4 类，不同的 CTA 适用于不同类型的共聚单体，选择时可依据单体的活性进行相应调整。

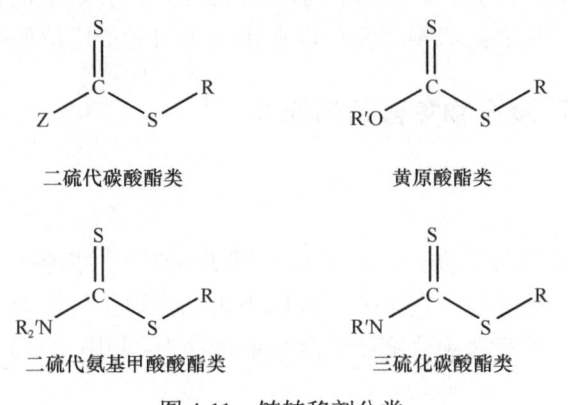

图 4-11　链转移剂分类

(3) 原子转移自由基聚合（ATRP）

ATRP 是另一种重要的可控自由基聚合方法，它通过动态氧化还原机制实现自由基生成反应的可逆性。在这一过程中，休眠状态的大分子或烷基卤化物通过催化反应生成自由基，活性自由基随后与单体反应，从而促进聚合物链的生长。接着，链增长自由基通过自由基偶联或歧化反应形成更高氧化态的过渡金属络合物。这一反应是可逆的，因此可以通过自由基偶联反应重新生成催化剂和休眠体。通过选择合适的催化剂（如过渡金属化合物和配体）、特定结构的引发剂，以及调整聚合条件，可以获得分子量随着转化率线性增加且分子量分布较窄的聚合物。这对控制合成特定组成、结构及末端功能化的聚合物具有重要意义。目前，ATRP已成功应用于多种单体的聚合，涵盖了苯乙烯、甲基丙烯酸酯、甲基丙烯酰胺、丙烯腈等，此外还包括一些非共轭单体（如乙酸乙烯酯、氯乙烯）和水溶性单体。

4. 优势及挑战

两亲性聚合物防污涂层技术的优势在于其独特的表面性质，使其能有效防止各种污损生物的附着。通过调节表面能来减少污损生物附着的可能性，形成的水膜降低了生物和有机物在表面黏附的能力。此外，这种涂层能够随外界条件变化而激发自清洁效应，从而有效地利用水流或环境变动自动清除部分生物污损。例如，在海洋船舶、海上设施、水下结构及某些建筑表面上，这些涂层已经得到了应用。然而，两亲性聚合物防污涂层也存在一些挑战和局限性。首先，涂层的制备涉及复杂化学合成工艺，致使生产成本较高，可能对预算受限项目的经济可行性构成挑战。其次，此类涂层的有效性可能会随着时间的推移而自然降低，尤其是在极端环境下，涂层可能更容易受到磨损和降解，从而需要更频繁的维护和更新。涂层中的某些成分在特定环境下可能引发潜在的生态影响，因此在设计和使用时须经过严格的环保评估。尽管两亲性防污涂层具有显著的技术优势，其应用仍需在性能与经济化之间取得平衡，以在市场上得到更广泛的接受和应用。

4.1.4　纳米粒子/聚合物复合防污涂层

1. 防污机理

纳米粒子/聚合物复合防污涂层可用于减少或防止污损生物在表面的附着，广泛应用于海洋等各种环境。它主要通过以下机制实现防污性能。

1）亲水特性。将纳米粒子复合到亲水聚合物中，利用亲水聚合物的防污性能，增加其防污表现。

2）低表面能。利用低表面能材料如含氟聚合物或有机硅树脂，使得污损生物在表面的附着力降低，容易在水流等外力作用下脱离。

3）生物活性。多种纳米粒子具有抗菌性能，可以抑制或干扰污损生物的黏附和生长，从而降低污损生物的黏附。

4）表面粗糙度增加。增加表面粗糙度，改变污损生物在表面的附着点，降低附着力；有些涂层可以达到超疏水性能，具备自清洁效应，类似荷叶效应，使雨水或海水能轻易带走表面的污损生物。

此外，纳米粒子作为骨架复合到材料中，可增强涂层的耐磨性、耐候性和防紫外线性能。这类涂层可能包含低毒性的成分以抑制微生物和海洋生物附着，兼顾环保。通过结合化学与物理屏障，这种复合涂层提供了双重保护，从而在抑制生物性和物理性附着方面表现出色。因此，其在船舶、建筑、医疗器械等领域具有重要的应用价值。

2. 主要分类

纳米粒子/聚合物复合防污涂层因其无毒、无浸蚀、制备简便等特点，具有较好的发展前景。纳米粒子/聚合物复合防污涂层制备中常用的纳米粒子包括碳基纳米粒子、金属纳米粒子、氧化物纳米粒子等；常用的聚合物包括有机硅树脂、环氧树脂、聚氨酯、水凝胶等（图4-12）。以下对常用的纳米粒子/聚合物复合防污涂层的类型进行简要介绍。

（1）碳纳米管/聚合物复合防污涂层

碳纳米管（CNT）具有较强的力学性能和抗菌活性（可能的机制包括细胞膜损伤和氧化应激），可与不同基材进行复合，从而增强基材的物理、化学和结构特性。多项研究表明，将 CNT 引入 PDMS 制备的复合涂层，可增加涂层的水接触角，降低涂层表面能和弹性模量，提高其防污能力。在 PDMS 基材中引入多壁碳纳米管（MWCNT）和氟化 MWCNT 可显著改善涂层的机械和防污性能。氟化 MWCNT 的最小临界表面能为 14.67mJ/m^2，其模量和拉伸强度分别为 $0.7\sim1\text{MPa}$ 和 $0.2\sim0.27\text{MPa}$。与未填充样品相比，含有 MWCNT 和氟化 MWCNT 的涂层上虚拟藤壶的附着强度分别降低了 47%和 67%，这表明 MWCNT 的添加提高了涂层的抗黏附能力，而 MWCNT 表面的氟化对复合涂层的抗黏附能力起到协同作用。结合 MWCNT 的抗菌特性和 PDMS 的低表面能，研究人员还通过化学接枝法设计合成了一种水解速率和表面能可控的自抛光涂层。其对大肠杆菌和金黄色葡萄球菌的最低抑菌浓度和最低杀菌浓度分别为 $8\mu\text{g/mL}$ 和 $32\mu\text{g/mL}$。

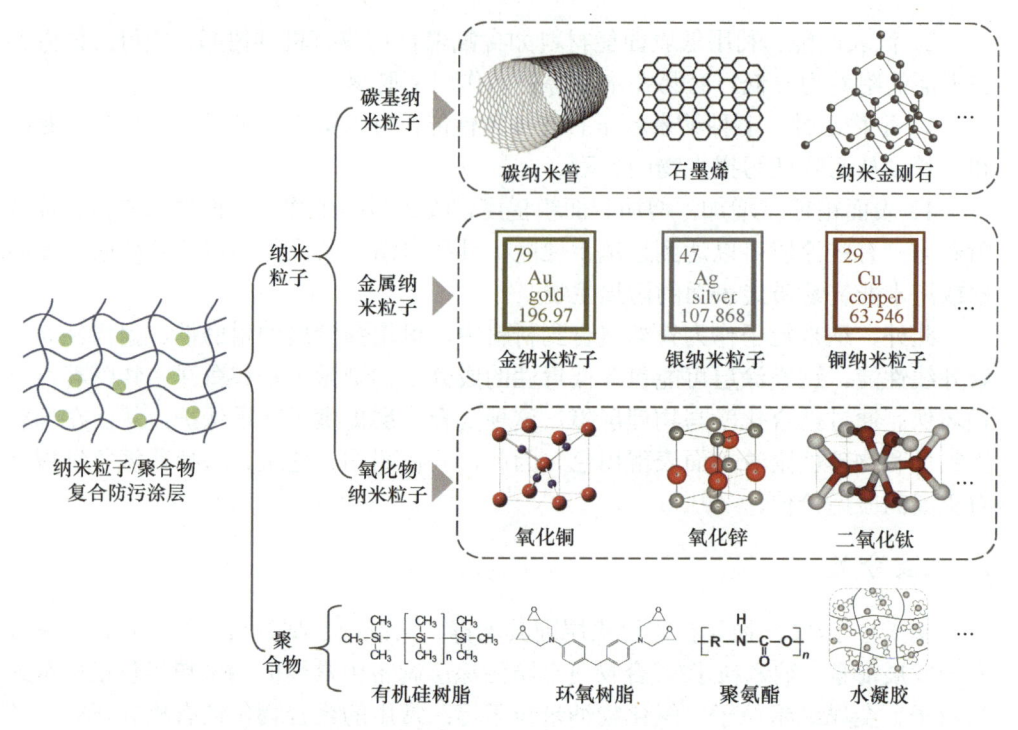

图4-12 纳米粒子/聚合物复合防污涂层常用的纳米粒子和聚合物类型

（2）石墨烯/聚合物复合防污涂层

除碳纳米管外，碳基纳米材料还包括石墨烯相关材料，如石墨烯、氧化石墨烯（GO）和还原氧化石墨烯（rGO）。石墨烯是一种超薄的二维（2D）片状碳材料，具有高比表面积、优异的光催化性能、导电性能、耐腐蚀性能、环保性能和机械性能，是一种高效的纳米填料，可用于医药、生物、海洋防污和防腐蚀等领域。石墨烯尖锐边缘造成的细胞损伤和活性氧（ROS）诱导的氧化应激使石墨烯材料具有良好的抗菌和抗黏附性能。基于石墨烯和PDMS基体的优点，可以制备石墨烯/PDMS复合材料，用于制造具有高机械性能、耐摩擦性和低成本的防污涂层，石墨烯的添加还可以改善涂层的拉伸强度和伸长率等机械性能。

由于石墨烯在聚合物基体中容易团聚，为了改善石墨烯纳米片在涂层中分散不均匀的局限性，研究人员采用负压辅助混合法制备了石墨烯/PDMS复合材料，其拉伸强度、热稳定性和抗菌活性均优于传统复合方法。ZIF-8具有良好的分散性，将GO负载于ZIF-8制备GO@ZIF-8纳米材料，可提升GO的分散性，GO@ZIF-8比表面积比纯GO提高了79%。与纯环氧样品相比，GO@ZIF-8/环氧复合涂层拉拔分离性能和阴极剥离强度分别提高了73%和60%。电化学测试表明，GO@ZIF-8/环氧复合涂层的耐腐蚀性比纯环氧样品提高了70%[7]。

（3）银纳米粒子/聚合物复合防污涂层

银离子（Ag^+）具有很强的抗菌活性，其接触反应可导致微生物结构的破坏或生理功能的障碍。当少量 Ag^+ 到达微生物细胞膜时，由于后者带负电荷，银离子会在库仑引力作用下被牢牢吸附。银穿透细胞壁进入细胞，与巯基（—SH）发生反应，使蛋白质凝固，破坏细胞合成酶的活性，细胞失去分裂和增殖能力而死亡。因此，银纳米粒子具有极佳的防污性能。

采用无毒的方法控制生物污损是海洋防污材料的重点研究方向之一。把 Ag 纳米粒子引入 PDMS 制备复合涂层是环保型防污涂层的研究热点，但要获得疏水性强、力学性能优异且不浸出 Ag 纳米粒子的涂层往往比较困难。为解决这一问题，有研究将球形 Ag 纳米粒子通过溶胶-凝胶合成到 PDMS 基体中[8]。原始 PDMS 的水接触角为 102°，而 0.1% Ag/PDMS 复合涂层的水接触角增加到 148°，表面自由能从 $23.91mJ/m^2$ 降低到 $12.4mJ/m^2$，并且具有高弹性和柔韧性。经过 30 天的生物降解性测试，0.1% Ag/PDMS 复合涂层表面几乎没有污损生物附着。浸泡 12 个月后，边缘附着的少量微生物在流体剪切作用下可轻松去除，具有可再生的自清洁特性。不过，Ag 纳米粒子在 PDMS 基体中的团聚现象依然存在，可以通过改进制备技术获得相容性更好的复合材料。

（4）铜及其氧化物/聚合物复合防污涂层

铜离子具有优秀的抗菌特性，具有毒性低、价格低廉的优点，是一种历史悠久的杀菌剂。纳米技术的发展使不同形式的铜粒子（宏观、微观和纳米）及其氧化物（CuO、Cu_2O 等）被应用于海洋防污领域。氧化亚铜（Cu_2O）通常用作颜料，油漆制造商开始在配方中使用 Cu_2O 作为增效杀菌剂，以取代被禁止使用的有机锡作为主要的防污化合物。

研究人员采用液相化学合成法合成了纳米氧化亚铜（Cu_2O NPs）[9]，所制备的 Cu_2O NPs 的 X 射线衍射峰与标准衍射峰数据吻合较好，表明成功合成和纯化了 Cu_2O NPs。对所制备的 Cu_2O NPs 进行透射电子显微镜分析，结果表明，所制备的 Cu_2O NPs 为立方体，平均粒径为 25nm。扫描电子显微镜显示，纳米 Cu_2O 粒子在环氧涂层中的完美分散确保了其较好嵌入到环氧树脂基材中。氧化亚铜纳米复合材料涂层测试结果表明，在环氧树脂基质中加入少量 Cu_2O NPs 对革兰氏阴性菌和革兰氏阳性菌均有较强的抑制作用，并通过对大肠杆菌的抗菌试验证实了 Cu_2O NPs 的抗菌活性。含 0.3 wt% Cu_2O NPs 的涂层对大肠杆菌生物被膜的降解率最高。研究结果还表明，Cu_2O NPs 显著提高了环氧涂层的热稳定性，改善了环氧涂层对划痕、磨损等表面损伤的防护能力。

(5) ZnO/聚合物复合防污涂层

ZnO 纳米粒子对水生原核生物（细菌）和真核生物（微藻、藤壶、浮游动物等）都有很高的抑制作用，具有很强的光活性、抗菌性、自洁性和机械性能，通常用于构建超疏水涂层，在海洋防污涂层领域得到广泛应用。由于 ZnO 纳米粒子具有特殊的六方晶格结构，因此可以很容易地组装成各种形状，通过不同的制备方法可以得到片状、棒状、丝状、管状、球状和花瓣状等各种形态的 ZnO 纳米粒子（图 4-13）。微观结构的变化也会显著影响复合材料的抗冲击能力。

图 4-13 各种形状的 ZnO 纳米材料[10~13]

研究人员采用原位聚合法制备了 PDMS/ZnO 纳米复合材料，并分析了 ZnO 纳米棒填料的分布和表面纳米结构对有机硅涂层超疏水性能及污损释放性能的影响[14]。解析不同纳米填料含量对涂层表面粗糙度和防污特性的影响是实现表面粗糙度和最小自由能的必要条件，通过水接触角、表面能计算和原子力显微镜来分析表面特性，发现加入 0.5wt%的 ZnO 填料可提高涂层的疏水性，并观察到表面粗糙度的升高和表面能的降低。PDMS/ZnO 纳米复合材料的防污性能优秀，在热带地区的海水中浸泡 6 个月后仍具有较好的防污性能。当 ZnO 含量为 0.5wt%时，还表现出最佳的阻燃性能，接触角为 158°，表现出超疏水性能。该涂层具有稳定的表面性质、优秀的防污能力和低成本制备优势。

(6) TiO₂/聚合物复合防污涂层

TiO₂ 是一种优良的光催化剂，具有良好的惰性、无毒、成本低、氧化能力强、透光性好、耐光腐蚀、耐化学腐蚀、抗菌活性（图 4-14）和前驱体可用性等特点。TiO₂ 的引入可以为涂层提供增强的机械性能，获得的涂层具有光诱导的超亲水性和自清洁特性。

大规模、低成本的环境友好型光催化剂 C_3N_4-TiO₂（B）可与丙烯酸硼硅聚合物（ABSP）完美复合，实现了工程应用的可能。研究人员以 C_3N_4-TiO₂（B）和 ABSP 为主要原料，制备了一系列防污涂层。SEM 和 AFM 分析显示，C_3N_4-TiO₂（B）颗粒牢固地嵌入涂层当中，但当光催化剂含量超过 7wt%时，会出现严重的团聚现象。亲水性纳米颗粒 C_3N_4-TiO₂（B）可以加速水解并调整聚合物基体的自抛光速率，从而降低细菌和藻类的附着，当 C_3N_4-TiO₂（B）的含量在 5～7wt%范围内时，复合涂层显示出比含有纯 C_3N_4 的涂层更好的抵抗新月菱形藻、金黄色葡萄球菌和大肠杆菌附着的能力，对金黄色葡萄球菌和大肠杆菌的抗菌率可以达到 99.72%和 98.96%。这种涂层具有大规模应用的前景。

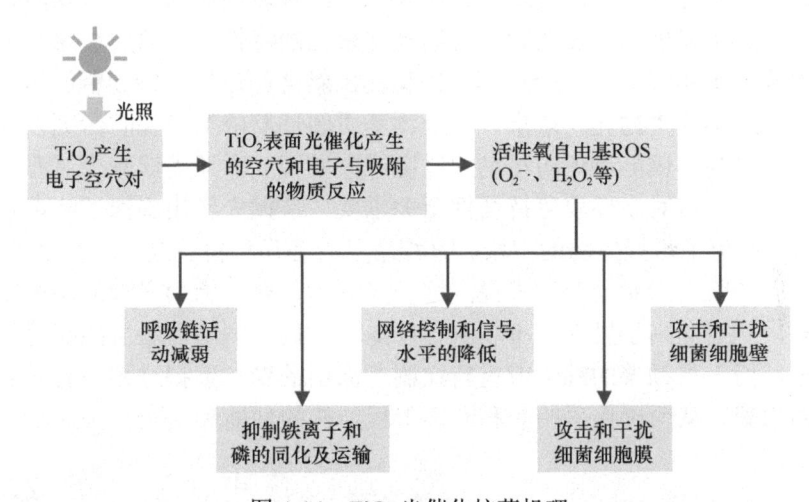

图 4-14 TiO₂ 光催化抗菌机理

3. 优势及挑战

纳米材料具有制备简便、种类多样的优点。然而，单独依赖纳米粒子或有机材料可能会面临条件复杂和不稳定的问题，有机和无机材料的结合被视为实现制备复合材料的有效途径，并在当前研究和实际应用中得到了广泛关注。通过合理设计和优化材料结构，这些复合涂层展现出极大的应用潜力，为环保和长期稳定的表面防护提供了可行的解决方案。

在实际应用中，仍有许多要解决的技术问题。

1）与基材的匹配。引入不同类型、尺寸、浓度、不同表面官能团和形态的纳米材料可能会降低涂层的其他性能，因此应进一步研究材料的结构和添加量，以及纳米材料与基材之间的相互作用。

2）防污性能的提升。应根据不同的纳米材料制定更多的防污策略，结合具有不同性能的新材料，实现自清洁、光催化及杀菌等性能。

3）早期生物污损的干预。海洋生物污损形成阶段，应更多地研究生物污损的早期形成机制与纳米复合涂层之间的关系。

4）大规模生产。应考虑大规模生产的关键因素，如合成路线、最终成本等，从而为大规模生产和应用纳米材料复合涂层提供技术支撑。

4.1.5 自抛光型防污涂层

1. 防污机理

自抛光型防污涂层是一种用于船舶和水下结构表面的涂层，旨在防止海洋污损生物的附着。其机理主要依赖于自抛光共聚物的特性，该涂层在海水中会逐渐磨损或水解（图 4-15）。这个过程不断暴露出新鲜的涂层，持续释放防污剂，使涂层呈现出持续的"抛光"效果。聚合物基质的逐渐降解确保防污剂以受控速率释放。这种机制不仅能避免防污剂的过度或突发释放，还能够减少对海洋环境的潜在负面影响，这对于环境可持续性至关重要。自抛光作用确保了防污效果的持续性，同时避免了污损生物的积聚。随着涂层的磨损和自我抛光，表面保持光滑，这有助于减少阻力。对于船舶来说，这一点尤为重要，因为光滑的船体减少了与水的摩擦，从而提高了燃油效率和航行性能。自抛光型防污涂层能够提供长期的防污保护，而无需频繁的维护或重新涂刷。涂层的受控磨损过程还有效避免了污损生物的积聚，从而确保了船舶和海洋工程结构的性能和安全。

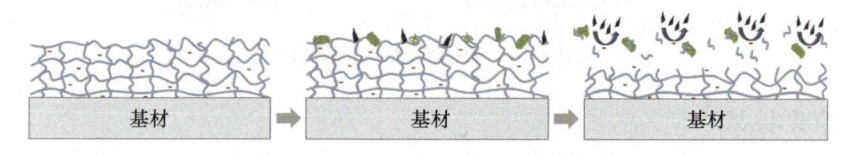

图 4-15 自抛光型防污涂层防污机理

2. 研究现状

（1）传统自抛光型防污涂层

自抛光型防污涂层一般分为有机锡自抛光型防污涂层和无锡自抛光型防污涂

层。有机锡自抛光型防污涂层，以三丁基锡（TBT）类化合物为代表，通过酯键将三丁基锡接枝到丙烯酸酯主链上，制备得到丙烯酸锡类共聚物。在海水弱碱性环境下，酯键-三丁基锡结构分解，释放出具有优异杀菌性能的三丁基锡，同时表面亲水性的丙烯酸聚合物在海水冲刷下溶于海水，实现自抛光效果。然而，由于三丁基锡化合物对海洋生态环境的破坏和对人体健康的危害，使其最终被禁用。

在有机锡自抛光型防污涂层被禁用后，以丙烯酸酯为主链的锌、硅、铜基无锡自抛光型防污涂层成为研究热点。其中，铜基无锡自抛光型防污涂层被广泛使用，然而铜离子的释放和积累是影响海洋环境的主要因素。已有研究选用BIT-甲基丙烯酸烯丙酯和丙烯酸锌作为功能单体，与甲基丙烯酸甲酯和丙烯酸丁酯共聚，制备了一系列BIT-丙烯酸酯防污树脂。研究发现该涂层对海洋细菌、藻类和藤壶幼虫存在抑制作用。此外，还在沿海水域对该涂层进行了海洋环境试验。结果表明，该涂层具有显著的自抛光能力，表现出优异的防污性能。与有机锡自抛光型防污涂层相比，无锡自抛光型防污涂层具有更好的环保性能和广泛的应用前景。然而，这些树脂的抛光速率和水解性能受到玻璃化转变温度、吸水性及树脂膨胀变化等多种因素的影响。为了提高防污涂层的性能，研究者们通过调控这些因素，制备出了一系列具有优异防污效果的自抛光型防污涂层。例如，通过调整丙烯酸锌树脂的分子量和玻璃化转变温度，可以实现对防污剂释放速率的精确控制；通过引入特定的功能性单体，可以进一步提高丙烯酸铜和丙烯酸硅树脂的防污性能。

（2）新型自抛光型防污涂层

传统的无锡自抛光型防污涂层树脂主要由丙烯酸类共聚物构成，但这种材料在船舶航行速度较低时或停泊期间，防污性能往往会显著降低。因此，为了改善低航速下的防污效果，研发人员开始探索新的材料。研究发现具有主链降解特性的聚酯材料，使其成为一种理想的防污基材。

聚酯材料的优点在于其生物降解性和良好的环境友好性，因此被广泛研究。例如，研究人员制备了一系列新型锌-聚氨酯共聚物，其含有聚合物盐形式的锌阳离子，可与海水中的钠离子进行交换。随着离子交换反应的进行，锌-聚氨酯共聚物变得可溶并在海水中浸出。海洋环境试验表明，锌-聚氨酯防污涂层在12个月的时间内，表现出优异的防污效果。但是聚酯材料的附着力相对较差，这限制了其在防污涂层中的应用。针对这一问题，研究人员将聚酯与丙烯酸酯进行聚合，制造出聚酯-丙烯酸酯聚合物树脂。这种新型树脂不仅保留了聚酯的环保特性，同时也提升了附着力，从而兼具了两者的优点。另外，研究人员通过自由基开环共聚法成功制备了聚酯-聚甲基丙烯酸甲酯树脂，这种树脂显著提高了涂层的附着力和防污性能。为了进一步增强聚酯-聚甲基丙烯酸甲酯树脂在低速或静态状态下的防污能力，科学家们在其侧链中引入了防污基团。这一创新使得该树脂在实际应用中展现出了优异的防污效果。经过实海挂板实验的验证，该共聚物表现出卓越的防止生物污损的能力，其效果可以持续超过 6 个月。

3. 优势及挑战

自抛光型防污涂层的主要优势在于其长效防污能力，通过特殊的自抛光机制，能够在海水环境中持续自动去除涂层表面的污损生物，保持表面的光滑和清洁。这种特性不仅延长了船体或海洋结构物的使用寿命，还大大降低了因生物污损导致的阻力增加和燃料消耗。新型自抛光型防污涂层通常采用环保材料，不含有毒、有害成分，对海洋环境友好，符合当前严格的环保标准和可持续发展的趋势。

自抛光型防污涂层也面临一些局限与挑战。例如，它对海水冲刷的依赖性较高，在海水运动缓慢或静止的水域，自抛光效果可能会减弱，导致防污性能下降。自抛光型防污涂层的生产成本通常较高，生产的前期投入较大，存在市场竞争风险。此外，该涂层的施工过程要求较高，必须在控制良好的条件下进行，并需要经验丰富的施工人员，以确保涂层的应用效果达到预期标准。不当的施工可能导致涂层防污性能下降或寿命缩短。因此，选择和使用自抛光型防污涂层时，需要慎重考虑这些技术限制，并结合具体的应用环境和需求，综合评估其适用性。

4.1.6 仿生防污涂层

1. 主要分类

"师法自然"这一概念源自我国古代儒家思想，强调以自然为师，顺应自然的法则。自然界中的生物经过漫长的进化过程，逐渐演化出了一系列有效的防污策略，以减少环境中的生存压力。例如，海洋中的海豚依靠其柔软的皮肤和高速游动，使得污损生物难以附着在其身体表面。理解这些生物的防污机制，并将之应用于水下表面防污涂层的制备，具有重要的工程和生态意义。与传统的防污技术（如使用有毒的有机锡、铅、铜等化学物质）相比，仿生海洋防污技术更注重环保。仿生技术能够降低对海洋生态系统的危害，避免化学物质的残留，并且能够更好地与自然环境兼容。仿生海洋防污技术通过借鉴自然界中生物的智慧，开发出了一系列创新的防污材料和涂层，能够有效解决传统防污技术所带来的环境污染和技术局限性。随着研究的深入，仿生技术将在提高船舶、海上平台等设施的防污性能、延长使用寿命、保护海洋生态环境等方面发挥重要作用。主流的仿生海洋防污技术主要可以分为 6 大类（图 4-16）。

（1）仿生微纳表面

微纳结构通过降低污损生物与表面之间的附着力，实现防污效果。这些微纳结构通常具有独特的几何形状和表面特性，可以在物理和化学层面上干扰污损生物的黏附过程。具体而言，微纳结构能够增加表面的粗糙度，使得污损生物在表面的附着变得困难。此外，这些结构还可以通过创造微小的空气囊或液体层，进一步提升表面的排斥效应，降低生物附着的概率。有研究通过使用蚀刻硅模具的微成型技术，采用聚二甲基硅氧烷弹性体复制鲨鱼皮的微纳结构。表面耐久性研究表明，这些图案可以在外部滑动运动下有效地保持其完整性。在防污试验中，大肠杆菌的附着减少了 75%。

图 4-16　仿生防污策略的分类

除了海洋防污领域，微纳结构也在多个领域得到了应用，因此研究人员开发了多种制造技术（图 4-17），包括沉积法、模板法、刻蚀法、纳米合成、静电法、增材制造、机械微加工等。例如，有研究人员利用激光技术根据熔融断裂现象制造了线性低密度聚乙烯疏水仿鲨鱼薄膜，该薄膜通过调节工艺参数可获得优异的疏水性。

仿生微纳结构表面在实际应用中面临的挑战是微纳结构的机械性能较差，极小的外力可导致微纳结构上极大的应力集中，从而损害微纳结构并导致防污性能丧失。因此，开发具有良好机械性能的微纳表面成为重要的发展方向。微纳结构表面另一个问题是防污的广谱性，它可能对某些尺寸的微生物无效，因此这个问题在研究过程中需要重点考虑。

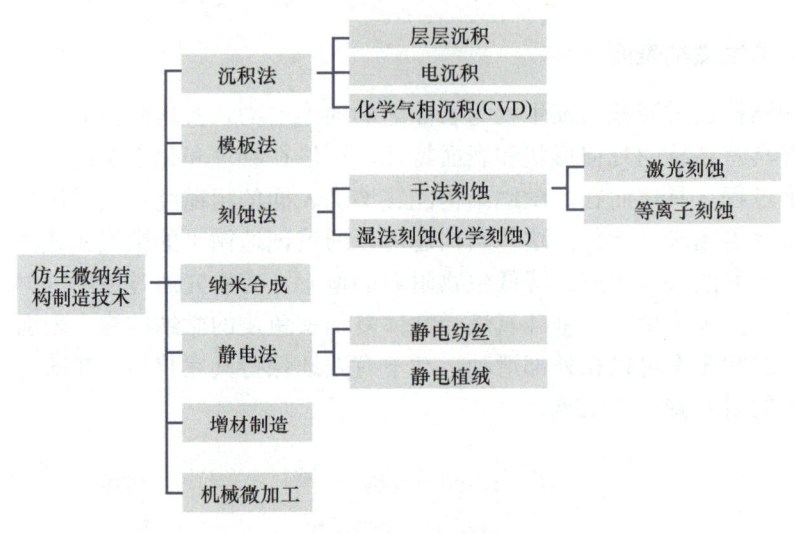

图 4-17 仿生微纳结构制造技术

(2) 天然防污剂

为了应对传统海洋防污剂（三丁基锡、铜基或锌基金属化合物）带来的一些问题，研究人员正在研究新的环保防污产品。天然防污剂是指来源于自然界生物自身合成的物质或化合物，它们具有抑制或防止污损生物（如藻类、海洋生物、细菌等）在表面附着和生长的能力。例如，珊瑚、藻类和辣椒能够分泌天然防污剂，这些物质可以驱赶、毒杀或抑制细菌和其他生物的生长。这些化学物质可以在提取或人工合成后应用于防污涂层。但这些天然防污剂在海洋中的扩散性很强，因此其防污时效较短，为此相关人员对该问题进行深入研究，已有研究制备了一种定向纳米通孔结构，并将辣椒素（图 4-18）引入到该结构中，从而有效地防止了辣椒素的渗漏，延长了辣椒素的使用寿命。此外，已有文献报道通过 pH 调控实现防污剂的智能释放，从而提升其长效防污能力。研究人员采用逐层自组装的

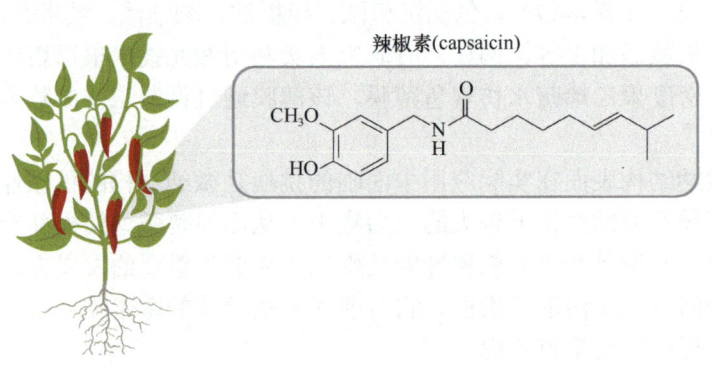

图 4-18 辣椒素化学结构式

方法，制备了基于辣椒素的 pH 响应多层膜。由于细菌在沉降或生长过程中会产生乳酸和乙酸等酸性物质，进而改变环境的 pH，因此这种多层膜能够有效触发涂层中杀菌剂的释放。这种结构不仅具有优良的 pH 响应性，还具备多种抗菌特性，能够在海洋环境中保持持久的防污能力。

然而，这些天然化学物质中的某些成分可能对非目标生物产生毒性，干扰食物链和生态系统的稳定性，从而导致生物多样性的下降。此外，这些天然化学物质可能在海洋生物体内积累，导致长期的生物毒性效应，影响生物的生长、繁殖和生存，进而破坏生态平衡。因此，这些天然化学物质对海洋环境的潜在风险需要严格评估，以确保不对生态系统造成负面影响。

(3) 仿生水凝胶

鱼类和两栖动物表皮分泌的黏液主要成分是一种柔软且具有亲水性的天然水凝胶。在氢键和静电作用下可以在表面形成一层水化层，这层水化层能够对污损生物形成物理屏障，起到抗黏附的作用。仿生水凝胶通过模仿自然界中生物体的特性，具有良好的生物相容性和润滑性，能够形成一层水膜，降低污损生物的附着。然而，水凝胶材料在基材上的附着力差，限制了其在海洋防污中的应用。目前，研究人员提出了一种亲油性单体增黏策略，所设计的水凝胶涂层可以非常牢固地黏附在基材上。含有亲油性单体的水凝胶预聚物交联后附着在基材表面，干燥吸水后得到水凝胶涂层，研究表明这种方式可以显著提高其在有机基材上的附着力。该涂层在静态海水浸泡、动态旋转海水环境（转速 80r/min）及真实海洋环境中经过 150 天的测试后，未出现脱落现象。

力学性能不足是仿生水凝胶防污涂层的另一主要缺陷，研究人员通过原位构建疏水和亲水互穿聚合物网络（IPN）开发了新型涂层。合成的含硅环氧树脂的疏水部分有助于提高机械性能，包括高拉伸强度和优异的附着力。其中，亲水性聚合物与 AgNPs 交联形成的亲水性水凝胶部分具有出色的防污性能，可抵抗蛋白质、细菌、藻类和其他海洋生物。

近年来，研究者们采用不同的合成方法，如自组装、溶液聚合和 3D 打印等，开发出多种类型的仿生水凝胶。这些水凝胶不仅能够模仿生物体的结构，还能通过调节聚合物的组成和网络结构实现不同的物理化学特性。研究显示，仿生水凝胶的防污性能与其网络结构、亲水性和机械强度密切相关。通过调节水凝胶的交联度和亲水基团的类型，能够显著提高其防污性能。然而，水凝胶的力学性能较差、与基底结合强度低、长期使用效果不佳是其应用的障碍。未来的研究将集中在进一步优化水凝胶的材料性能上，包括提高其耐久性、机械强度，以及在极端环境下的稳定性，以满足更广泛的应用需求。

（4）超滑表面

猪笼草捕虫瓶口缘处的微纳多孔结构能够锁住液体润滑层（图 4-19），使其表面始终处于润湿状态，从而极其光滑，这种光滑注液多孔表面（slippery liquid-infused porous surface，SLIPS）常称为"超滑表面"或"超光滑表面"，它能够显著降低外部液体与其之间的附着力，实现优异的排水性能和自清洁效果。模仿猪笼草超光滑特性，制造海洋防污表面是一个有趣的方向。

近年来，研究者们已经开发出多种方法来制造超滑表面，包括激光刻蚀、纳米印刷和组装技术。这些方法能够制造出复杂的微纳结构，从而显著提高表面的润滑性和防污能力。然而在动态流体环境中，如何保持润滑液的稳定性是关键挑战之一。润滑层容易受到流体冲击而被破坏，因此保持润滑液的稳定性是研究热点之一。例如，研究人员提出了一种长链缠结的聚二甲基硅氧烷凝胶作为具有可持续自我补充功能的超滑功能表面。开发的凝胶具有较大的润滑剂存储空间，并且由于表面形成低黏度油层而表现出接近 0°的极低滑动角。具有超滑表面的凝胶显示出近乎完美的防污性能，与纯聚二甲基硅氧烷表面相比，可减少 99.97%的细菌。即使在高压和高速剪切流等恶劣条件下，它也能保持光滑性能而不会劣化。

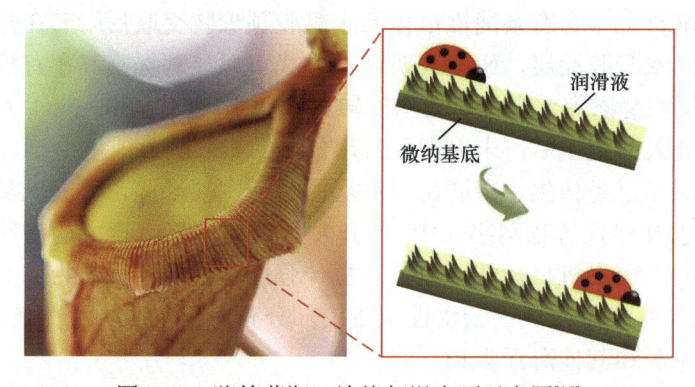

图 4-19 猪笼草瓶口边缘超滑表面示意图[15]

蚯蚓通过分泌润滑液保持表面湿润，以减少摩擦并提高在土壤中的运动效率。这种润滑液不仅能降低蚯蚓在土壤中穿行的阻力，还能防止其身体表面被污染物附着，确保呼吸和渗透调节等生理功能的正常运作。模仿蚯蚓的分泌功能开发可以分泌润滑液的新材料可能是一个有效解决润滑液流失的方案。研究人员制备了一种注入硅油的聚二甲基硅氧烷覆盖的纳米通道表面，它可以形成连续的自补充润滑层。受限纳米通道的强毛细管作用表现出注入液膜的自修复特性，在多次物理损伤后能快速恢复润滑性能，表现出较高的稳定性。

（5）仿生动态表面

自然界中的一些生物通过独特的动态表面机制实现卓越的防污性能。例如，某些藻类和珊瑚可以通过蜕皮方式清洁表面污损生物。牺牲涂层、自抛光涂层和可降解共聚物的防污机理与蜕皮防污的效果相似。研究人员制备了一种具有牺牲烷烃表面层的固体有机凝胶涂层。通过可再生工艺很容易去除表面的污损生物，显示出巨大的应用潜力。

海豚和软珊瑚等生物通过柔软的皮肤在流体作用下生成不稳定的表面，增加了污损生物识别和附着的难度。同时，海豚的皮肤具有特殊的微观纹理和光滑性，这种设计使得水流经过时能有效扰动表面，减少附着生物的停留机会。研究表明，流体力学原理在这一过程中起着关键作用，当水流经过柔软且光滑的表面时，产生的涡流和压力变化使得附着生物难以在其表面附着（图 4-20）。珊瑚是由无数个珊瑚虫组成的一种动物，研究发现软体珊瑚虫与流体介质之间的相互作用影响表面细菌的分布和黏附。在微观层面上，低法向流速的边界层在珊瑚虫结构附近形成一层"水膜"，阻止细菌接近表面。从宏观上看，珊瑚虫结构可以通过涡街扰乱流场，破坏水流稳定性，使细菌等污损生物难以附着。基于该原理，可通过使用柔软材料或可控降解表面来模拟其动态效果，从而实现防污功能。

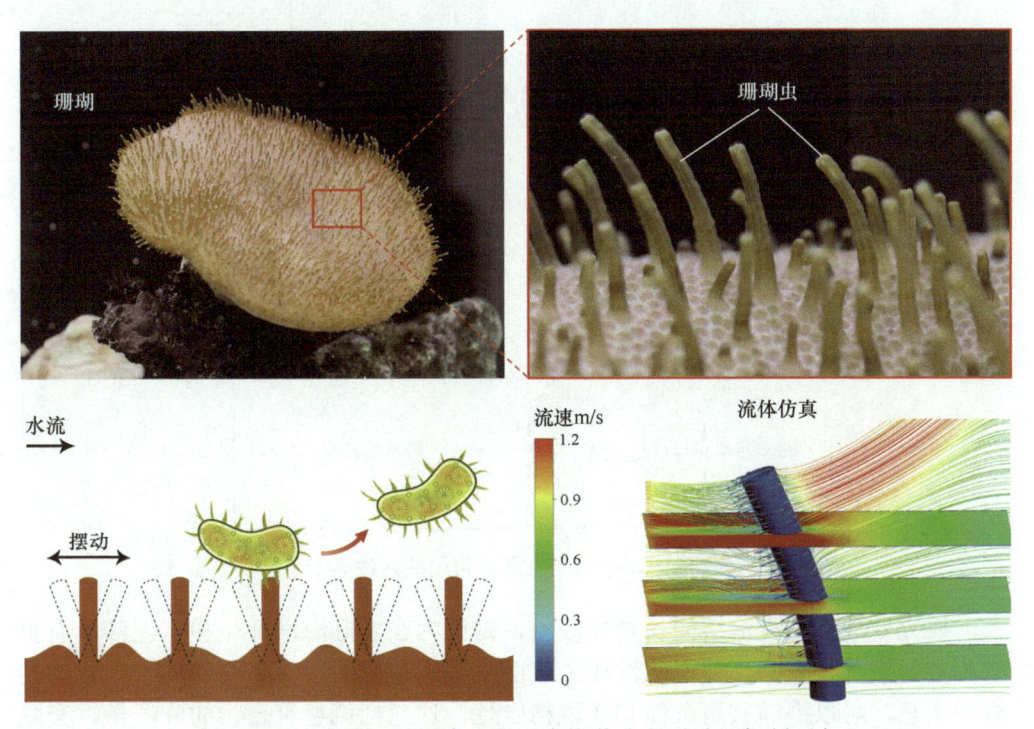

图 4-20　花环肉质软珊瑚珊瑚虫流体激励-摆动防污机制研究

（6）两性离子聚合物

磷脂酰胆碱存在于人体的所有细胞中，是细胞膜的主要成分，其带有等量异种电荷的头部基团（图 4-21）能有效减少血小板和蛋白质的黏附，具有抗血液凝结的作用。海洋中的细菌和硅藻分泌的胞外聚合物（包括蛋白质、多糖等）用来促进黏附，因此两性离子聚合物可以通过减少蛋白质的黏附降低污损生物的附着。目前，学术界认为两性离子聚合物出色的防污性能是由于强大的表面水合作用，防止其他分子取代表面结合的水黏附在表面上。研究表明在涂层中掺入少量两性离子，如羧基甜菜碱甲基丙烯酸酯，可有效提升涂层的防污性能，但并不是所有两性离子都可提高其防污性能。研究最广泛的两性离子聚合物是硫代甜菜碱（sulfobetaine，SB）、甲基丙烯酸羧基甜菜碱（carboxybetaine，CB）和磷脂酰胆碱（phosphatidylcholine，PC）类。

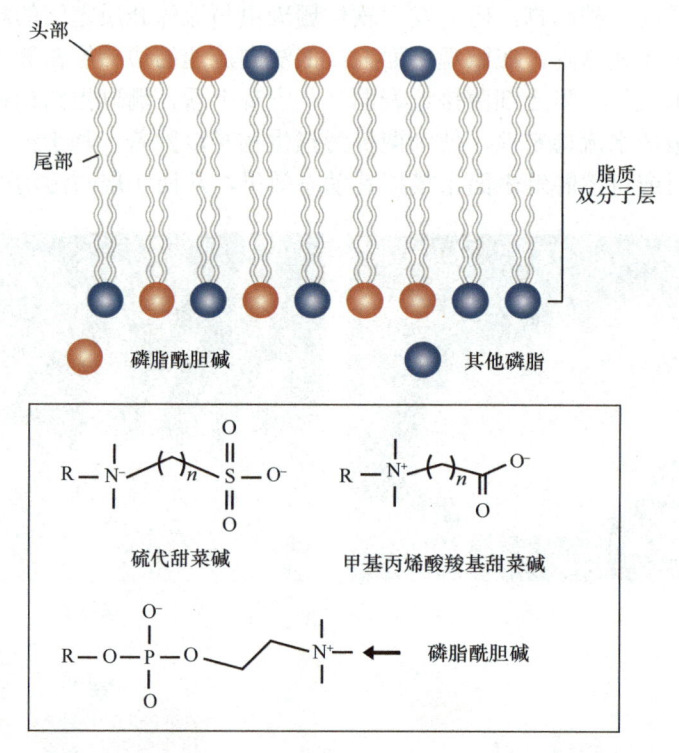

图 4-21　磷脂酰胆碱结构示意图及常用的两性离子聚合物类型

研究发现，此类涂层的长效性较差，是因为在实际海洋环境中，泥沙、有机物等容易覆盖在表面，使得两性离子表面失效。目前通过优化两性离子聚合物的合成工艺，可以提高其耐久性和环境稳定性。这包括调整聚合物的分子量、交联度，以及添加增强剂，来提升涂层在不同环境中的性能。例如，有研究表明可以在两性离子聚合物中嵌入抗菌纳米颗粒或超疏水材料，以增强涂层的防污性能和抗微生物能力。

2. 优势及挑战

在实际的海洋环境中，单一的仿生防污策略可能由于复杂的环境状况或物理破坏而效果不佳。因此，结合多重仿生防污策略的防污技术在未来更具有实用价值。海洋生物常常结合多种策略来抵御生物污损。以软珊瑚为例，它至少表现出4种防污策略：柔软的皮肤、天然防污剂的分泌、珊瑚虫的摆动，以及蜕皮效应。这些策略的协同作用赋予了其表面多重的防污能力，包括杀菌和抗附着等功能。多功能仿生防污技术的出现，旨在克服单一防污方法的局限性，结合多种仿生策略所具有的协同优势，极大地提升了涂层的防污性能和使用寿命。

随着材料科学的发展，特别是纳米技术、生物技术和涂层工程技术的进步，仿生防污技术有望进入一个快速发展的时期。更多的创新方法和新材料将被引入，以实现更高效、更环保的防污效果。这不仅能进一步提高海洋防污涂层的性能，也将在能源消耗、环境保护等方面带来可观的效益。例如，通过分子设计，可以研发出具有自愈合功能的新型仿生防污材料，以应对因物理损伤引起的涂层失效。在海洋环境中，各种因素相互交织，如高盐度、强紫外线和生物附着的持续影响，各类涂层需要长期保持其功能性，面临巨大挑战。

综合而言，仿生海洋防污技术对现代海洋工程和环保产业具有重要的推动作用。面对未来广阔的应用前景，研究人员和工程人员需要继续努力，开发出更高效和更经济的防污技术。仿生学从源头上创新，仿生技术的不断进步，将为全球防污涂层市场注入新的活力，实现海洋产业的绿色可持续发展。可以预见，不久的将来，仿生海洋防污技术将会迎来一个蓬勃发展的阶段，为海洋领域带来革命性的变化。随着人类对海洋资源开发利用的不断推进，高效、环保的防污涂层技术将成为未来发展的核心技术之一，这不仅仅在于技术的突破，更关乎人类的可持续发展。

4.1.7 自修复防污涂层

1. 功能机制

自修复防污涂层是一种先进的智能材料，专门设计用于在涂层受损时能够自动修复，同时防止污损生物附着。其工作机理通常结合了自修复机制和防污机制。从自修复的角度看，这类涂层可以利用微胶囊技术将修复剂封装在内（图4-22），当涂层受损时，微胶囊破裂，释放修复剂以填补受损区域；或者利用动态化学键

（如氢键），这些可逆的化学键在损伤后可以重新形成来恢复涂层完整性。而在防污方面，这类涂层可以采用低表面能材料，如氟化物或硅氧烷，以降低表面能，使得污损生物不易附着。此外，有些涂层通过缓释防污剂来主动阻止生物附着，或者通过仿生设计，创造具有特殊结构的表面防止生物体黏附。这种涂层的开发和应用需要材料科学、化学工程和海洋生物学等多学科的协同合作，可以极大地延长海洋设施和船舶的使用寿命，减少维护成本。

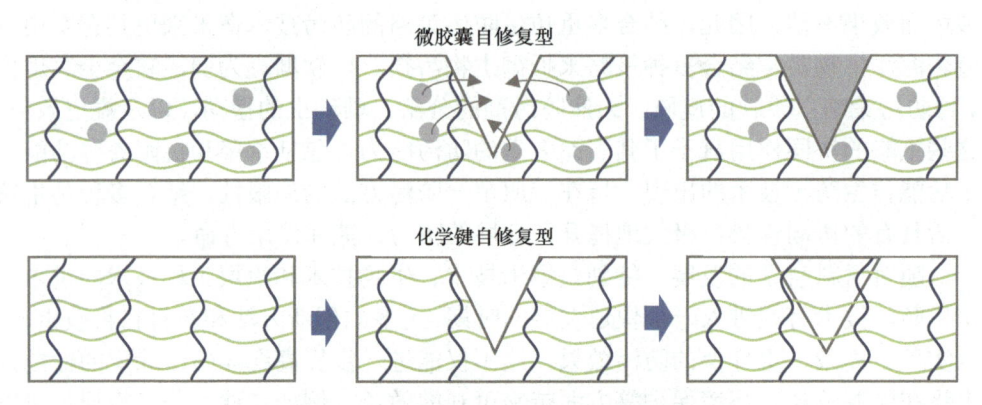

图 4-22　自修复防污涂层的自修复机制

2. 研究现状

自修复防污涂层通常分为两大类，主要用于修复不同程度的表面损伤。第一类的目的是使材料具有柔韧性，这样在出现小的划痕时，切口两侧的材料可以再次接触，从而修复划痕。这种方便快捷的修复方法可以防止划痕处产生污垢。此外，修复划痕还能使防污性能得到恢复。第二类是更大尺度的损坏，在这种情况下，构成表面的部分材料实际上已经丧失（如在磨损时，薄薄的一层被切掉）。在这种情况下，仅靠分子尺度上的柔韧性是不够的，还需要通过表面重组对表面进行全面改造。与其注重快速修复，不如优先考虑机械强度，并在材料损失的情况下保证表面功能。

（1）表面自更新型

在过去的十年中，一种名为"自补强"的自主内在自修复策略可使防污涂层表面功能得以再生。研究人员报告了一种自修复涂层，该涂层由基于聚二甲基硅氧烷的聚脲和少量有机防污剂（4,5-二氯-2-正辛基-4-异噻唑啉-3-酮）组成。由于分子链段流动性较高，该涂层受损后在室温下具有自修复性能，且可以在更高的温度下促进这种恢复。另外，该涂层防污剂的释放速率几乎是恒定的，可以通过调节防污剂含量来实现长效防污。此类涂层良好的分子链段流动性虽然可实现自愈，但其力学性能较差，无法实现工业化应用。

此外，基于 SLIPS 的自修复防污涂层也在近年来受到了广泛关注。SLIPS 技术的核心在于通过在多孔表面浸润一层低表面能的液体，形成一种超滑的表面，从而有效降低污损生物的附着。同时，当其表面受到损伤（如划伤、磨损）或污染时，润滑液的流动性导致液体重新分布，填补损伤区域，从而恢复涂层的完整性和功能。但在流体剪切作用下，润滑液损失问题限制了其在实际海洋防污中的应用。有研究人员受到孔雀草有毒黏液自卫功能的启发，制备了一种基于可逆化学键和香豆素抗菌作用的 SLIPS，通过响应自适应的润滑性和耐久性解决了这些缺点。该 SLIPS 通过香豆素的可逆光二聚作用实现润滑液和基质之间的"锁定"和"解锁"模式。润滑液与基材的可逆化学键减少了润滑液的损失，增强了润滑液的稳定性和防污持久性。

（2）表面自愈合型

对于自修复防污涂层，在磨损或化学降解损伤后，会重新生成原来的表面化学成分。因此，自修复指的是表面成分和功能的恢复，而不是形状等的恢复，因为材料的损失会阻碍结构的完全恢复。这种功能和形状的恢复对于微米级划痕或裂纹的修复至关重要。这种损坏在视觉上很难察觉，但会导致微观损坏区域功能的丧失。污染物很容易滞留在这些划痕/裂缝中，导致进一步的损坏。

基于动态键的自愈合防污涂层是一种通过动态化学键实现自我修复功能的智能涂层材料，其分子内的动态键在特定条件下能够断裂和重组。当涂层受到机械损伤时，动态键会断裂，但由于其可逆性，分子链能够重新排列并重组，从而修复受损区域。例如，已有研究报道利用锌离子和杂化分子之间的配位键交联制备一种新型 PDMS 防污涂层。与 PDMS 弹性体相比，这种改性的 PDMS 仍然具有较低的表面能，而且金属配位使其交联可逆，因此在室温下在空气或人造海水中表现出良好的自愈性。目前，为了提高涂层的自修复速率，已有研究人员通过光热、磁热、电热等方式作为防污涂层的刺激手段。例如，研究人员通过将石墨烯等具有光热转化能力的纳米片引入到防污涂层中，通过施加光照即可在几分钟内甚至几十秒内实现自修复，而且石墨烯纳米片等光热材料也具有杀菌效果，可进一步增强涂层的防污性能。

微纳米级划痕也可以通过内部存储修复试剂来修复，这种试剂可以流入受损区域，聚合固化后修复损伤。例如，研究人员通过将微胶囊与纳米 SiO_2 颗粒一起填充在氟化聚二甲基硅氧烷制备了一种复合涂层。当涂层破损微胶囊破裂后流出的异佛尔酮二异氰酸酯（IPDI）核在 65℃下与氨基甲酸酯键中的活性氢发生快速交联反应，从而实现快速自愈。另外，涂层中的微胶囊和纳米 SiO_2 形成的微纳米双尺度表面，实现了涂层优异的防污性能，达到一箭双雕的效果。

3. 优势及挑战

自修复防污涂层具有良好的发展前景，在未来的发展应朝智能化、多功能化和绿色环保方向推进，逐步提高其应用价值。在智能化设计方面，未来的涂层将更具响应性，能够根据环境因素，如温度、湿度和 pH 的变化自动调节其修复机制，以适应复杂多变的应用环境。这种智能自适应能力不仅可以提高材料的实际使用寿命，还能降低维护成本。多功能性的发展趋势将使此类涂层不仅限于防污和自修复功能，还可以实现防腐和光催化降解污染物等多种额外功能。这种综合性能的提升将拓宽其在诸多行业中的应用范围，并为不同场景提供定制化的解决方案。与此同时，随着全球对环保要求的提高，未来研究将聚焦于开发兼具高效能和环保性的自修复涂层。使用无毒、可降解或可再生的材料来制造这些涂层，将有助于减轻其对环境的潜在影响。

此外，实现大规模生产并降低成本是实现商业化应用的关键。因此，简化合成和制备工艺以实现经济高效的大规模应用，将成为研究重点之一。为了满足长期使用的严格要求，增强涂层的持久性和耐久性也是一大挑战。这包括提高涂层的耐候性、耐磨性和耐化学腐蚀性，以确保其在恶劣环境中仍能保持良好的性能。值得关注的是，新材料的探索和应用将引领涂层技术创新的方向。特别是纳米材料和生物基材料，因其独特的物理化学性质可显著提高涂层性能，增强其在实际应用中的效率和可靠性。综上所述，未来自修复防污涂层将在智能设计、多功能集成和环保特性方面取得重要进展，这将极大地提升其市场竞争力和应用价值。

4.1.8 防污防腐一体化涂层

1. 基本概念

防污防腐一体化涂层是一种结合了防污和防腐功能的特种涂层，广泛应用于海洋及工业设施中，以保护金属或其他材料表面免受腐蚀和生物附着的双重影响。这种涂层的基本工作机制包括几个方面：首先，其防腐性能通常通过在涂层中加入耐腐蚀树脂或金属氧化物等成分，形成一道有效的物理屏障，隔绝水分、氧气和其他腐蚀性物质，从而减少或延缓腐蚀的发生。其次，防污性能主要依托涂层中含有的活性物质或微结构，能够抑制或减少海洋生物，如藻类、贝类等在表面的附着。这些活性物质可以是生物毒性化合物或基于纳米技术的表面改性剂，以达到长效的生物抗附着效果。总之，通过将这两项功能结合，防污防腐一体化涂层能够显著降低维护成本和延长设施的使用寿命。

2. 研究现状

近年来，防污防腐涂层的研究在材料科学和应用工程领域取得了显著的进展，涵盖了多种新型材料和机理（图 4-23）。这些涂层被设计用来对抗恶劣环境中金属、合金及其他材料表面的污损和腐蚀，应用范围广泛。

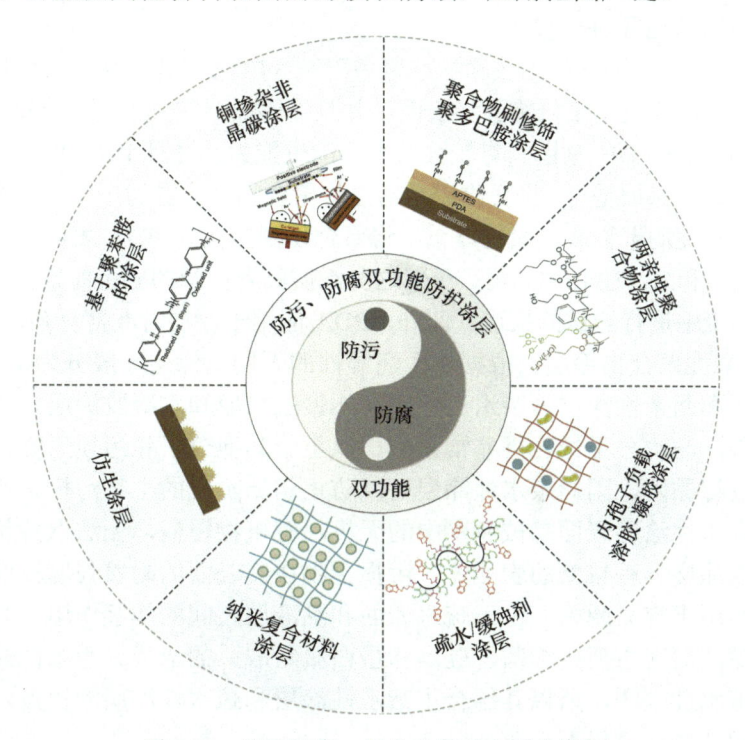

图 4-23 防污防腐一体化涂层的主要分类[16]

1）基于聚苯胺的涂层：聚苯胺（PANI）是一种由还原和氧化单元组成的导电聚合物。由于其独特的电化学性能和优异的稳定性，PANI 被广泛应用于海洋防腐领域。聚苯胺的防腐机制仍然存在争议，报道的防腐机制有阳极保护、阴极分离、缓蚀剂释放、隔离和电场效应等。由于其氧化还原活性、电荷转移能力和 N$^+$ 基团的存在，聚苯胺可以与细菌细胞壁相互作用，引起细菌氧化应激，从而导致细菌死亡。然而，聚苯胺在 pH>3 的环境中很容易脱掺杂，这大大降低了其抗菌性能。为了弥补这一缺陷，将防污材料（如有机抗菌剂、纳米抗菌材料和抗菌环氧树脂等）与聚苯胺结合可获得防污、防腐功能，但这些涂层存在产量低、长效性差的问题。

2）铜掺杂非晶碳涂层：非晶碳（amorphous carbon），也称为无定形碳，是一种碳的同素异形体，其原子结构呈现出无序的特点。依据非晶碳中 sp2 和 sp3 键的含量，非晶碳可分为类石墨碳（GLC）和类金刚石碳（DLC）。由于其低摩擦系数、化学惰性、生物相容性和优异的耐腐蚀性，这些涂层在海洋防腐应用中具有巨大的潜力。Cu 离子具有优秀的抗菌活性，可以作为掺杂剂修饰非晶碳以增强其防污能力。通常使用磁控溅射、等离子体增强化学气相沉积、电弧喷涂等技术进行 Cu 掺杂 GLC 或 DLC，这些技术获得的涂层非常致密和平整，然而对于大型和特殊的异型管道内壁的喷涂较为困难。此外，由于这种涂层含有 Cu 离子，其对环境的风险还需进一步评估。

3）聚合物刷修饰聚多巴胺涂层：聚多巴胺（PDA）是一种受贻贝黏蛋白启发的聚合物，已被广泛用于修饰各种表面，并且能够黏附在几乎所有类型的基材上。PDA 中的儿茶酚—OH 基团具有较强的金属配位能力，并且 PDA 均匀致密，可以作为防腐屏障来保护基材。聚合物刷是通过将聚合物分子链的一端接枝到目标界面而形成的高密度均聚物或共聚物体系，将聚合物刷接枝到 PDA 表面可有效地抑制蛋白质、细菌和海洋生物的黏附。虽然这类涂层具有广阔的应用前景，但目前还没有在海洋环境中进行测试的报道。此外，PDA 应用于涂层时非常复杂，成本较高。

4）两亲性聚合物涂层：根据表面润湿性的不同，涂层一般分为亲水性涂层、疏水性涂层和两亲性涂层。亲水性涂层（如聚乙二醇和水凝胶涂层）在表面形成一个水化层，与水分子结合得非常紧密，以至于其他分子和污损生物无法取代这些水分子进行黏附，因此亲水性涂层可以防止初始阶段的生物污损。在海洋环境测试中，亲水性涂层表面易被海水中的无机、有机物覆盖，无法保持长效防污能力。疏水性涂层具有较低的表面能，污损生物在其表面的附着强度较低，在水流等剪切力作用下容易脱附，由于疏水表面和黏液层之间的相互作用，其不能阻止污损生物黏液层（主要由细菌、硅藻和蛋白质组成）的形成。两亲性涂层含有亲水基团和疏水性基团，所以其结合了亲水性涂层和疏水性涂层的优点，但该类涂层的优化和性能评估仍不完善。

5）内孢子负载溶胶-凝胶涂层：有机-无机杂化溶胶-凝胶涂层是传统涂层和有毒涂层的理想替代品，它们具有良好的相容性和屏障性能，可以进一步改性以提高其化学稳定性、黏附强度和疏水性。此外，溶胶-凝胶基体中的胶体孔隙可以作为包裹细胞、细菌内孢子和缓蚀剂（腐蚀抑制剂）的容器，从而增强其防污和防腐性能。这类涂层的防污和防腐性能是通过细菌内孢子和缓蚀剂的组合来实现的，但研究表明缓蚀剂的引入会损坏内孢子的活性，从而影响其防污性能，因此其影响程度需要进一步研究。

6）疏水/缓蚀剂涂层：疏水涂层可以依靠其低表面能降低污损生物的附着力，因此可以结合缓蚀剂的优势来获得防污、防腐双功能。例如，由氟硅共聚物（FSiAC）和氧化石墨烯（GO）组成的疏水涂层，对小球藻的抑制率为 97%，且具有良好的防腐性能。然而，这种疏水涂层通常表现出较低的表面能，导致它们在金属基底表面的附着力较低，容易脱落、开裂、起泡。

7）纳米复合材料涂层：纳米材料具有常规材料无法比拟的优势。一些纳米材料（如氧化锌 ZnO）具有抗菌活性或光催化活性，从而可以抑制污损生物的生长和附着；一些纳米材料（如石墨烯），由于其屏障作用和润滑作用，具有优秀耐腐蚀性能。在传统涂层中加入这些纳米材料可以有效地提高其防污、防腐性能。此外，纳米材料的引入可以改变涂层的表面粗糙度和润湿性，通过优化设计，可以进一步降低污损生物的附着。Arukalam 等将 ZnO 和聚二甲基硅氧烷（PDMS）复合，采用全氟癸基三氯硅烷（FDTS）进一步改性，结果表明获得的涂层具有优秀的防污、防腐性能。

8）仿生涂层：仿生涂层即受自然界中生物防污、防腐等策略启发的涂层。仿生防污、防腐涂层主要包括仿生超疏水涂层和仿生超光滑表面涂层（SLIPS）。超疏水表面是指表面水接触角大于 150°的表面，具有代表性的超疏水表面是荷叶，水滴在表面呈球状且易滚动，从而表现出自清洁能力，这种特性的根源在于荷叶表面的微纳结构和疏水性蜡质，使得荷叶表面与水滴界面间存在一层空气气垫，这层气垫不仅可以隔离污损生物，也隔离了液体中的腐蚀离子，从而呈现出防污、防腐性能。猪笼草捕虫瓶的瓶口非常光滑，昆虫极易落入瓶内，进而被猪笼草消化，这种光滑的特性在于捕虫瓶瓶口上存在的多孔微结构和润滑液。受这一现象的启发，将润滑液注入多孔表面可获得仿生超光滑表面。润滑液作为一层物理屏障，可阻止污损生物的穿透和附着，同时阻止腐蚀性介质的进入，从而具备防污、防腐功能。然而，在外力作用下，仿生超疏水表面的微纳结构极易产生应力集中，造成微纳结构破损，因此超疏水表面的力学性能和长效性较差。对于仿生超光滑表面，在流体的剪切力作用下，其表面的润滑液极易流失，因而寿命较短。

3. 优势及挑战

一体化涂层施工简便，通过一种涂层实现双重功能，在多种领域都具有重要的应用潜力。通过优化材料选择和涂层设计，结合新技术的应用，可以进一步提高这些涂层的防护性能和耐久性，同时兼顾环境友好性和经济适用性。未来的研究应聚焦于提高涂层的综合性能，并确保其在多变海洋环境中能长期有效地保护基材。

4.2 非涂层类防污技术

4.2.1 船舶结构设计优化防污技术

在船舶设计中，船体流线型设计和表面纹理设计是提高航行效率和减少生物污损附着的主要策略。

1. 船体流线型设计

通过优化船体形状来改善船舶在水中的流体动力学特性，以达到减少阻力和提高推进效率的目的（图 4-24）。在流线型设计中，首先考虑的是减少船体表面的湍流和水流停滞区。船体设计中任何不光滑的表面、锐角或突出的棱边都可能导致水流分离，形成涡流和负压区。这些区域往往成为污损生物附着的理想环境，因为水流缓慢提供了它们附着和生长的条件。因此，船体的曲线设计需要特别注意，确保水流能够平滑流过各个表面区域，尤其是船首和船尾的过渡区域。这些部位的曲率应尽可能优化，以促使水流平稳过渡。同时，通过减少湿表面积来降低生物附着的可能性也是流线型设计重点关注的方面。设计优化可以通过计算流体动力学模拟和模型试验来评估不同形状的性能，选择在阻力、操控性和防污方面均表现良好的设计方案。

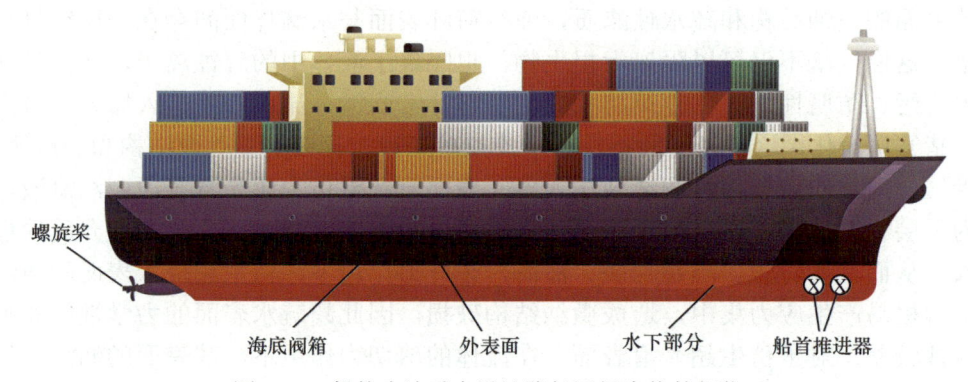

图 4-24 船体应该重点设计降低污损生物的部位

2. 表面纹理设计

这是一种以纳米技术和仿生学为基础，通过调整表面物理特性来预防生物附着的革新方法。这种设计策略的灵感来源于自然界，特别是某些生物在进化过程中形成的自清洁表面特征。鲨鱼皮肤就是一个经典的例子，其表面拥有微米级的"V"形鳞片，可以减少阻力和防止微生物附着。船舶表面可以通过类似的微结构设计来达到防污效果。在这些设计中，表面微结构能降低微生物的附着。除了仿生设计，超疏水表面也是一种有效的设计手段，通过设计具有高接触角、可自清洁的表面，使水珠滚动时能够带走表面污染物和附着的微生物。超疏水性可以通过涂覆特定的材料涂层或直接在材料表面制造微纳结构来实现。此外，动态表面技术也是新兴的研究方向，通过外部刺激（如温度、电化学、磁场）改变表面特性，主动减弱生物的附着。这些微结构和表面改性技术不仅提高了防污性能，在长期操作中还能显著降低维护和清理的频率和成本。总之，结合流线型设计和表面微结构优化的双重策略,能够在最大程度上提升船舶的工作效率,并减少由于生物附着引起的经济损失和环保问题。

4.2.2 船舶清洗技术

船舶在长时间航行和停靠过程中,船体表面通常会附着海洋生物,如贝类、藻类及其他微生物群落。这些生物会显著增加船舶的阻力,使得燃油消耗显著上升,从而增加运营成本。同时,生物附着还会加速船体的腐蚀。因此,开发和应用有效的防污和清洗技术对维持船舶的高效运营至关重要。船舶清洗技术种类多样(图4-25),本小节主要介绍一些经常使用的技术。

图 4-25 船舶清洗技术
(a) 刷洗;(b) 高压水枪清洗;(c) ECA 清洗机器人;(d) Fleet Cleaner Robot 清洗机器人

1. 刷洗

刷洗清洗是应用最广泛的船舶清洁方法之一,通常是在船舶进坞后进行。这一方法使用手动或机械刷子清洁船体,去除表面的污垢和附着生物。刷洗的优点在于它能够物理地去除相对顽固的附着物。然而,这种方式具有劳动密集型的特点,需要大量的人力和时间。在某些情况下,机械化的刷洗工具也被用来增加效率。这些刷子配置在可移动的平台上,以便更快地覆盖船体较大的表面积。然而,刷洗容易对船体的防污涂层造成损伤，特别是在不适当操作的情况下。因此，刷洗通常需要经验丰富的操作人员来执行，以避免损伤涂层。

相对于传统刷洗技术，软工具清洁使用更为柔软和温和的工具，如海绵、柔性刷等，以最大限度降低对防污涂层的物理损伤。此类方法特别适用于易受到机械磨损作用的涂层体系，典型代表如低摩擦涂层。软工具清洁主要在港口进行，不需船舶进坞，其灵活性大大提高了船舶维护的便利性。由于这种方法不损伤船体表面，能有效延长防污涂层的使用寿命。

2. 高压水枪清洗

高压水枪依靠高速水射流产生的冲击力去除船体表面生物污损，具有良好的清洁效果。可以人工进行，也可以使用自动的设备进行，如 HullWiper 清洗技术以水为介质进行船体清洗，在船体上喷射高达 50～450bar[①]的高压水，清洗速度可达 1500m²/h。磁性船体爬行器 Cybernetix 是一种远程操作系统，专门用于船舶、海上浮式装置和海上油气行业的检查、清洁和维护。磁性船体爬行器可产生 1000bar 的高压射流，具有不同的射流开口和攻角。

3. 清洗机器人

清洗机器人在海洋防污技术中的应用是近年来的一项重要创新，它为维护船只和海上设施的清洁提供了高效、智能和环保的解决方案。随着全球海洋运输业的不断发展，海洋生物附着成为一个不容忽视的问题，因为这些生物不仅会增加船舶的水阻力，导致燃料消耗增加，还可能损坏船体。传统的防污方法主要依赖于含有有毒物质的防污涂层，这些化学物质可能对海洋环境造成进一步的污染。因此，清洗机器人技术作为一种环保的替代方案，越来越受到重视。

清洗机器人，顾名思义，是专门设计用于清理海洋设施表面的自动化设备。这些机器人通常由高科技材料制成，具有耐腐蚀和耐压的特点，能够在复杂的海洋环境中稳定运行。它们配备了先进的传感器和导航系统，可以自主地在船体或者海上设施的表面移动，实时检测和清理各类污染物。从工作原理来看，清洗机器人主要依靠机械方式去除附着在船体和设施表面的生物污损。这些机器人通常配备有旋转刷、喷水器、高压水枪，以及吸附装置，用来清除表面的藻类、贝壳和其他寄生生物。例如，机器人可以使用高压水射流精确地清洗船体，把附着物冲入海水，同时确保不损坏船体表面。与化学方法不同，这种物理清洗不会留下有害残留物，因而更加环保。此外，清洗机器人的智能化设计使其能够高效自主运行。通过搭载高精度传感器，机器人能够实时扫描和绘制被清理表面的三维地图，根据污损情况调整

---

① 1bar=10⁵Pa，下同。

清理策略。借助人工智能技术，机器人可以学习和优化路线，提高清理效率。

　　清洗机器人通常配备有远程监控系统，操作人员可以通过卫星或无线通信实时监测和控制机器人的工作。这不仅提高了操作的便捷性，还能确保在各类海况下的工作安全性。此外，清洗机器人在成本和效益方面有着显著的优势。尽管初始的采购及安装成本较高，但考虑到长期的运行和维护，清洗机器人可以显著降低总体费用。由于机器人能够定期自动清理，可以防止附着物的长期积累，从而降低了船只在船坞中进行大规模维护的频率和成本。通过保持船体的清洁状态，还可以明显减少燃油消耗，据统计，清洁的船体可以降低多达10%的燃料消耗，从而节省巨大的运营成本。此外，清洗机器人在应用范围和环境适应性方面展现出强大的发展潜力。目前，这种技术不仅应用于商用货船和油轮，也在游艇、海上风电设备、海洋平台等领域逐步推广。其卓越的适应性使得其在不同类型和规模的作业中都能发挥作用，不仅提高了效率，还大幅减少了人工投入。

　　然而，尽管清洗机器人具有诸多优势，其发展和普及仍然面临一些挑战。技术层面上，这些机器人需要克服复杂海况下的稳定性问题，包括强流、风浪及深海压力等。对于更加精密的传感和清洗系统的要求，也使得技术革新成为必要。而从监管和标准化方面，如何制定统一的行业标准来保证设备的安全性和环保性，也是亟待解决的问题。

　　在未来，清洗机器人将朝着更加智能与集成的方向发展。一方面，随着人工智能与大数据技术的不断发展，清洗机器人将能够进行更加精细化的操作，自动调整清理策略，提高工作效率和质量。另一方面，与其他海洋监测或维护设备的融合，使得它们在完成清洗任务的同时，也能承担起更多如检测、维修任务，将会是值得探索的领域。此外，探索使用可再生能源，如太阳能或潮汐能为其提供动力，也将是未来环保化发展的趋势。

　　船舶维护方案通常采用组合策略实现经济性与操作效率的双重优化。例如，一个经济上有效的维护方案可能涉及在水中主动清洗船体以控污，然后再定期（如一年两次）做全面的软工具清洁，每隔几年进行一次彻底喷砂以除去坚固的附着物和旧的防污涂层。这种组合方案不仅可以降低日常的燃油消耗，还可以减少由于生物附着引起的弯曲以及其他可能的结构损伤。这种维护策略可以显著增加船舶的使用寿命，并大大降低运营成本。

4.2.3　超声波防污技术

1. 工作机理

　　超声波海洋防污技术是一种新型环保技术，通过使用高频声波来防止海洋生物附着在船体、海上平台和其他海洋设施上。传统方法通常依赖化学防污涂层，这些涂层会释放有毒物质，对海洋生态系统产生负面影响。超声波技术则利用声波的机械振动特性，不使用有害化学品，从而提供了一种可持续的防污解决方案。

超声波防污的工作原理是在结构表面安装超声波发射器，通过这些发射器发出高频声波（通常在 20~200kHz 范围内）。声波在固体材料中传播，产生微小的振动。这种振动有效地干扰早期微生物被膜和海洋生物附着的过程，阻止其在表面定殖。具体来说，超声波可以扰乱细菌的黏附和生物被膜的形成，同时也会影响藻类和贝类的附着，因为这些生物依赖稳定的表面来生长。

图 4-26 显示了超声波能量对藻类和细菌的影响。超声波空化导致藻类和细菌的细胞壁解体，使其变成惰性颗粒，阻止其继续生长。在超声波防污中使用的能量足以在船体附近产生这种效果。

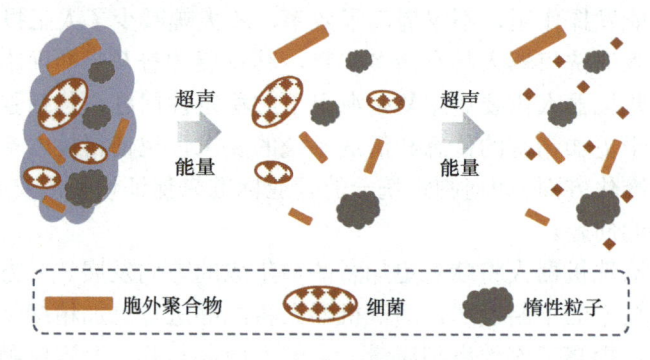

图 4-26　超声波清洗机理

2. 优势及挑战

这种技术的优势显而易见，环保性是其最大优势之一，因为它不依赖化学药剂，不会有毒素泄漏的风险。使用超声波技术可以减少船体表面的附着物，从而降低航行阻力。这不仅提高了燃料效率，还减少了二氧化碳排放，符合可持续发展的方向。此外，这种技术还可以减少维护成本和频率，因为使用声波振动减少了生物附着，使得清洗和维修更加容易。然而，超声波海洋防污技术也面临一些挑战。首先是能耗问题，超声波系统需要持续的电力供应，这在大规模应用中尤其明显。其次，安装和维护初始设备的成本也较高，尤其是对于大型商用船舶和复杂的海洋设施。在技术层面，不同种类的海洋生物对超声波的反应可能不同，需要定制频率和能量参数以达到最佳效果。同时，超声波对其他非目标生物的潜在影响仍需进一步研究，以确保对生态环境的负面影响最小化。

为解决这些挑战，未来的发展可能集中于提高能量效率和系统集成，优化超声波设备以减少能源消耗，并探索与其他船舶系统的整合以实现自动化控制。

此外，需持续评估当前技术的经济效益，综合考虑长期维护成本和服务寿命，以推动技术推广与应用。随着技术的不断优化，超声波海洋防污技术有望在更多领域中得到广泛应用，成为海洋工业中更安全和更清洁的选择。通过不断的研究和创新，这一技术将更加成熟，并对减少海洋污染和保护海洋生态系统作出更大贡献。

4.2.4 直接化学加药技术

1. 防污机理

直接化学加药是指将化学药剂直接应用于暴露在海洋环境中的表面，如船体、海上结构和水下设备，其目的是防止海洋生物（如藤壶、藻类和软体动物）的附着和生长，从而避免生物污损。常用防污化学药剂主要包括三类：铜基化合物、生物杀灭剂和抗菌剂。其中，铜基化合物因能有效抑制多种生物附着，长期以来被广泛应用于船舶防污领域。然而，铜基化合物在防污应用中的环境毒性问题已引发关注，其可能造成的生态影响正促使相关使用受到日益严格的监管限制。生物杀灭剂和抗菌剂，如抑菌灵、Irgarol 1051 和对甲抑菌灵等化学物质被用于抑制生物污损的形成，这些化学药剂通过影响污损生物的正常生理活动或干扰它们的附着过程来发挥作用。为了应对环境问题，现在的研究正转向更环保的化学替代品，如精油（如肉桂油或丁香油）和天然物质。

在小型设备防污作业中，通常采用人工施加工艺，包括喷雾涂布、刷涂处理或表面浸渍等直接接触式方法。而大型船舶则需要配置智能化防污剂投加系统，这类船体集成式释放装置能够依据航行工况，在预设时空节点向生物附着界面自动输送精准剂量活性组分。

2. 优势及挑战

直接化学加药可以精确控制化学药剂的用量和应用位置，从而减少浪费，减少对非目标海洋生物的影响。在某些情况下，此方法能提供即时保护，特别是在涂层容易磨损或难以定期维护的地方。该技术可与其他防污技术（如涂层或机械清洁系统）结合使用，可提供更高效的防护效果。尽管可以更精确地控制投药量，但当管理不当时，直接化学投药仍可能对环境造成污染。生物杀灭剂可能会对非目标生物造成伤害或破坏当地生态系统。许多国家和地区对化学防污剂的使用进行监管，遵守这些法规对于确保可持续性并避免处罚至关重要。持续的化学加药系统可能需要较高的设备、监控和化学品补充成本。对于大型船队或在长期运营的情况下，这可能带来较大的经济负担。

直接化学加药仍然是对抗海洋生物污损的有效解决方案，但其实施需要精心管理，以平衡效果与环境责任。传感器和人工智能技术的新发展可能使得投药系统能够根据环境条件、污损压力和船只活动动态调整，从而优化所用化学药剂的量。未来将化学加药与其他防污技术（如先进涂层和物理清洁方法）结合，有望提供一种更全面、更可持续的生物污损管理方案。

4.2.5 阳极铜防污系统

1. 防污机理

阳极铜系统作为一种创新的海洋防污技术，其核心原理是利用电化学反应产生 Cu 离子来阻止海洋生物的附着（图 4-27），从而保护船舶和水下结构。随着全球对海洋环境保护意识的提高，阳极铜系统逐渐受到重视，并被广泛应用于各类船舶和海洋平台上。阳极铜系统的工作原理基于阴极保护原理。在海洋环境中，金属结构（如船体、海洋平台）极易受到海水中溶解氧、盐分和腐蚀性物质的影响，从而发生腐蚀。腐蚀现象不仅会导致金属强度下降，还可能引发安全隐患和经济损失。阳极铜系统通过提供一个有效的电化学环境，减缓或抗衡这些不利因素的影响。在该系统中，阳极（通常由铜或铜合金制成）安装在金属结构的表面，通过外部电源形成一个电流，让阳极向阴极提供电子，从而防止阴极的金属材料因氧化反应而遭受腐蚀。具体来说，阳极材料在电流作用下，会发生阳极溶解，释放出阳离子，同时阴极的金属表面则吸收电子，形成负电位，阻止了金属内部的氧化反应。这种方式不仅防止了金属的腐蚀，还能通过改变表面电势，向水环境释放 Cu 离子，从而抑制海洋生物的附着。

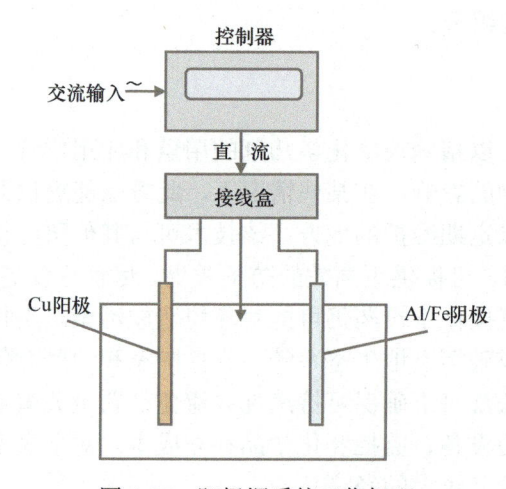

图 4-27 阳极铜系统工作机理

2. 优势及挑战

阳极铜系统的优势在于其环保性、经济性和有效性。与传统防污涂层相比，阳极铜产生 Cu 离子的速率可控，对海洋生态环境相对友好，避免了对海洋生物的杀伤。在经济性方面，尽管阳极铜系统的初始投入可能相对较高，但其通过有效防腐和减少生物附着，降低了船舶和设施的维护频率和费用，整体经济效益显著。海洋结构，如油气平台和海上风电机组，若采用阳极铜系统，可大幅延长其使用寿命，降低运行成本。

此外，阳极铜系统适用性广泛，可以应用于各类海洋结构，包括游艇、商船、渔船及海洋牧场等。其布局灵活，能够适应不同类型和规模的设备。对于商船，阳极铜系统的应用不仅有助于保持船体清洁，减少生物附着带来的航行阻力，还能提升燃油效率，降低航行成本。在海洋平台方面，阳极铜系统的使用不仅能够防止生物污损对设备的影响，同时降低了维修的复杂性和风险。

阳极铜系统在实际应用中还面临一些挑战。阳极铜的效能会因海水环境的变化而受到影响，不同水域的盐度、温度和水流速度都可能影响系统的运行效率。因此，设计和安装阳极铜系统时，需考虑具体的海洋环境，进行相应的优化和调整。此外，阳极需要定期检查和更换，以保证系统的持久性和有效运行。虽然阳极铜系统维护相对简单，但仍需对材料的磨损情况进行监测，以预防潜在的故障。

4.2.6 电氯化防污技术

1. 防污机理

电氯化（electrochlorination）作为一种成熟的水处理技术，其通过电解过程将氯离子转化为氯气（图 4-28），广泛应用于饮用水消毒、游泳池水消毒、废水处理及工业用水消毒等领域。现今，随着海洋环境保护意识的不断提升，电氯化技术在海洋防污中的应用前景也逐渐受到关注。电氯化技术的基本原理是电解反应，通常在含有氯化物离子的水溶液中进行。在电解池中，氯离子（一般为氯化钠或氯化钙）溶解于水，通过电流的施加，引发电解反应。阳极上的氯离子在电流作用下失去电子，转化为气体氯（Cl_2），阴极则发生水的还原反应，释放氢气（H_2）并产生氢氧根离子（OH^-）。这一过程不仅实现了水的消毒，还具有潜在的防污效果。生成的氯气溶解于水后生成次氯酸（HClO）和次氯酸根离子（ClO^-），这些物质具有强大的杀菌和抑菌作用，可有效杀灭水中的微生物，为局部环境提供了一个相对无菌的条件，从而抑制了海洋污损生物（如藻类、贝类、藤壶等）的附着。

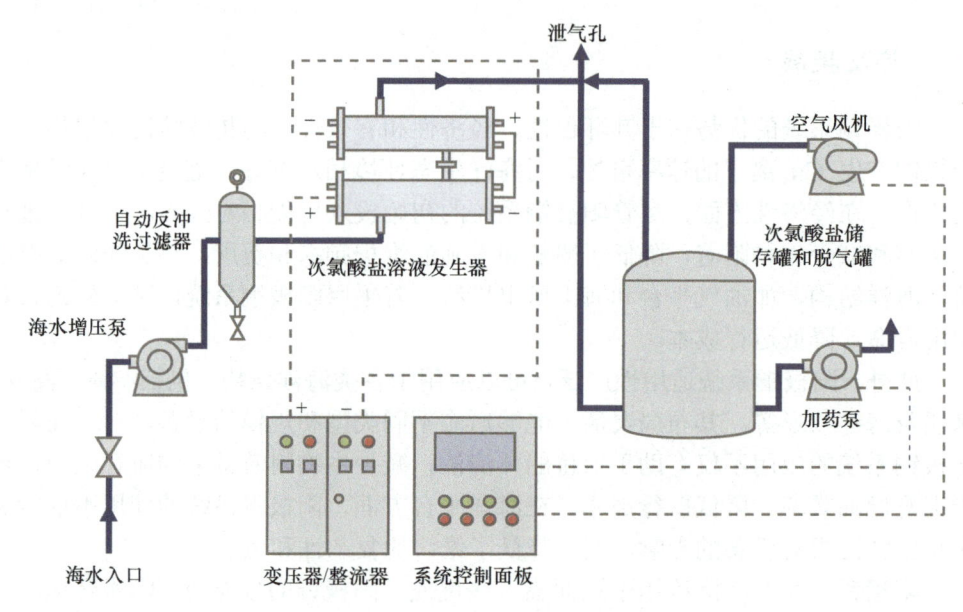

图 4-28 电氯化防污系统原理图

阳极生成游离氯：
$$2\,Cl^- \longrightarrow Cl_2 + 2e^-$$

氢在阴极析出，形成相应的氢氧根离子：
$$2\,H_2O + 2e^- \longrightarrow H_2 + 2OH^-$$

整个电化学反应是：
$$2\,Cl^- + 2\,H_2O \longrightarrow Cl_2 + H_2 + 2OH^-$$

然后氯和羟基离子发生化学反应，产生次氯酸盐和氯化物：
$$2OH^- + Cl_2 \longrightarrow ClO^- + Cl^- + H_2O$$

上述整个化学反应可以表示为：
$$2NaOH + Cl_2 \longrightarrow NaClO + NaCl + H_2O$$

传统防污方法，如机械清除、化学涂层和生物防污剂存在环保性差、效率低、成本负担重等问题，电氯化技术的引入为解决这一难题提供了新思路。在海洋设施，如船舶、海洋平台和海底管道中，电氯化技术可以现场生成氯，消除了传统氯气运输和储存的潜在风险，同时提高了操作的安全性。此外，电氯化产生的氯气能快速溶解于水中，形成次氯酸和次氯酸盐，这些物质对许多微生物具有抑制作用，减少了生物被膜的形成，从而达到了防污的目的。

2. 优势及挑战

电氯化技术在海洋防污中的主要优势在于其环保性、高效性和自动化操作。相对于传统化学防污方法，电氯化无需使用有毒有害的化学药剂，副产品产生少，对海洋生态系统的负面影响较小。电氯化技术能快速生成高浓度的有效氯，防污效果显著，减少了船舶和设施的维护频率和成本。此外，电氯化系统可以结合先进的监控技术和自动化控制系统，实现实时数据的收集和调控，极大提高了操作的灵活性和便捷性。然而，电氯化技术在海洋防污领域仍面临一些技术和环境挑战。电氯化技术需要持续的电力供应，这在水下设施中可能增加成本和复杂性。电氯化过程中产生的氯气及其副产品需要在实践中严格控制，确保其不会对海洋生态系统造成不良影响。此外，电氯化技术的适用性和耐久性需要在水下环境中长期测试，保证在不同海洋条件下仍然具备稳定和高效的性能。

电氯化技术在海洋防污领域中的发展演进主要聚焦新材料研发、多重技术结合和智能监控。新型电极材料的研究，能够提高电极的耐腐蚀性和电解效率，增强系统的长期稳定性和使用寿命。例如，利用石墨烯、钛氧化物等高性能材料，可以有效减少电极的腐蚀，提高电氯化的效率。此外，结合超声波、光催化防污等其他防污技术，形成多技术集成的防护体系，提升整体防污效果。智能监控技术的应用，则能通过实时环境数据分析，动态调整电氯化过程，确保系统的稳定和高效运行，实现更精细化的管理。

电氯化技术凭借其高效的防污特性和环保优势，在海洋防污领域展现出巨大的应用潜力。通过不断的技术创新，电氯化技术有望在保护海洋生态环境、延长海洋设施使用寿命和降低维护成本等方面发挥重要作用，为推动海洋经济的可持续发展作出积极贡献。随着科学技术的发展，电氯化技术将持续优化，进一步扩展其应用领域，为全球海洋环境保护和生态平衡维护提供强有力的支撑。

参 考 文 献

[1] YANG W, ZHANG R, WU Y, et al. Enhancement of graft density and chain length of hydrophilic polymer brush for effective marine antifouling[J]. Journal of Applied Polymer Science, 2018, 135(22): 46232.

[2] YANG W, LIN P, CHENG D, et al. Contribution of charges in polyvinyl alcohol networks to marine antifouling[J]. ACS Applied Materials & Interfaces, 2017, 9(21): 18295-18304.

[3] YEE M S-L, KHIEW P S, LIM S S, et al. Enhanced marine antifouling performance of silver-titania nanotube composites from hydrothermal processing[J]. Colloids and Surfaces A: Physicochemical and Engineering Aspects, 2017, 520: 701-711.

[4] LU G, TIAN S, LI J, et al. Fabrication of bio-based amphiphilic hydrogel coating with excellent antifouling and mechanical properties[J]. Chemical Engineering Journal, 2021, 409: 128134.

[5] KOSCHITZKI F, WANKA R, SOBOTA L, et al. Amphiphilic zwitterionic acrylate/methacrylate copolymers for marine fouling-release coatings[J]. Langmuir, 2021, 37(18): 5591-5600.

[6] ZHU Z, KANG W, SARSENBEKULY B, et al. Preparation and solution performance for the amphiphilic polymers with different hydrophobic groups[J]. Journal of Applied Polymer Science, 2017, 134(20): 44744.

[7] RAMEZANZADEH M, RAMEZANZADEH B, MAHDAVIAN M, et al. Development of

metal-organic framework (MOF) decorated graphene oxide nanoplatforms for anti-corrosion epoxy coatings[J]. Carbon, 2020, 161: 231-251.
[8] SELIM M S, EL-SAFTY S A, EL-SOCKARY M A, et al. Modeling of spherical silver nanoparticles in silicone-based nanocomposites for marine antifouling[J]. RSC Advances, 2015, 5(78): 63175-63185.
[9] EL SAEED A M, ABD EL-FATTAH M, AZZAM A M, et al. Synthesis of cuprous oxide epoxy nanocomposite as an environmentally antimicrobial coating[J]. International Journal of Biological Macromolecules, 2016, 89: 190-197.
[10] KATIYAR A, KUMAR N, SHUKLA R K, et al. Growth and study of c-axis-oriented vertically aligned ZnO nanorods on seeded substrate[J]. Journal of Materials Science: Materials in Electronics, 2021, 32(12): 15687-15706.
[11] CHANG J S, TAN J K, SHAH S N, et al. Morphological tunable three-dimensional flower-like zinc oxides with high photoactivity for targeted environmental Remediation: Degradation of emerging micropollutant and radicals trapping experiments[J]. Journal of the Taiwan Institute of Chemical Engineers, 2017, 81: 206-217.
[12] LIU F-T, GAO S-F, PEI S-K, et al. ZnO nanorod gas sensor for NO_2 detection[J]. Journal of the Taiwan Institute of Chemical Engineers, 2009, 40(5): 528-532.
[13] SAIKIA L, BHUYAN D, SAIKIA M, et al. Photocatalytic performance of ZnO nanomaterials for self sensitized degradation of malachite green dye under solar light[J]. Applied Catalysis A: General, 2015, 490: 42-49.
[14] SELIM M S, YANG H, WANG F Q, et al. Silicone/ZnO nanorod composite coating as a marine antifouling surface[J]. Applied Surface Science, 2019, 466: 40-50.
[15] HAN D-D, ZHANG Y-L, CHEN Z-D, et al. Carnivorous plants inspired shape-morphing slippery surfaces[J]. Opto-Electronic Advances, 2023, 6(1): 210163.
[16] JIN H, WANG J, TIAN L, et al. Recent advances in emerging integrated antifouling and anticorrosion coatings[J]. Materials & Design, 2022, 213: 110307.

第5章 防污涂层表面特性及测量技术

随着全球航运业的快速发展和生物污损问题的日益严重，海洋防污技术的重要性愈加凸显。在这些技术中，防污涂层被广泛认为是最具经济效益和技术可行性的解决方案。这些涂层通过在船体表面形成一层保护膜，阻止海洋生物的附着，提高船舶的燃油效率，减少温室气体排放，并降低维护成本。因此，深入研究和理解防污涂层的表面特性，对于开发新型、环保、高效的防污技术至关重要。本章将围绕防污涂层的表面特性进行介绍，包括化学组成、表面能、力学性能、表面形貌、表面电荷和润湿性等。这些特性不仅决定了防污涂层的基本功能，还影响其应用效果和使用寿命。此外，本节也详细介绍了这些特性的测试技术。

5.1 表面化学及测量技术

5.1.1 表面化学

不同类型的防污涂层其化学组成不同，而不同的化学组成又会影响涂层的防污性能。根据涂层的设计原理和应用场景的不同，可以分为以下几大类：硅氧烷类涂层、氟聚合物类涂层、丙烯酸酯类涂层、环氧树脂类涂层、纳米复合涂层等。

不同类型的防污涂层各具特点，实际应用中的选择常常取决于具体环境条件、法规限制和经济成本等因素。在防污涂层的研发中，一个重要趋势是更加重视环保性能和长效性，通过化学配方的改进和施工工艺的优化，以期能在满足防污需求的同时，尽可能减少对环境的影响。新材料的引入和新技术的应用（如纳米技术、智能材料等）正不断推动这一领域的创新发展。未来的防污涂层研发将继续朝着更加智能化、功能化和绿色化的方向努力，以服务于持续扩展的海洋活动和其他水环境应用需求。

防污涂层的化学组成测定对探究其防污性能具有重要意义，主要体现在以下几个方面。

1) 揭示防污机理：通过对防污涂层化学组成的测定，了解其中各种成分的种类、含量和分布情况。帮助分析不同组分在防污过程中的作用机制，如疏水基团对水下污损生物的排斥作用，毒性基团对海洋生物的抑制作用等。

2）优化涂层配方：防污涂层的性能与其化学组成密切相关。通过测定不同配方涂层的化学组成，并结合性能评价结果，建立起组分–性能之间的关联。

3）质量控制：防污涂层的化学组成会直接影响其防污性能的稳定性和一致性。通过对生产过程中涂层化学组成的实时监测和反馈控制，从而提高防污涂层的可靠性和使用寿命。

4）性能预测：通过建立防污涂层化学组成与防污性能之间的定量关系，实现对新配方涂层性能的预测。

5）作用机制研究：防污涂层的化学组成测定为深入研究其作用机制提供了基础数据。通过分析不同组分在防污过程中的行为特点，如溶出速率、表面富集、降解产物等，可以更加全面地认识防污涂层的工作原理，为开发新型防污材料和优化涂层设计提供理论指导。

6）环境影响评估：某些防污涂层中可能含有对海洋环境有害的化学物质，如重金属、有机锡等。通过对防污涂层化学组成的测定，识别和量化这些有害成分，评估其环境风险，并采取相应的控制措施，确保防污涂层的使用安全性和生态友好性。

5.1.2 测量技术

综上所述，防污涂层化学组成的测定在探究其防污性能方面具有多方面的重要意义。它不仅有助于理解防污机理，优化涂层配方，控制产品质量，还为新材料开发、作用机制研究和环境影响评估提供了关键的数据支持。因此，深入开展防污涂层化学组成的表征和分析工作，对于提高防污涂层的性能和促进海洋污损防控技术的发展具有重要意义，化学组分主要测试方法如下所述。

（1）傅里叶变换红外光谱

红外光是介于可见光和微波之间的电磁波谱的一部分，波长从780nm到1mm不等。红外光可进一步分为三大类：近红外（NIR）、中红外（MIR）和远红外（FIR）。NIR波长最短，波数较高；FIR波长最长，波数较低。化合物中的原子以不同的方式不断地运动和振动，图5-1是水分子的6种振动模式。这些振动频率与红外光的频率相匹配时，化合物可以吸收红外光，从而激发分子中的振动。在红外光谱学中，使用的红外光类型是MIR，这是由于该范围内的红外光与化合物的振动特性相吻合。

傅里叶变换红外光谱（Fourier transform infrared spectroscopy，FTIR）是一种通过测量干涉图并对干涉图进行傅里叶变换来测定红外光谱的技术，其基本原理是通过测量涂层样品对红外光的吸收（图5-2），不同的化学键在特定波数处有特征吸收峰，可以确定涂层中存在的化学键类型，从而推断出涂层的化学组成。以水分子为例，其对称拉伸振动发生在 2700~3700cm^{-1} 范围内，变形振动发生在 1650cm^{-1} 周围，因此水分子会吸收这些红外光的能量。

图 5-1 水分子的 6 种振动模式

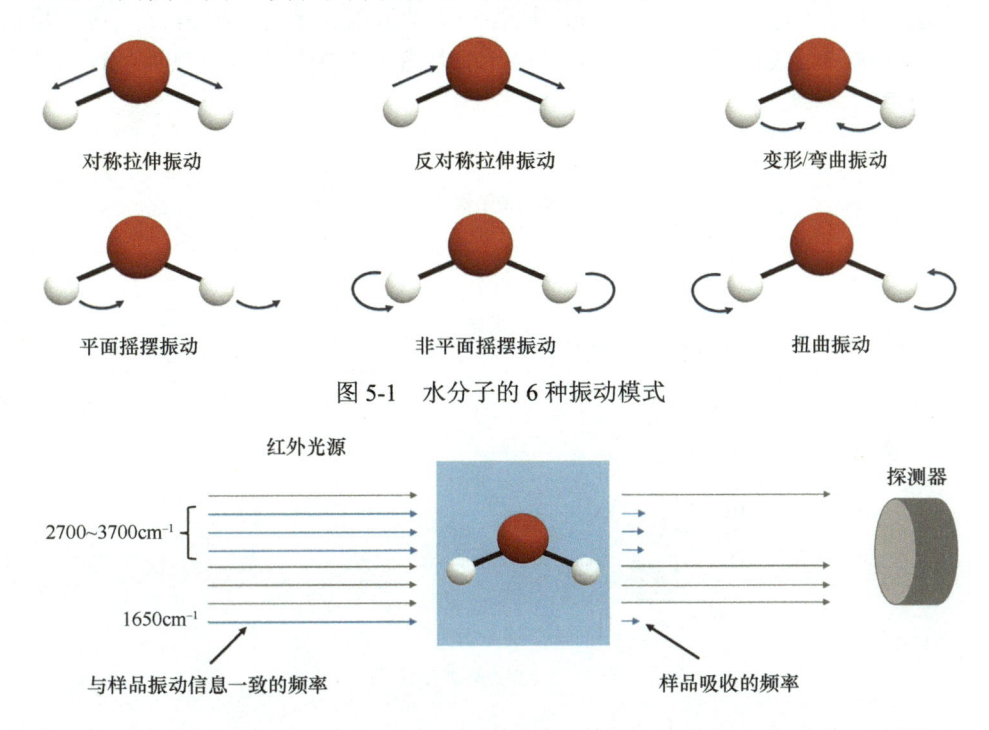

图 5-2 以水分子为例说明红外吸收原理

傅里叶变换红外光谱仪主要由光学探测部分和计算机部分组成。当样品放在干涉仪光路中时，由于吸收了某些频率的能量，所得的干涉图强度曲线会相应产生变化。通过数学上的傅里叶变换技术，可以将干涉图上每个频率转变为相应的光强，从而得到整个红外光谱图。

测试方法如下所述。

1) 对于一般的固态样品应尽量纯净，避免水分和其他杂质的影响；对于一般的溶液，应该保证其不含水，以避免水分对测量的干扰。

2) 选择透射、内反射和漫反射等测量方式。

3) 通过干涉仪将宽带光源产生的光束分解成不同频率的光束，照射到样品上，并测量其吸收情况。这个过程重复多次，收集所有数据后，通过计算机进行傅里叶变换处理，最终得到红外光谱图。

(2) 拉曼光谱

拉曼光谱（Raman spectroscopy）分析是一种基于拉曼散射效应的分子结构研究方法。利用入射光与样品分子振动耦合产生的散射光信息（图 5-3），可以提供分子的结构和组成信息。拉曼光谱对样品的制备要求较低，且可以提供较高的空间分辨率。

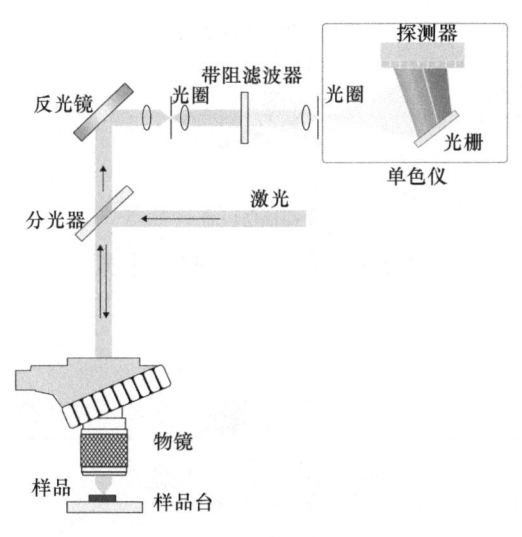

图 5-3 拉曼光谱仪原理

拉曼光谱分析法基于印度科学家拉曼在 1928 年发现的拉曼散射效应。当光穿过透明介质时，部分光会被分子散射，散射光的频率与入射光不同，这种现象称为拉曼散射。在透明介质的散射光谱中，频率与入射光频率相同的成分称为瑞利散射，而频率对称分布在瑞利散射两侧的谱线或谱带称为拉曼光谱。拉曼光谱包括斯托克斯线和反斯托克斯线，分别对应分子从低能态跃迁到高能态和从高能态跃迁到低能态的过程。另外，目前已经开发出三维拉曼技术，通过将拉曼光谱与三维成像技术结合，三维拉曼技术能够在空间上获取样品的化学成分分布信息。

测试方法如下所述。

1）样品准备：样品可以是固体、液体或粉末，无须特殊处理。

2）谱采集：使用激光光源照射样品，收集散射光。拉曼光谱仪通过检测不同波长的散射光来获取光谱数据。

3）数据分析：通过分析拉曼光谱的特征峰，可以确定分子的振动和转动模式，从而得到分子的结构信息。拉曼光谱特征峰的位置和强度可以用于定性分析和定量分析。

(3) X射线光电子能谱

X射线光电子能谱（X-ray photo-electron spectroscopy，XPS）是一种用于分析材料表面化学成分和化学状态的技术。它通过使用X射线照射样品表面，激发出光电子，并测量这些光电子的能量分布，从而确定样品的元素组成、化学态和电子态。XPS不仅适用于金属、无机材料、催化剂、聚合物、涂层材料等表面化学的分析，还广泛应用于腐蚀、摩擦、润滑、黏接、催化、包覆、氧化等过程的研究。

XPS的基本原理基于光电效应（图5-4）。当X射线照射到样品表面时，样品中的原子内层电子吸收光子能量后被激发出来，成为自由光电子。通过测量这些光电子的动能和数量，可以得到X射线光电子能谱。光电子的能量（结合能）与元素的种类和化学环境密切相关，因此可以通过结合能的变化来分析元素的化学状态和化学键。

测试方法如下所述。

1）样品准备：通常需要在超高真空环境下进行，以减少污染和干扰。样品可以是固体、液体或气体，但需要确保表面干净且无污染。

2）X射线照射：使用X射线源（如镁或铝靶）照射样品表面，激发出光电子。

3）能量测量：通过能量分析器测量光电子的动能和数量，绘制出X射线光电子能谱图。

4）数据分析：根据能谱图中的峰位和峰形，可以定性分析样品的元素组成和化学态；通过峰强度还可以进行半定量分析，估算元素含量。

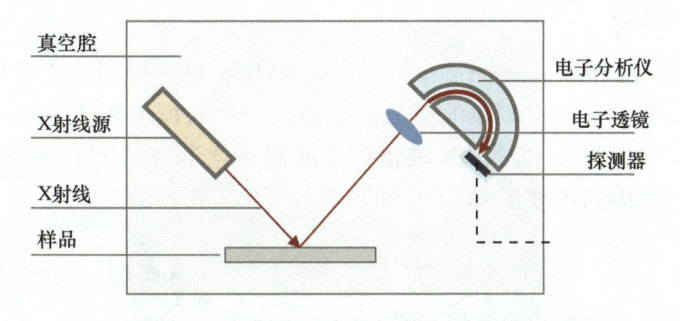

图5-4 X射线光电子能谱仪测量原理

(4) 能量色散X射线谱

能量色散X射线谱（energy dispersive X-ray spectroscopy，EDX）是一种利用元素特征X射线波长和强度来分析样品中元素成分的设备。其基本原理是通过分析试样发出的特征X射线波长和强度（图5-5），从而确定样品中所含的元素及其含量。

测试方法如下所述。

1) 样品制备：对于不同类型的样品，可能需要不同的前处理步骤。例如，对于滤纸样品，通常不需要前处理，直接进样即可。要求滤纸样品上的沉积量为 0.5～4mg，分布状态均匀。

2) 测试过程：EDX 通过高能粒子与原子相互作用，激发出特征 X 射线。这些 X 射线的能量和强度与元素的种类和含量相关。通过测量这些特征 X 射线的能量和强度，可以确定样品中的元素组成和含量。

3) 数据分析：EDX 设备通常配备有自动校准功能，可以减少人为判定带来的误差，提高测试的准确性和效率。

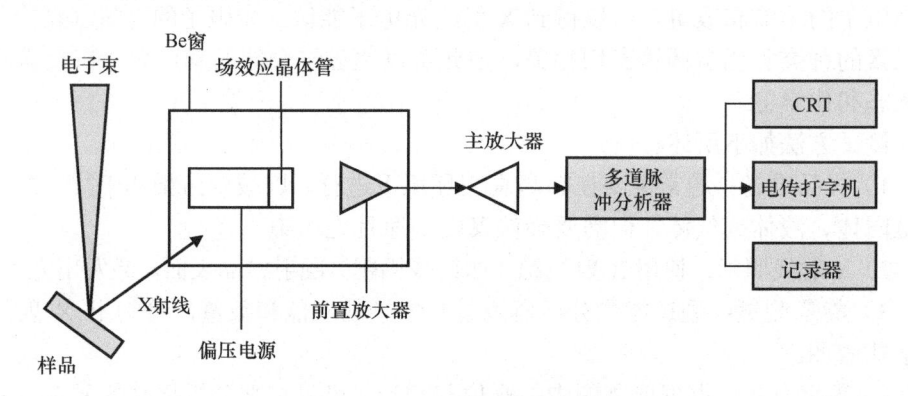

图 5-5　EDX 测量装置示意图

（5）核磁共振

核磁共振（nuclear magnetic resonance，NMR）是一种利用原子核在强磁场中发生能级分裂并吸收特定频率的射频波能量而产生共振现象（图 5-6），从而对物质的结构进行分析的技术。NMR 波谱广泛应用于化学、生物学、材料科学等领域，成为研究分子结构的重要工具。

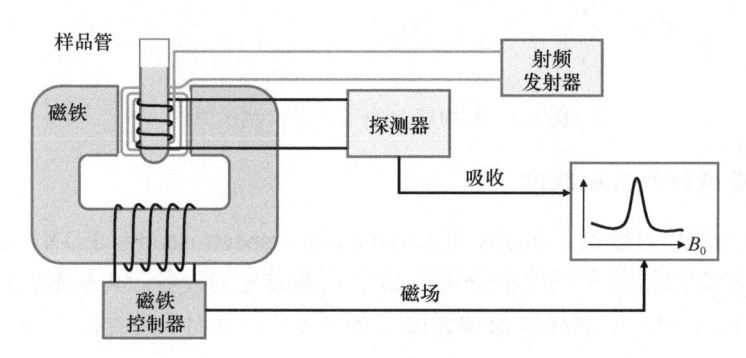

图 5-6　NMR 测量装置示意图

NMR 现象发生在强磁场中，原子核的能级在磁场作用下发生分裂，当吸收特定频率的射频波能量时，原子核的能级会发生跃迁，产生 NMR 信号。这种信号可以通过仪器记录下来，形成 NMR 谱图，从而分析分子的结构和化学环境。

测试方法如下所述。

1）样品准备：将样品置于强磁场中，通常需要使用特殊的样品管。
2）射频辐射：施加特定频率的射频波能量，使原子核发生能级跃迁。
3）信号记录：通过仪器记录下原子核吸收射频波能量后产生的 NMR 信号，形成 NMR 谱图。
4）数据分析：通过对 NMR 谱图的分析，可以确定分子的化学结构、空间构型，以及分子间的相互作用等信息。

5.2 力学性能及测量技术

防污涂层的力学性能对于其防污性能和工程应用具有深远的影响，涂层不仅需要在各种苛刻环境中保持持久的防污效果，还需要承受机械应力和外部环境的侵蚀。具体来说，不同类型的防污涂层在力学性能上各具特点，并直接影响其功能性和工程适用性。本小节对涂层的力学性能及测试技术进行介绍。

5.2.1 拉伸应力-应变性能

拉伸应力-应变（stress-strain）性能是材料力学性能的重要指标，它反映了材料抵抗变形和断裂的能力。利用拉伸试验可以获得材料的拉伸强度、断裂拉伸强度、拉断伸长率、定伸应力等一系列的拉伸性能数据。对于工程应用来说，拉伸性能是设计和选择材料时的重要考虑因素，尤其是在结构件、机械部件等需要承受拉力的情况下。

（1）测量方法

涂层测量拉伸性能的方法可依据 GB/T 528-2009《硫化橡胶或热塑性橡胶拉伸应力应变性能的测定》标准进行。使用的设备通常为拉伸试验机，其原理见图 5-7。

具体步骤如下所述。

1）准备试样：将样品裁剪为哑铃状或环状。
2）安装试样：试样两端固定在拉伸试验机夹具中。
3）施加拉力：逐渐增加拉伸力，直到试样断裂。
4）记录数据：通过测量力和对应的变形，记录应力-应变等数据。

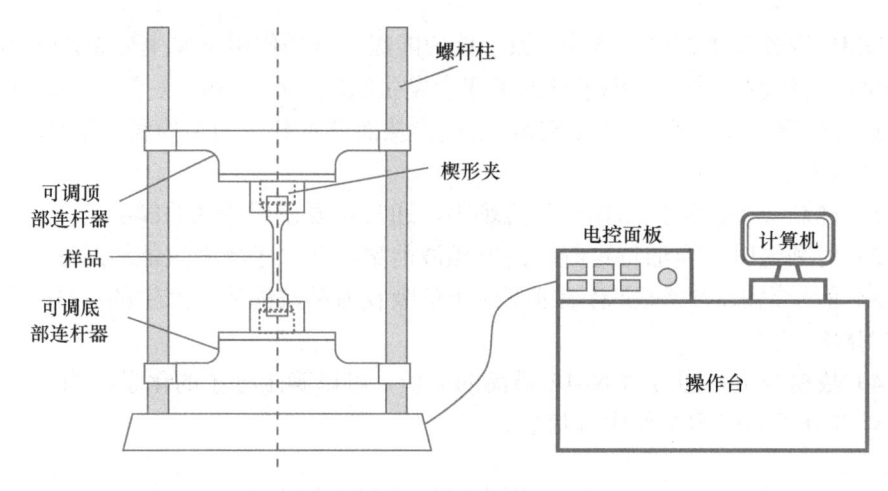

图 5-7 拉伸试验机原理图

(2) 数据处理

不同的样品形式的数据处理方式不同,主要包括哑铃状和环状样品。常用的裁剪形状为哑铃状样品,这里以哑铃状样品为例,说明拉伸数据的处理。

拉伸强度为:

$$T = F_{\max}/A_0 \tag{5-1}$$

断裂拉伸强度 T_s:

$$T_s = F_b/A_0 \tag{5-2}$$

拉断伸长率 E_b:

$$E_b = (L_b - L_0)/L_0 \times 100\% \tag{5-3}$$

定伸应力 S_e:

$$S_e = F_e/A_0 \tag{5-4}$$

定应力伸长率 E_s:

$$E_s = (L_s - L_0)/L_0 \times 100\% \tag{5-5}$$

所需应力对应的力 F_e:

$$F_e = S_e \times A_0 \tag{5-6}$$

屈服点拉伸应力 S_y:

$$S_y = F_y/A_0 \tag{5-7}$$

屈服点伸长率 E_y:

$$E_y = (L_y - L_0)/L_0 \times 100\% \tag{5-8}$$

式中,$F_{\max}$ 为记录的最大力;A_0 为试样的横截面积(试样的厚度×裁刀狭窄部分的宽度);F_b 为试样断裂时记录的力;L_b 为试样断裂时的长度;L_0 为试样初始长度;F_e 为给定应力时记录的力;L_s 为定应力时的试样长度;F_y 为屈服点时记录的力；L_y 为屈服时的试样长度。计算时应统一国际单位制。

5.2.2 韧性

韧性（toughness）是材料抵抗断裂和吸收能量能力的度量，它反映了材料在发生断裂之前能够吸收的能量总量，是材料力学性能中的一个关键指标。通常通过应力-应变曲线下的面积来表示。

（1）测量方法

涂层韧性测量通常按照《硫化橡胶或热塑性橡胶 拉伸应力应变性能的测定》（GB/T 528—2009）中应力-应变的测量方法进行测量，具体步骤包括以下几个。

1）准备试样：通常是标准尺寸的棒状或片状样品。
2）安装试样：试样两端固定在拉伸试验机夹具中。
3）施加拉力：逐渐施加拉伸力，直到试样断裂。
4）记录数据：通过测量力和对应的变形，绘制应力-应变曲线。

（2）计算方式

应力-应变曲线下的总面积（图 5-8 中的灰色区域）即为材料的韧性。

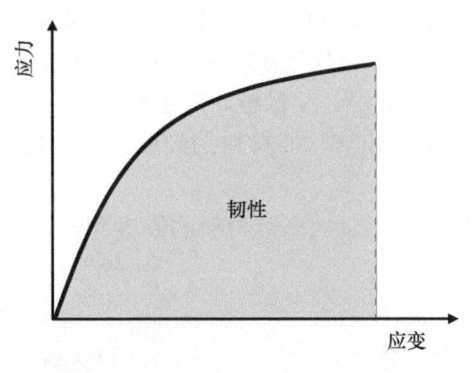

图 5-8 依据应力-应变曲线计算韧性

5.2.3 硬度

硬度（hardness）是材料抵抗局部变形（如压入、划痕或磨损）的能力。从工程角度看，硬度是材料一个重要的指标，水、油、沙等在材料表面产生的摩擦或侵蚀通常随着材料硬度的增加而降低。

硬度的测量方法主要有 3 个大的类型。

（1）划痕法

划痕法是采用尖锐的物体摩擦样品，用测得的划痕程度来表示材料的硬度。莫氏硬度（Mohs hardness）采用这种方法，将硬度分为 10 级，整体比较粗略，主要用于矿石的硬度测量。

（2）压痕法

压痕法使用尖锐物体持续对样品施加载荷，从而测量样品表面承受压痕（局部塑性变形）的能力，以及样品对材料变形的抵抗能力。具体实施时，将硬度较高的压头连续地压入材料中，记录压痕深度。采用这种测量方法的有肖氏硬度（Shore hardness）、布氏硬度（Brinell hardness）、洛氏硬度（Rockwell hardness）、努氏硬度（Knoop hardness）和维氏硬度（Vickers hardness）。

（3）反弹法

使金刚石锤在一定的高度落到材料表面，进行反弹高度的测量，这种硬度与弹性有关，也被称为回弹硬度。采用这种方法的有肖氏硬度反弹法。

通常，涂层的硬度反映了其抵抗塑性变形、划伤和磨损的能力，在选择涂层时，硬度是一个重要的考虑因素，尤其是在耐磨和抗刮擦的应用中。肖氏硬度（也常称为邵氏硬度）常用来测量塑料、橡胶等非金属材料，因此适用于涂层硬度的测量。通常使用硬度计来测量肖氏硬度（图 5-9），根据量程的不同，肖氏硬度计可以分为 3 类，分别是 00 量程、A 量程、D 量程。

1）00 量程：用于测量非常软的材料的硬度，如橡胶、凝胶等软材料，压头的弹力为 113g。

2）A 量程：该量程可以测量大多数材料的硬度和柔韧性，压头的弹力为 822g。

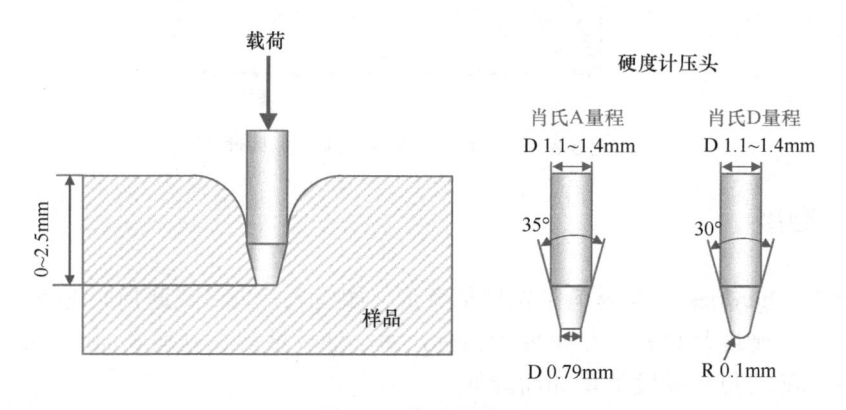

图 5-9　肖氏测量法

3）D 量程：该量程可以测量较硬的材料，如硬橡胶、半硬塑料、安全帽等硬塑料，压头弹力为 10lbs[①]。

测量肖氏硬度时，需要遵循以下步骤。

1）选择具有合适硬度量程的硬度计来测量样品的硬度。

2）将测试样品放在至少 1/4 英寸[②]厚的平坦、水平和坚硬的表面上。

3）双手握住硬度计，放在测试样品上，确保压头接触并牢固地压在样品上。

4）如果可能的话，对样本的不同部分进行多次读数，并计算平均值，以获得更准确的结果。

5.2.4 弹性模量

弹性模量是描述材料在弹性变形阶段抵抗形变能力的重要参数，是描述物质弹性的一个物理量。它是应力与应变之间的比例常数，在材料力学中用于表征材料的刚度。较高的弹性模量表示材料在施加应力时变形较小，即材料较为坚硬。它是材料选择和工程设计中用于评估材料在受力条件下变形程度的关键参数。弹性模量包括杨氏模量、剪切模量、压缩模量、体积模量等。弹性模量的测量方法有静态拉伸法、动态共振法、脉冲激振法等。

由于弹性模量测试、计算原理类似，下文以杨氏模量（Young's modulus）的拉伸法为例。杨氏模量（E）表示材料弯曲或拉伸的容易程度，它等于应力（σ）和应变（ε）的比值：

$$E = \sigma/\varepsilon \tag{5-9}$$

测量方法如下所述。

1）准备试样：通常是标准尺寸的棒状或片状样品。

2）安装试样：试样两端固定在拉伸试验机夹具中。

3）施加拉力：逐渐施加拉伸力，直到试样断裂。

4）记录数据：通过测量力和对应的变形，绘制应力-应变曲线。

对于遵守胡克定律的材料，其杨氏模量为应力-应变曲线的斜率。对于橡胶等不遵守胡克定律的材料，其杨氏模量可以具体分析。例如，可以将图 5-10 中曲线的某一点斜率作为杨氏模量，也可以对曲线的某一区间拟合直线，将直线的斜率作为杨氏模量。

有研究表明，弹性模量是影响涂层防污性能的一个重要因素。断裂力学是研究断裂过程的学科，断裂力学认为两种材料的结合不可能是完美的，必定存在缺陷。缺陷在外部作用下产生裂纹，裂纹处应力增加，导致裂纹的扩展和断裂。存

---

① 1 lbs=453.592 37g。
② 1 英寸=2.54cm，下同。

在 3 种断裂模式（图 5-11），即剥离（或拉伸）、面内剪切、面外剪切[1]。类似的，污损生物和固体表面的黏附界面也不是完美的，必定存在缺陷。海洋污损生物通过剥离、面内剪切、面外剪切等方式从固体表面脱落。当弹性模量低时，海洋污损生物的脱落倾向于剥离方式，这种方式脱落所需要的外力小；而当弹性模量高时，海洋污损生物倾向于剪切方式脱落。换言之，一个物体（如海洋污损生物）附着于另一个物体上时，剥离它们所需做的功等于附着能加变形能，物体的弹性模量小，即弹性能小，剥离所需做的功就小。

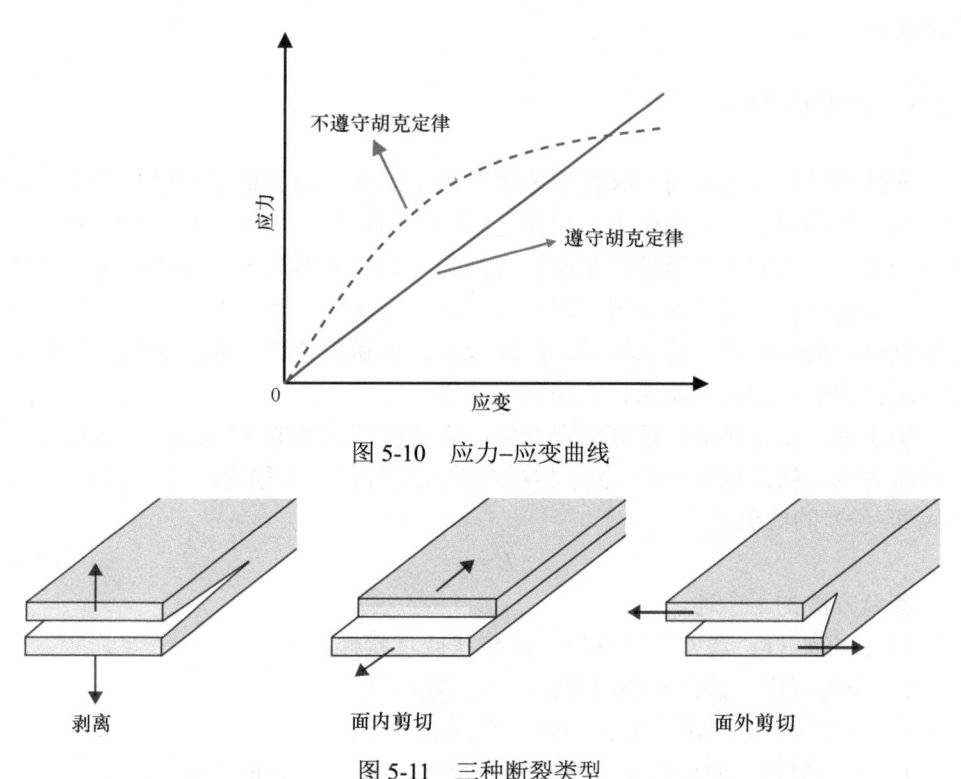

图 5-10　应力–应变曲线

图 5-11　三种断裂类型

污损生物从涂层表面分离的最大分离力 F 为：

$$F = \sqrt{\frac{2\pi E G_c a^3}{1-v^2}} \tag{5-10}$$

式中，G_c 是临界表面分离自由能；E 是弹性模量；a 是接触半径；v 是泊松比。因此，弹性模量和分离力存在根号关系。

有学者研究了典型聚合物的临界表面自由能（G_c）、弹性模量（E）与相对黏附强度之间的关系（图 5-12）。可以看出，相对黏附强度大致与弹性模量及临界表面自由能乘积的 1/2 次方成正比。因此，在保证涂层机械强度的前提下尽量降低其弹性模量是非常重要的。也有研究表明，污损生物最小黏附强度与弹性模量的最低值相关。

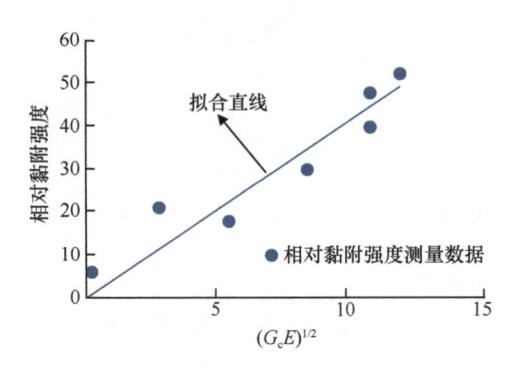

图 5-12 相对黏附强度与 $(G_cE)^{1/2}$ 的关系[2]

5.3 表面形貌及测量技术

5.3.1 表面形貌

生物附着与有效接触面积相关，有效接触面积越大，生物附着点越多，附着越牢固。有效接触面积由纵横比、间隙、尺寸、微观粗糙度等形貌特征控制。研究发现，由于生物尺寸差异较大（细菌≤1μm，孢子 5～7μm，幼虫 120～500μm），微观表面形貌对污损生物附着的抑制无广谱性。因此，多种模型被提出用于解释污损生物在微观形貌的附着问题，如经验式定性的接触点模型、经验式定量的工程粗糙度指数模型（ERI）、基于 ERI 和蒙特卡罗法的半经验式的表面能量附着模型，以及基于接触力学的物理模型等。

早期的研究通常使用"接触点理论"来解释涂层表面微结构尺寸与污损微生物尺寸之间的黏附关系，该理论认为涂层表面的微结构尺寸小于污损微生物尺寸时，可以降低污损生物的附着[3,4]。之后，伯斯等研究了不同贝壳对不同污损群落的防污能力，发现接触点理论无法解释贝壳纹理的防污[5]。斯卡迪诺等发现，接触点理论无法预测一些污损生物（如硅藻、绿藻和红藻）的附着[6]。这些发现挑战了接触点理论的有效性。因为这个理论没有基于物理基础的描述，也缺乏定量估计和预测，因此是一种经验式的理论。

基于对红树林叶片的研究，香港理工大学姚海民等提出了一种基于接触力学的数学模型。在这个模型中，污损生物被看成一个圆柱体，圆柱体和具有纹理的表面有三种接触模式，即单点接触、双点接触和多点接触（图 5-13）。

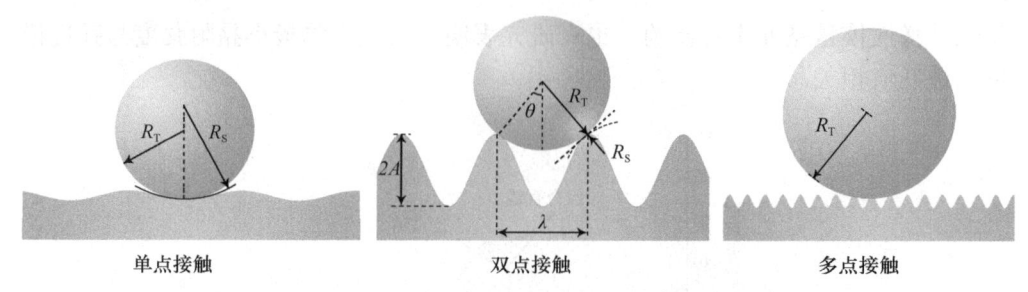

图 5-13　污损生物与涂层表面的三种接触模式

两个圆柱之间的分离力为：

$$F_{\mathrm{pf}}^{\mathrm{Flat}} = 3\left(\frac{\pi E^* W^2 R_{\mathrm{T}}}{16}\right)^{1/3} \quad （5-11）$$

$$1/E^* = [(1-\nu_{\mathrm{T}}^2)/E_{\mathrm{T}} + (1-\nu_{\mathrm{S}}^2)/E_{\mathrm{S}}]' \quad （5-12）$$

式中，E_{T} 和 E_{S} 为圆柱体和衬底的弹性模量；ν_{T} 和 ν_{S} 为圆柱体和衬底的泊松比；R_{T} 为圆柱体半径；W 为圆柱体与基体的黏附能。

假设纹理表面的轮廓由函数 $y = -A\cos(2\pi x/\lambda)$ 描述，其中 A 和 λ 分别代表振幅和波长。

对于单点附着，圆柱体与平板之间的分离力为：

$$F_{\mathrm{pf}}^{\mathrm{S}} = \left(\frac{R_{\mathrm{S}}}{R_{\mathrm{S}}+R_{\mathrm{T}}}\right)^{1/3} F_{\mathrm{pf}}^{\mathrm{Flat}} \quad （5-13）$$

式中，R_{S} 为接触点处的曲率半径。

对于双点附着，圆柱体与平板之间的分离力为：

$$F_{\mathrm{pf}}^{\mathrm{D}} = 2\cos\theta \left(\frac{R_{\mathrm{S}}}{R_{\mathrm{S}}+R_{\mathrm{T}}}\right)^{1/3} F_{\mathrm{pf}}^{\mathrm{Flat}} \quad （5-14）$$

式中，R_{S} 为接触点处的曲率半径；θ 为接触角。

对于多点附着，分离力为：

$$F_{\mathrm{pf}}^{\mathrm{M}} = \left(\frac{2}{\pi}\right)^{10/9}\left(\frac{W}{2\pi E R_{\mathrm{T}}}\right)^{4/9}\left(\frac{A}{\lambda}\right)^{5/9}\left(\frac{\lambda}{R_{\mathrm{T}}}\right)^{-7/9} F_{\mathrm{pf}}^{\mathrm{Flat}} \quad （5-15）$$

式（5-13）～式（5-15）描述了三种接触模式下分离力的计算公式。结果显示，当 A/λ 值较大时，分离力较小，这意味着较高的微结构有利于抑制污损生物的附着，因此微结构纹理的高度和波长之比是重要的优化参数。

5.3.2　测量技术

表面形貌表征及参数分析对涂层的设计与评估具有重要意义，既可通过揭示微观拓扑结构对生物污损的抑制机制深化理论认知，又能为涂层体系的筛选、结构设计及性能优化提供定量化理论支撑。通过定期监测表面形貌的变化，可以有效评估涂层的使用寿命和性能衰退，从而确保涂层在特定环境下的长期有效性。因此，深入开展防污涂层表面形貌测试，对于推动防污技术的发展和应用至关重要。表面形貌测试技术包括原子力显微（atomic force microscopy，AFM）技术、轮廓测定（stylus profilometry）技术、白光干涉（white light interferometry）技术、激光共聚焦显微（laser confocal microscopy）技术等，它们有着不同的测量方式，见表5-1。

表 5-1 常用表面形貌测量仪器的测量原理及特点

测量仪器	原理	特点
原子力显微镜	测量原子间相互作用力来表征表面结构及性质	工作范围宽、分辨率高
台阶仪（轮廓仪）	探针在样品表面划过时，表面的微纳结构使探针产生上下运动，从而记录表面形貌	量程大、稳定可靠、重复性好
白光干涉仪	利用光的干涉条纹对表面形貌进行分析	高精度、高分辨率、非接触式
激光共聚焦显微镜	光束经聚焦后投射到样品表面，利用横向和轴向扫描技术获得表面的三维信息	可快速图像采集和大面积高分辨率扫描

（1）原子力显微镜

原子力显微镜由美国 IBM（International Business Machines）的科学家在 1982 年发明，它是一种扫描探针显微镜，通过探针来测量原子间的相互作用力形成图像，能够在纳米尺度上对样品表面进行成像和分析。它的主要功能是测量样品表面的形貌、物理和化学特性。原子力显微镜可以提供高达亚纳米级的分辨率，能够观察到单个原子或分子，并可以在多种环境条件下进行测量（如真空、空气或液体）。

AFM 的工作原理涉及多个关键概念和技术（图 5-14）。

1）探针与样品间的相互作用。AFM 使用一个细的探针（通常是几纳米尖端的硅或氮化硅制成）来扫描样品表面。探针与样品表面之间的相互作用力主要为范德瓦耳斯力、静电力和化学键合力。范德瓦耳斯力为近距离吸引力，探针与样品表面原子靠近时产生作用。如果样品或探针带电，静电力会影响探针的运动。在某些情况下，探针可能与样品表面发生化学相互作用，从而产生化学键合力。

2）偏移检测。当探针靠近样品表面时，探针受到的相互作用力会导致其发生偏移。这个偏移量是 AFM 成像的基础。通常，探针连接在一个柔性悬臂梁上，悬臂的弯曲程度与探针和样品之间的力成正比。

3）激光干涉测量。探针的偏移通过激光束的反射来测量。激光束照射到悬臂的背面，反射到一个光电检测器上。悬臂的运动导致激光反射角度的变化，从而在检测器上产生信号变化。

4）反馈控制系统。为了保持探针与样品之间的距离恒定，AFM 使用反馈控制机制。系统会实时调整探针的高度，以确保在扫描过程中探针始终保持在一个预设的距离（通常是几纳米）。这种控制算法可以是简单的 PID 控制（proportional-integral-derivative control）或更复杂的算法。

5）成像模式。AFM 可以在多种模式下工作，包括以下 3 种。

接触模式（contact mode）：探针与样品表面接触，通过保持一定的力来获取形貌信息。

非接触模式（non-contact mode）：探针在样品表面上方飞行，利用范德瓦尔斯力进行成像，适用于软材料。

轻敲模式（tapping mode）：探针轻微接触样品，适合测量软材料的表面特征。

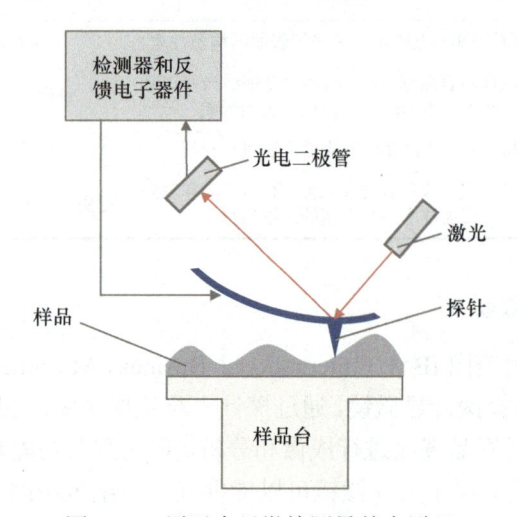

图 5-14　原子力显微镜测量基本原理

AFM 测量步骤如下所述。

1）样品准备：确保样品表面清洁、平整。对于生物样品，可能需要特定的处理以避免损坏。

2）设备设置：将样品放置在 AFM 的样品台上。调整样品的位置，使探针能够准确接触到样品表面。

3）选择合适的探针：根据样品性质（如硬度、形貌等）选择合适的探针。探针的形状、材料和尺寸会影响测量的分辨率和质量。

4）选择测量模式：根据实验需求选择合适的 AFM 模式（接触、非接触或轻敲模式）。

5）开始扫描：启动 AFM 系统，设定扫描参数（如扫描速度、范围、采样率等）。探针开始在样品表面上扫描，实时记录偏移量。

6）数据获取与处理：完成扫描后，AFM 会生成样品的三维图像。使用计算机软件对数据进行处理和分析，包括表面轮廓图、粗糙度分析、高度分布图、力谱数据等。

（2）台阶仪

台阶仪（轮廓仪）测量法是最古老的扫描探针测量技术，它的原理是当探针在样品表面划过时，表面的微纳结构使探针产生上下运动，从而记录表面形貌。它可以精确测量微米级甚至纳米级的高度变化，通常用于分析和表征材料的表面特性。相比于原子力显微镜，台阶仪的测量量程通常较大，如 Bruker Dektak Pro 台阶仪的量程范围为 5nm~1mm。

如图 5-15 所示，台阶仪的探针尖部通常为 60°的菱形锥体，尖部圆半径为 25μm。在操作时，平移台将样品拖到探针下方，探针固定的悬臂梁围绕支点旋转，以使探针尖端与样品表面接触，由于支点顶部有反光镜，因此当探针旋转时反光镜的光路发生变化，并被位置测量光电探测器接收，放大后的传感信号由计算机处理，并生成轮廓数据。

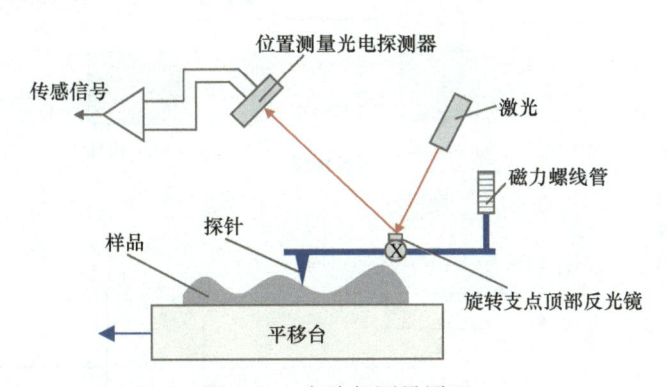

图 5-15 台阶仪测量原理

台阶仪的测量步骤如下所述。

1）设备准备：确保台阶仪处于良好状态，检查光源、传感器、光学元件等是否正常工作。校准设备，以保证测量结果的准确性。通常使用已知高度的标准样品进行校准。

2）样品准备：准备待测样品，确保样品表面光滑、清洁，并且固定在测量台上。若样品表面具有反射性，确保其光学特性适合光学测量。

3）选择测量模式：根据待测样品的特性，选择适合的测量模式（光学干涉或机械接触）。设置适当的测量参数，如光源的波长、扫描速度、测量范围等。

4）进行测量：启动台阶仪，开始测量。若使用光学干涉法，观察和记录干涉条纹的变化；若使用机械接触法，实时监测传感器的位移变化。在测量过程中，保持设备稳定，避免振动和外界干扰。

5）数据记录与分析：将测得的干涉条纹或位移数据记录下来。通过计算机软件进行数据处理，分析干涉图案或位移数据，提取高度差、表面粗糙度等信息。

（3）白光干涉仪

白光干涉仪是一种利用宽谱光源（如白光）进行干涉测量的光学仪器。其基本原理是通过将光分成两束，并使其在经过不同的光路后重新组合，从而形成干涉图案（图 5-16）。干涉图案的变化反映了光波的相位差和光程差，这些信息可以用于精确测量样品的几何形状、表面特性及材料的光学性质等。

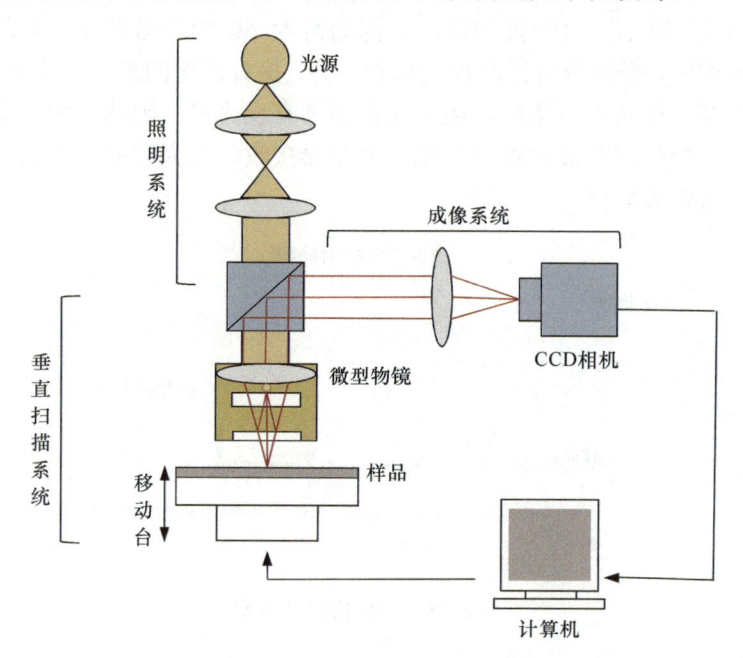

图 5-16 白光干涉仪的工作原理[7]

白光干涉仪的基本原理如下所述。

1）光源。白光干涉仪通常采用宽谱光源，如白炽灯、氙灯或 LED 灯等。这些光源发出多种波长的光，构成一个光谱。白光的波长范围通常为 400～700nm。

2）光束分割。光源发出的白光首先通过一个分束器（如半透半反镜），将光束分成两部分：参考光束和测量光束。这两束光分别沿不同的光路传播。

3）光路传播。测量光束照射到待测物体的表面，反射回干涉仪。待测物体的表面特性（如高度、形状、粗糙度等）会影响光的反射和相位。参考光束则直接反射到分束器，通常不经过被测物体。

4）相位差的产生。在光路上，测量光束与参考光束经过不同的路径，导致它们的相位发生变化。这个相位差是由光束传播的距离和遇到的介质（如空气、玻璃等）的折射率决定的。

5）光束合成。当两束光在分束器处重新组合时，由于它们具有不同的相位，可能会产生干涉现象。根据相位差的不同，可能出现干涉增强（亮条纹）或干涉减弱（暗条纹）现象。

6）干涉图案形成。通过观察干涉条纹（即明暗相间的图案），可以获取有关待测物体的信息。干涉条纹的间距、形状及分布与待测物体的表面特性密切相关。

白光干涉仪的测量步骤如下所述。

1）设备准备。确保干涉仪的各个部件（光源、分束器、反射镜、探测器等）处于良好的工作状态。清洁光学元件，以避免灰尘和污垢影响测量结果。

2）光路调整。开启光源，调整光路，确保光束通过分束器、反射镜和待测物体的路径清晰且无干扰。可以通过目视或使用探测器观察光束的传播。

3）校准干涉仪。在没有待测物体的情况下，调整仪器，以获得清晰的干涉条纹。这一步骤非常重要，以确保后续测量的准确性。

4）放置待测物体。将待测物体放置在测量光束的路径上，确保物体表面光滑且均匀。记录下物体的位置和状态，以便进行分析。

5）进行测量。启动光源，观察干涉条纹。可以使用相机或探测器捕捉干涉图案。拍摄时需要保持设备稳定，以避免振动影响结果。

6）数据记录与分析。记录干涉图案的特征，包括条纹的数量、间距和形状等。可以使用图像处理软件对捕获的数据进行分析，提取待测物体的高度、粗糙度等相关参数。

（4）激光共聚焦显微镜

共聚焦显微镜的名字来源于它有两个焦点，一个在样品一侧，另一个在探测器一侧。共聚焦显微镜的研究始于1957年，那一年，麻省理工学院的学生马文·明斯基发明了共聚焦显微镜并申请了专利，但当时的技术限制很难将这种原理付诸实际应用。直到20世纪70年代，激光的大范围使用促进了激光共聚焦显微镜的应用。到了1982年，扫描设备和传感器技术的进步使得激光共聚焦显微镜的商业化应用得以实现。

激光共聚焦显微镜测量原理如图5-17所示。一般的显微镜使用的场光源均匀地照亮整个视场，每一点图像都会受到周围点光的衍射和散射影响，从而产生模糊的像场。激光共聚焦显微镜使用的激光束经光孔形成点光源，点光源通过显微镜的光路聚焦到焦平面上的一点时，产生的光返回到同样的焦平面上，利用光的可逆性聚焦到点光源的一点上。如果在这里放一个光孔，则焦平面外产生的不能聚焦的模糊光被光孔阻挡，从而可以选择性地检测焦平面上单个点的光，这就是激光共聚焦显微镜的工作原理。在实际应用中，通过分光镜对点光源进行分光和定位，并用两个反射镜进行光学扫描，从而获得二维图像，通过在 Z 轴方向的移动可以获得三维图像。

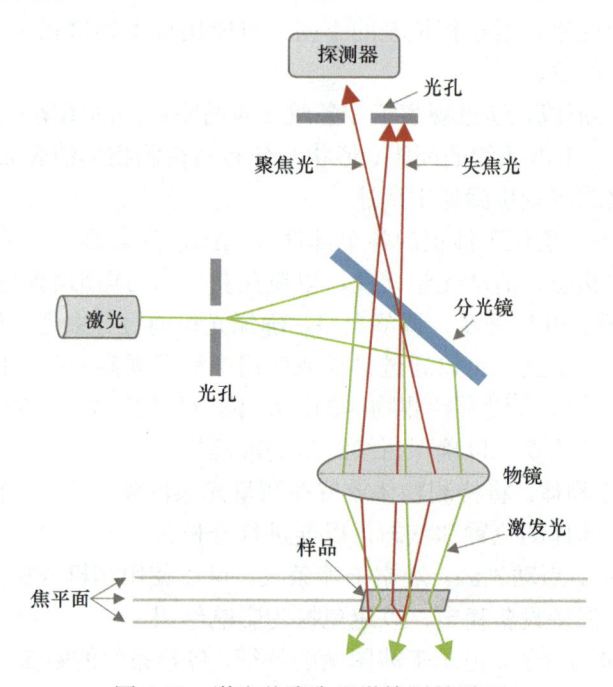

图 5-17　激光共聚焦显微镜测量原理

激光共聚焦显微镜测量流程如下所述。

1）样品准备。根据研究需要，选择适合的染色剂或荧光标志物对样品进行标记。对于生物样品，通常需要将样品切片（若是厚样品）并用适当的固定剂（如福尔马林）进行固定，以确保样品在成像过程中不会发生形态变化。将标记或固定的样品放置于载玻片上，并加盖封片胶或盖玻片以保护样品。

2）设备启动与初始化。启动激光共聚焦显微镜，通常会自动进行系统自检，确认激光源、扫描系统等部件的正常工作状态。选择适合染料发射光谱的激光波长和滤光片。激光共聚焦显微镜一般会配备多个激光源和滤光片，以适应不同的样品。根据样品的大小和需要观察的分辨率选择合适的物镜，常用物镜为 40×、60×、100×等高倍物镜。

3）样品定位与对焦。用低倍物镜粗调焦距，确保样品位于焦平面上。切换到高倍物镜后，通过显微镜的焦距调节进行精细对焦。此时可以观察到样品表面的结构，确保获得最佳的成像效果。

4)成像参数设置。选择合适的扫描模式(点扫描或线扫描)。点扫描可以获得更高分辨率的图像,而线扫描更适合快速成像。调节激光强度、探测器增益、曝光时间等参数,确保获得清晰、无过曝或欠曝的图像。如果需要观察样品的三维结构,可以选择 Z 轴扫描并设定扫描步长(Z-stack)。

5)数据采集与成像。启动激光扫描并开始采集数据。激光会沿着样品表面逐点扫描,并通过光电探测器捕获反射或发射的荧光信号。在成像过程中,实时观察采集的图像。如果图像质量不理想,可适时调整激光强度、探测器增益、对焦位置等。

6)数据分析与处理。通过计算机软件(如 Zeiss ZEN、Leica LAS、Olympus FluoView 等)对获得的二维或三维数据进行重建,构建样品的高分辨率图像。根据需要对图像进行去噪、增强对比度、调节亮度和对比度等后处理,以提高图像质量。

7)保存与导出数据。将获得的图像数据保存为常见的图像格式(如 TIFF、JPEG、PNG 等),也可以保存为适合分析的软件格式(如*.czi、*.lsm 等)。对于多通道成像或三维重建数据,可以导出相关的定量分析数据或三维结构信息,以便进一步研究。

8)清理与关闭设备。完成实验后,清理实验用具,避免污染显微镜系统。关闭激光共聚焦显微镜的各项设备,保存实验数据,并确保设备处于安全状态。

5.4 固体表面电荷及测量技术

5.4.1 固体表面电荷

(1)固体表面电荷

固体表面电荷产生的机制主要有以下几种。

1)电离作用。固体表面基团电离是指固体表面某些化学基团(如羧基、氨基等)在溶液中解离,使得剩余固体部分带异种电荷。

2)吸附作用。是指固体表面对溶液中的离子或带电粒子(如金属离子、表面活性剂等)的不等量吸附,导体电荷在固体表面积累,使固体表面呈现出带电性。

3)离子不等量溶解。对于一些带有异种电荷的固体表面,若两种离子在溶液中的溶解度不等量,就会造成固体表面呈现带电性。

4)晶格取代。对于一些由硅氧四面体和铝氧八面体晶格组成的黏土,其中的 Al^{3+} 的晶格点容易被 Ca^{2+} 和 Mg^{2+} 取代,从而使黏土带负电。

5)摩擦起电。固体表面和液体之间的摩擦会产生电荷的转移,从而使固体表面带电荷。

(2) 物理意义

涂层表面电荷作为评价涂层表面电性质的重要参数，其物理意义主要体现在以下几个方面。

1) 反映涂层表面的亲疏水性。一般来说，涂层表面电荷绝对值越大，涂层表面越亲水，反之则越疏水。这是由于带电涂层表面与水分子之间存在较强的静电相互作用，使得水分子容易在涂层表面铺展开来，形成亲水表面。

2) 反映涂层表面的酸碱性。涂层表面电荷的极性与其酸碱性密切相关。一般来说，涂层表面呈现负电性时，其表面化学性质偏碱性；呈现正电性时，其表面化学性质偏酸性。

3) 反映涂层表面与带电粒子之间的相互作用。涂层表面电荷通过静电引力或斥力影响着带电粒子在涂层表面的吸附、沉积等行为。当涂层表面电荷与粒子电荷符号相反时，存在静电引力，粒子容易吸附在涂层表面；符号相同时，则存在静电斥力，粒子不易吸附。

(3) 表面电荷与防污性能关系

等电点是指一个分子表面不带电荷时的 pH，对于蛋白质来讲，因氨基酸残基组成的不同，等电点也不同。如果 pH=a 时，蛋白质的正负电荷相等，那么就可以说蛋白质的等电点是 pH=a；当 pH>a 时，蛋白质带负电荷；当 pH<a 时，蛋白质带正电荷。人体的平均 pH 约为 7.4，体内大部分蛋白质的等电点<6，因此人体内的大部分蛋白质带负电荷。

对于海洋环境，海水的 pH 一般为 7.5~8.6，大部分蛋白质也带负电荷。由于细菌的细胞膜中存在磷脂、多糖和蛋白质，所以大多数细菌在水环境中带负电荷[8]。关于材料表面电荷对细菌等微生物的影响，存在不同的观点和看法。

1) 表面负电荷有益。早期的观点是带负电荷的材料会因和细菌等带同种电荷而产生静电斥力，从而阻碍细菌的附着。

2) 表面正电荷有益。这个观点认为带正电荷的材料可降低生物污损。虽然表面负电荷降低了细菌最初的附着，延缓了生物被膜的形成，但是黏附在带正电荷材料表面的细菌并没有增加。这是由于静电吸引力，干扰了细菌的生长和分裂。相反地，革兰氏阴性菌和革兰氏阳性菌在最初的黏附后，在带负电荷材料表面呈指数级增长。

3) 表面电中性有益。一些研究发现，当表面呈现电中性时防污效果最佳。无论是增加表面负电荷还是正电荷，防污效果均降低。

4) 表面电荷无影响。研究人员合成了带正电荷、带负电荷及电中性的一些材料，这些材料仅表面化学成分和电荷方面存在差异[9]。通过 40 天的试验发现在特定时间点，在具有不同的电荷的材料表面的细菌群落没有明显差异。因此，表面电荷在细菌黏附的长期选择中不起决定性作用。

5.4.2 测量技术

（1）电动现象

要理解表面电荷的测量技术，首先要了解电动现象（或称动电现象）和 Zeta（ζ）电位的概念。

电动现象是指固液体系中在外加电场作用下引起的固液相对运动（因电而动），或固相与液相相对运动产生电位（因动生电）的现象。电动现象产生的根本原因是胶体表面带电荷，带电胶体颗粒在溶液中时，其表面形成扩散双电层（图 5-18）。当带电颗粒在溶液中滑动时，滑动面与液体的电位差称为 Zeta（ζ）电位。Zeta 电位是由这个区域内的净电荷引起的，因此，它被广泛地应用于对表面电荷的表征。

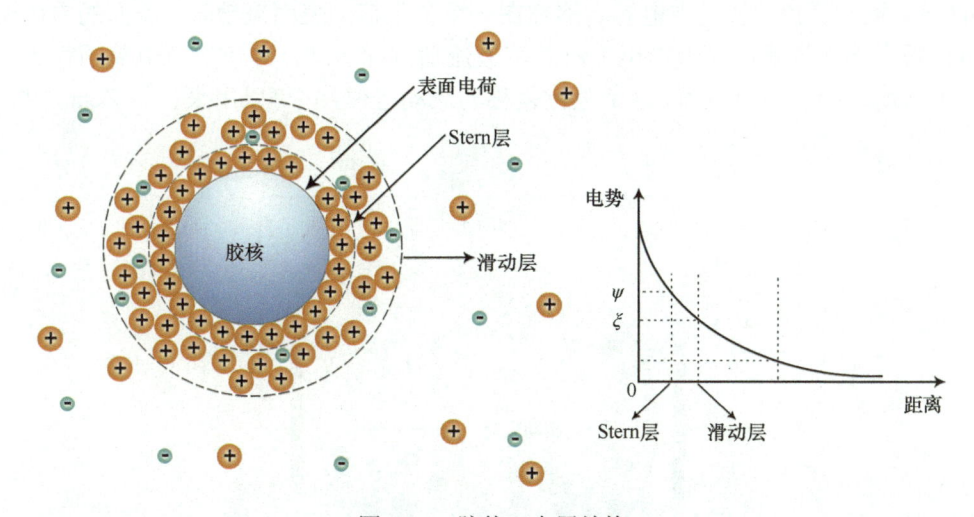

图 5-18 胶体双电层结构

对于胶体溶液，Zeta 电位的大小可以表征分散系的稳定性，Zeta 电位高表明颗粒的静电斥力大，因此分散性较好；反之，Zeta 电位低表示胶体溶液体系的稳定性差。

（2）固体 Zeta 电位分析仪

固体 Zeta 电位分析仪是用于测量固体材料（如粉末、颗粒、薄膜等）在液体介质中表面电荷特性的重要仪器。Zeta 电位是一种关键的表面电荷参数，它能够反映固体在液体环境中的稳定性和相互作用。

固体 Zeta 电位分析仪的工作原理为：在胶体双电层的模型中，电荷分布成稳定层和可移动层，二者之间的层称为滑动层。Zeta 电位在固体滑动层上表面与液相之间呈现衰减趋势。测量时，电解质在固体表面流动，导致稳定层与可移动层之间相对运动与电荷分离，由此得出测量的 Zeta 电位，Zeta 电势可表示为：

$$\zeta = \frac{\mathrm{d}U}{\mathrm{d}P} \times \eta/(\varepsilon \times \varepsilon_0) \times K \tag{5-16}$$

式中，P 为液体的流动压差；$\mathrm{d}U/\mathrm{d}P$ 为流动电势系数；η 为介质黏度；ε、ε_0 为介电常数；K 为电解质电导率。由式（5-16）可以看出，介质黏度、介电常数、电导率等都影响 Zeta 电位的测量。因此解释 Zeta 电位时，需要说明电解质溶液的类型、浓度、pH 等。

在测量中，电解质循环流经装有样品的测量池（图 5-19），从而产生压差，电荷在电化学双电层相对运动中产生并增加流动电压/电流，这个流动电压/电流由置于样品两边的电极检测。在这个过程中，可同时测量出电解质的电导率、温度、pH 等。换句话说，就是当电解质溶液在一个带电荷的表面流动时，表面的自由带电荷粒子将在电解质溶液作用下沿着溶液流动方向运动，导致下游电荷的积累，在上下游之间产生电位差，这个电位差称为流动电位，它可以用来计算 Zeta 电位。

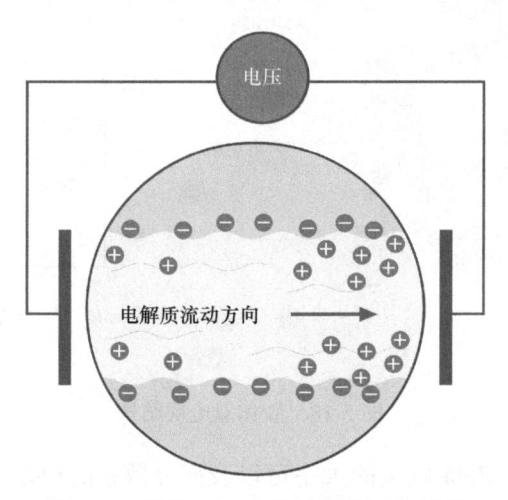

图 5-19　固体 Zeta 电位分析仪工作原理

固体 Zeta 电位分析仪测量步骤如下所述。

1）样品准备。选择待测的固体颗粒，确保其均匀分散。使用适当的液体介质（如去离子水或电解质溶液）进行稀释，确保颗粒在液体中分散良好。对于固体薄膜，按要求裁剪成合适的尺寸，并采用超声清洗等方式去除表面浮尘和污染物。

2）仪器校准。在进行测量之前，使用已知 Zeta 电位的标准样品进行校准，以确保仪器的准确性和可靠性。

3）样品注入。对于悬浮液，将固体悬浮液注入固体 Zeta 电位测试仪的样品池中，确保没有气泡和杂质干扰。对于固体薄膜，将薄膜放置到固体表面样品池中。

4）设置实验参数。根据实验要求设置电场强度、温度及其他相关参数。

5）开始测量。启动仪器进行测量，仪器将自动记录电泳速度及其他相关数据。

6）数据分析。使用分析软件对测得的数据进行处理，计算出样品的 Zeta 电位，并生成相应的报告。

5.5 润湿性及测量技术

5.5.1 润湿性

（1）润湿性

当液滴与固体表面接触时，会在固体上扩散，这种扩散铺展程度或能力通常称为润湿性或浸润性。润湿性的根本原因在于表层分子状态与物质内部分子状态之间的差异，即表层分子的能量高于内部分子的能量。一旦液体和固体之间形成界面，界面的表面能就会趋于降低，最终液体就会在固体上扩散。大多数液体可以完全润湿表面能较高的固体，从而导致界面能降低。相反，表面能低的固体（如特氟龙），则很难被液体润湿。当不同的液体与同一种固体接触时，或者同一种液体与不同固体接触时，它们在表面的铺展状态存在差异。1805 年，英国科学家托马斯·杨研究润湿和毛细现象时描述了界面张力和接触角（contact angle，CA）的定量关系，并提出了著名的杨氏方程（Young's equation）。两百多年来，杨氏方程已经成为润湿领域的最基本方程之一。在这个方程中，接触角被定义为"液体–固体"界面与"液体–空气"界面切线之间的夹角（图 5-20）。在杨氏方程中，接触角（θ_w）余弦与界面张力（γ）之间的关系如下：

$$\cos\theta_w = (\gamma_{sv} - \gamma_{sl})/\gamma_{lv} \tag{5-17}$$

式中，γ_{sv}、γ_{lv} 和 γ_{sl} 分别为固–气、液–气和固–液界面的张力；θ_w 为接触角。

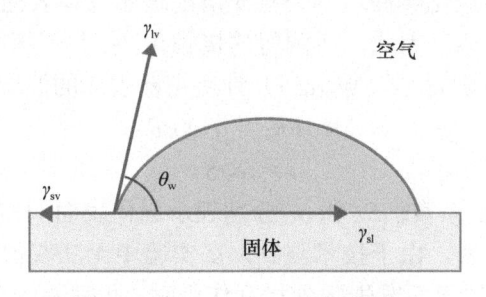

图 5-20 γ_{sv}、γ_{lv} 和 γ_{sl} 之间的关系

在固–气系统中，固体的润湿性可根据接触角的大小进行分类。一般来说，如果 WCA>90°，则该固体为疏水性；若 WCA<90°，则为亲水性。还有更详细的分类方法（图 5-21），如果 WCA<10°，则为超亲水；若 10°<WCA<90°，则为亲水；若 90°<WCA<150°，则为疏水；若 WCA>150°，则为超疏水。近年来的研究发现，如果光滑表面的 WCA>65°，则 WCA 会随着表面粗糙度的增加而增加；如果 WCA<65°，则 WCA 会随着粗糙度的增加而减少，因此亲疏水表面的分界应该为 65°[10]。涂层表面润湿性反映了涂层表面与液体分子之间的相互作用力，主要包括范德瓦尔斯力、氢键作用力、静电力等。当涂层表面与液体分子之间的相互作用力较强时，液体更容易在涂层表面铺展开，表现出良好的亲液性；反之，当相互作用力较弱时，液体在涂层表面难以铺展，表现出疏液性。

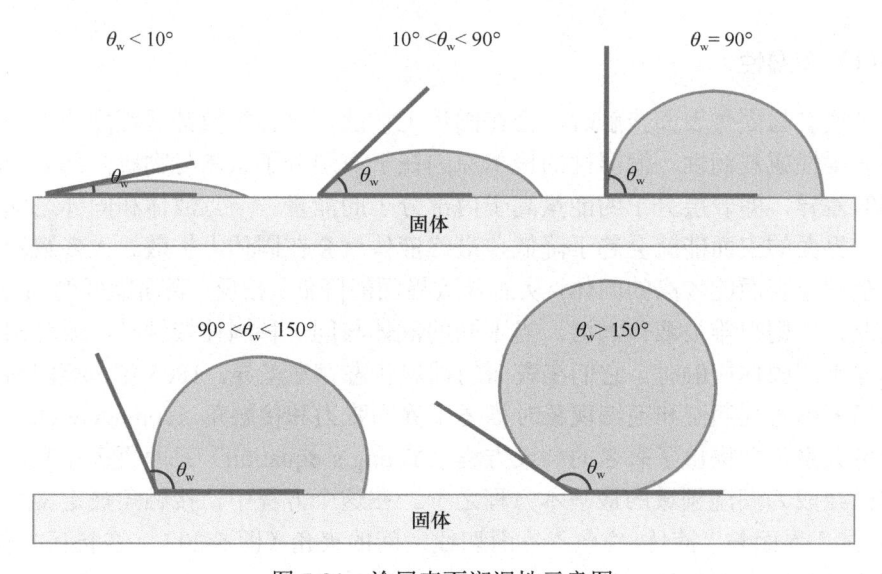

图 5-21　涂层表面润湿性示意图

（2）润湿状态

杨氏方程描述的是化学性质均匀且光滑的理想固体表面的接触角，然而现实中的材料不是理想固体。因此，所测得的接触角 θ_M 并不等同于本征接触角 θ_w。1936 年，德国科学家温泽尔（Wenzel）针对粗糙表面的润湿提出了下面的方程：

$$\cos\theta_M = r \cdot \cos\theta_w \tag{5-18}$$

$$r = S_A/S_G \tag{5-19}$$

式中，r 为平均粗糙度系数；S_A 和 S_G 分别表示固体表面的实际面积和投影面积。然而，有研究人员认为，由于技术限制，在实验中无法获得固体表面的真实粗糙度系数。当液滴与固体表面发生强烈相互作用时，此时液体会完全润湿接触区域，这种状态称为温泽尔状态（图 5-22）。

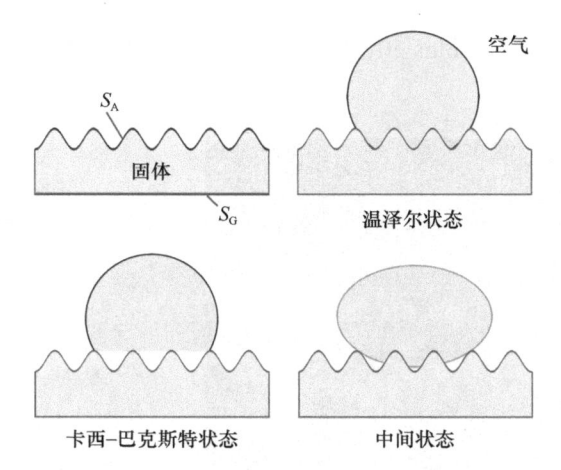

图 5-22　固体表面的实际面积（S_A）和投影面积（S_G），及温泽尔状态、卡西-巴克斯特状态和中间状态

1944 年，卡西（Cassie）和巴克斯特（Baxter）的研究发现，当液体渗透到非均匀表面时，液体不会完全浸润表面上的突出间隙，温泽尔状态就会失效，此时的润湿状态被称为卡西-巴克斯特状态。固体的润湿状态可以转变，也可以从卡西-巴克斯特状态过渡到温泽尔状态，这取决于能垒和外力之间的竞争。在卡西-巴克斯特状态下，固体表面可被视为由两部分组成的二元复合表面，即化学异质的平坦表面和粗糙表面。卡西和巴克斯特提出了以下公式来预测接触角 θ_{CB}：

$$\cos\theta_{CB} = f_1 \cos\theta_1 + f_2 \cos\theta_2 \tag{5-20}$$

$$f_1 + f_2 = 1 \tag{5-21}$$

式中，本征接触角 θ_1 和面积分数 f_1 为分量 1 部分；本征接触角 θ_2 和面积分数 f_2 为分量 2 部分。在固-气环境中，分量 1 和 2 分别为固体和空气。水和空气的接触角为 $\theta_2=180°$，则式（5-20）可以变化为：

$$\cos\theta_{CB} = f_1 (\cos\theta_1 + 1) - 1 \tag{5-22}$$

根据式（5-22），如果空隙中滞留了更多的空气，f_1 就会减小，从而导致 θ_{CB} 增大。

另一种状态称为中间状态（intermediate state），也称为混合状态或共存状态。在这种状态下，空隙部分被液体填充，部分存在空气。

涂层表面的润湿性与其防污性能有着密切的关系。一般来说，具有疏水和超疏水性能的涂层，其表面张力较低，液体污染物不易在其表面铺展和吸附，因此具有优异的防污性能。由于表面张力的作用，液体能够在涂层表面保持较高的接触角，并在外力（重力）的作用下从涂层表面滚落，从而带走表面的污染物，起到自清洁的作用。荷叶就是一个典型的例子（图 5-23），荷叶具有超疏水表面，水滴在其表面呈球形，附着力极低，因此荷叶表面的污染物容易随着水滴滚走，这种现象称为荷叶效应（lotus effect），这为研究人员设计仿生防污表面提供了仿生模本。

图 5-23　荷叶表面球形的水滴及荷叶效应示意图

5.5.2　测量技术

接触角测量是确定涂层表面润湿性的简便方法。目前已开发出几种测量接触角的方法，包括 Wilhelmy 法、共聚焦显微镜法、扫描力显微镜法和液滴轮廓分析法等。液滴轮廓测量系统通常包括摄像头、样品台和背光灯等（图 5-24）。当这三个部分处于同一水平面上时，系统记录液滴轮廓的图像。随着摄像技术的发展，摄像头成本已经非常低廉，大大降低了自行搭建接触角测量系统的成本。

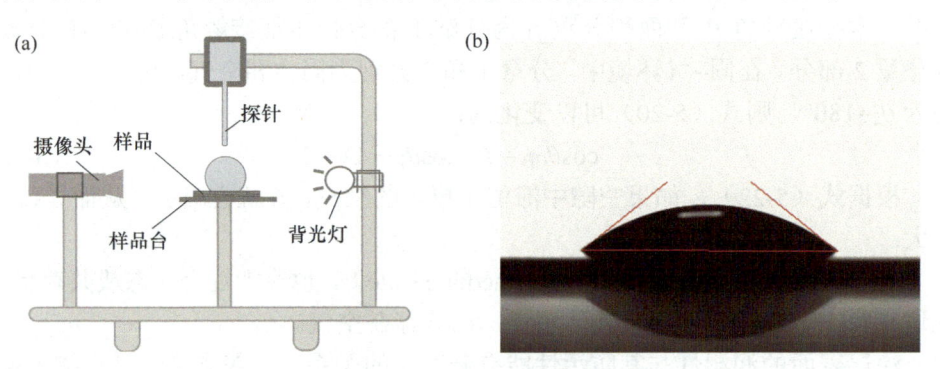

图 5-24　接触角测量
(a) 测量系统示意图；(b) 液滴轮廓图像

一旦获得液滴轮廓的图像，就可以使用不同的方法分析接触角，主要包括割线法、拟合法及掩模法来计算接触角的具体数值[11]。

（1）割线法

通过在液滴与固体表面接触点的切线对水滴的轮廓进行测量，从而求得接触角的数值。

（2）拟合法

拟合法基于 Young-Laplace 方程，通过圆、椭球或多项式函数来分析水滴的轮廓，在接触角测量仪配套的商业软件中，这种方法经常被使用。

拟合法主要包括：

1）Young-Laplace 方程拟合

Young-Laplace 方程描述了弯曲液面的附加压力与液体表面张力及曲率半径之间的关系，有如下形式：

$$\Delta P = \Delta P_g + \Delta P_\gamma = \rho g h + \left(\frac{1}{R_1} + \frac{1}{R_2}\right)\gamma \qquad (5\text{-}23)$$

式中，ΔP_g 为流体静压力；ΔP_γ 为曲率引起的压力；R_1、R_2 分别为曲率半径；γ 为液体表面张力；ρ、g、h 分别为液体的密度、重力常数和距离表面的高度。当液滴尺寸小于液体毛细长度时，流体静力可以忽略不计。

采用 Young-Laplace 拟合方法，确定液滴轮廓与基线的交点（三相点），以测量接触角。对于在光滑水平表面上的对称且未变形的液滴，Young-Laplace 拟合给出了理论液滴形状与实际液滴形状之间的最佳对应关系，但不适用于非平衡形状或非对称的液滴。

2）圆拟合

在圆拟合中，把接触角的轮廓拟合成一个圆形，则在接触点处（x_CP, y_CP）的接触角 θ 为：

$$(x-x_\text{C})^2 + (y-y_\text{C})^2 = R^2 \qquad (5\text{-}24)$$

$$\theta = 90\left[(1-\lambda\lambda_1) + \frac{2}{\pi}\lambda\tan^{-1}\left(\frac{y_\text{CP}-y_\text{C}}{x_\text{CP}-x_\text{C}}\right)\right]\;[°] \qquad (5\text{-}25)$$

式中，x_C、y_C 和 R 为轮廓圆的中心坐标和半径的最优解；λ、λ_1 为符号函数，通过下式计算：

$$\lambda = \begin{cases} 1, \text{左侧} \\ 1, \text{右侧} \end{cases} \qquad (5\text{-}26)$$

$$\lambda_1 = \begin{cases} 1, \tan^{-1}\left(\dfrac{y_{CP} - y_C}{x_{CP} - x_C}\right) > 0 \\ -1, \tan^{-1}\left(\dfrac{y_{CP} - y_C}{x_{CP} - x_C}\right) < 0 \end{cases} \quad (5\text{-}27)$$

对于较小的液滴，其受重力作用不明显，因此其轮廓很接近一个圆形，圆拟合法可以很好地拟合这种情形，具有较低的误差和较强的抗噪声能力。

3）多项式拟合

多项式拟合类似于圆拟合，它使用 N 阶多项式基于最小二乘法来拟合液滴的轮廓：

$$Y(x) = \sum_{i=0}^{N} P_i x^i \quad (N = 1, 2, 3, \cdots) \quad (5\text{-}28)$$

$$\theta = \frac{180}{\pi}\left(\frac{\pi}{2} - \lambda \tan^{-1} P_1\right)[°] \quad (5\text{-}29)$$

式中，P_i 是多项式系数；λ 为符号函数。

多项式拟合方法不适合分析大量图像，目前不能自动计算轮廓上节点的位置，而必须由用户手动指定。

(3) 掩模法

这种方法利用掩模矩阵与图像的卷积面积计算水滴剖面的局部斜率，从而求得接触角的数值。这种方法就像直接在图像上放置一个理想的量角仪，不需要边缘拟合。掩模法又分为圆掩模、三角掩模和模糊界面掩模。

在实际测量中，通常使用商业软件或开源软件进行接触角图像的分析。ImageJ 是一个免费开源图像处理软件（图 5-25），通过安装插件，可以实现多种多样的功能，在 DNA 电泳、细胞计数、接触角分析等领域均广泛使用。这里以其接触角插件为例，简单介绍其使用方法。

1）下载 ImageJ、Contact Angle 插件、Drop Analysis 插件并按要求安装，均可以在其官网下载。

2）打开软件后，打开液滴轮廓照片，然后选择下载的插件即可进行测量。

需要注意的是，Contact Angle 插件使用圆拟合和椭圆拟合法计算液滴的接触角。而 Drop Analysis 插件中的 DropSnake 方法基于 B-spline snakes 方法来计算接触角，LBADSA 基于 Young-Laplace 方程对图像数据进行拟合。

图 5-25 ImageJ 软件分析接触角界面

5.6 表面能及估算技术

5.6.1 表面能

(1) 表面能的定义

表面能 (surface energy) 也常被称为表面自由能 (surface free energy) 或界面自由能 (interfacial free energy), 它是增加材料表面积所需的能量, 它是由表面分子力与材料内部分子力的不平衡引起的。液体或固体内部的分子被周围的分子均匀地向各个方向拉伸, 但在表面, 它们被向内拉伸, 在表面外, 没有分子来平衡这种力。表面能可以定义为产生新表面的力在单位面积上所做的功。表面能 E、表面张力 S, 以及新增加的面积 ΔA 存在以下关系:

$$E = S \times \Delta A \tag{5-30}$$

润湿是指液体扩散或润湿固体表面的程度。液体表面能和固体表面能之间的相互作用决定了润湿程度。在低表面能材料表面 (如聚四氟乙烯), 其表面能很低, 不会强烈地吸引水分子。由于水分子内部的凝聚力 (表面张力) 比水和聚四氟乙烯之间的附着力更强, 所以水更倾向于以水滴的形式聚集在一起。表面能是黏合剂和材料表面相互排斥或吸引的程度 (图 5-26)。高表面能吸引, 低表面能排斥。一般来说, 表面能越高的材料黏附力越好。

(2) 表面能与防污性能的关系

表面能低的涂层, 其表面张力小, 污染物不易在表面上扩散和附着, 因此具有一定的耐污性; 表面能高的涂层, 其表面张力大, 污染物容易在表面上扩散和附着,

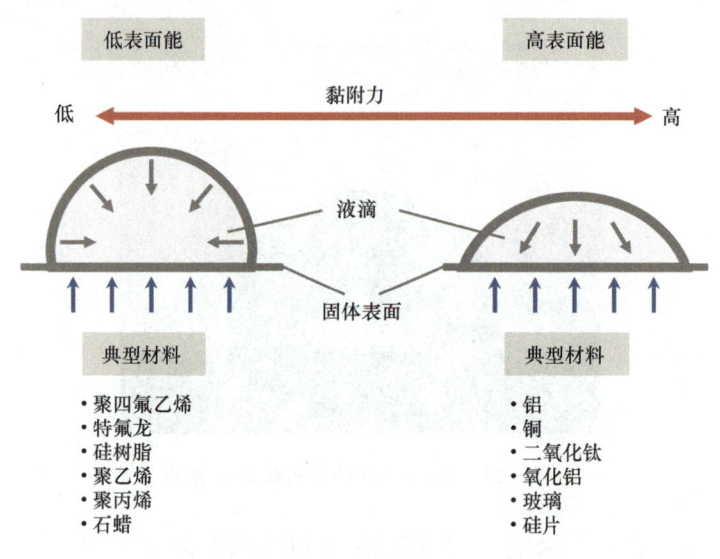

图 5-26 表面能和润湿性、黏附力关系示意图

耐污性较差。1973 年，拜尔（Baier）和齐斯曼（Zisman）研究了细菌在具有不同表面能材料的附着问题，发现在硅树脂表面和水凝胶表面的附着力最低，由此提出了著名的 Baier 曲线（图 5-27）[12]。该曲线认为表面能在 20～30mN/m 范围内的材料具有很好的污损脱附性能。在这个范围内，即使生物附着，只需要适当的剪切力就可以轻松将附着的生物去除。近 50 年来，Baier 曲线一直指导着船舶涂层的设计。

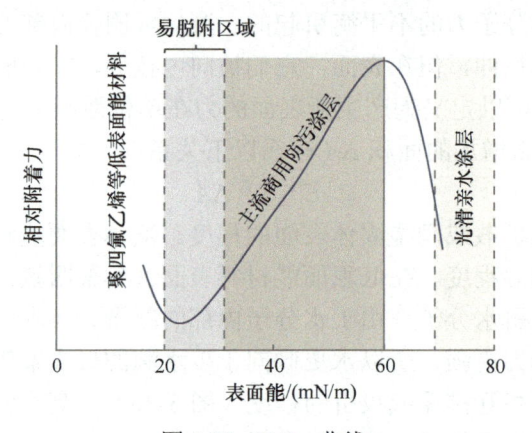

图 5-27 Baier 曲线

从分子角度讲，低表面能防污效果的实现方式在于降低污染物与基材表面的分子间作用力和相互作用，在外部剪切力的辅助下，大分子污染物得以从表面脱附。如前所述，海洋生物污损形成的第一阶段是形成条件膜，条件膜中含有大量生物蛋白污损，有利于后续生物污损的进一步形成和附着。因此，涂层抗生物蛋

白黏附性能的提升可获得更佳的海洋防污表现。组成生物污损的生物蛋白表面可同时包含亲水、疏水、阳离子和阴离子区域，且环境 pH、离子浓度等因素的变化会影响蛋白质表面不同区域的暴露面积。蛋白质的吸附可能是氢键、静电吸附、电荷转移和疏水相互作用的结果。低表面能涂层具有优良的防污表现，这是因为低表面能涂层表面极性较低，削弱了与氢键、离子键等强极性键相互作用的力，蛋白质大分子等极性物质不易在涂层表面形成稳定的吸附。

当防污涂层具有与水相当（约 72mJ/m²）的高表面能时，水分子会被吸引并在涂层表面形成一层致密的水化层。这层水化层可以阻隔海洋生物与涂层表面的直接接触，从而起到防污作用。同时，由于涂层表面能与水的表面能相近，涂层表面与水之间的界面能降至最低，使得涂层表面更倾向于与水分子保持接触，而不是与海洋生物接触。这种防污机制不依赖于化学毒素，而是利用物理原理，因此对海洋生态系统的影响较小。高表面能防污涂层具有环境友好性和长效性，可广泛应用于船舶、海洋工程结构、水下设备等领域，以减少生物污损对设备性能和能耗的不利影响。

近年来的研究发现，涂层的力学性能和表面成分也是影响生物污损和污损释放的重要因素。在 Baier 曲线中，PDMS 涂层表面污损生物较少的原因还在于 PDMS 较低的弹性模量。水凝胶等亲水表面，虽然表面能较高，但也具有较低的弹性模量。因此污损生物的释放是表面能和弹性模量共同作用的结果。

综上所述，表面能是影响防污涂层性能的关键因素之一。在设计防污涂层时，需要综合考虑表面能对防污性能、耐久性、自清洁性和抗生物污损性等方面的影响，通过合理调控表面能，开发出满足实际需求的高性能防污涂层。这需要在材料选择、配方设计和表面处理等方面进行系统的研究和优化，并结合具体的应用环境和使用条件，对防污涂层的性能进行评估和验证，以确保其在实际应用中能够发挥出最佳的防污效果。

5.6.2 表面能估算

液体表面的分子相互吸引，这种吸引力称为液体的表面张力。表面能相当于分子在固体表面的吸引力。表面张力用于指液体，表面能（或表面自由能）用于指固体。本节将讨论表面能的估算方法。

（1）表面张力分量法

1）Fowkes 法

Fowkes 认为表面张力（γ）由不同的张力分量组成，每一种分量都是由一种特定类型的分子间作用力引起的：

$$\gamma = \gamma^d + \gamma^h + \gamma^{di} + \cdots \tag{5-31}$$

式中，γ 为总表面张力；γ^d 为色散表面张力分量；γ^h 为氢键分量；γ^{di} 为偶极键分量。式（5-31）经常写为：

$$\gamma = \gamma^d + \gamma^n \tag{5-32}$$

式中，γ^d 和 γ^n 分别为 London 力引起的色散表面能分量和非色散表面能分量。Fowkes 认为固–液界面张力 γ_{sl}、固–气界面张力 γ_{sv} 和液–气界面张力 γ_{lv} 遵循以下几何关系：

$$\gamma_{sl} = \gamma_{sv} + \gamma_{lv} - 2(\gamma_{sv}^d \gamma_{lv}^d)^{1/2} \tag{5-33}$$

式中，γ_{sv}^d 和 γ_{lv}^d 分别为固体和液体的色散表面张力分量。结合杨氏方程，式（5-33）可表示为：

$$\gamma_{lv} \cos\theta_w = -\gamma_{lv} + 2(\gamma_{sv}^d \gamma_{lv}^d)^{1/2} \tag{5-34}$$

在测量接触角 θ_w 时，使用的探针液体是已知的，则 γ_{lv} 和 γ_{lv}^d 可确定，并且 $\gamma_{sv} = \gamma_{sv}^d$。因此，基于式（5-34）可以估算出固体的表面能（γ_{sv}）。

2) Owens-Wendt-Kaelble 法

Owens 和 Wendt 将 Fowkes 的概念扩展到了色散力和氢键力都可能起作用的情形，他们认为表面张力由两部分组成，即：

$$\gamma = \gamma^d + \gamma^h \tag{5-35}$$

式中，γ^h 表示由氢键和偶极相互作用引起的表面张力分量，假设：

$$\gamma_{sl} = \gamma_{sv} + \gamma_{lv} - 2(\gamma_{sv}^d \gamma_{lv}^d)^{1/2} - 2(\gamma_{sv}^h \gamma_{lv}^h)^{1/2} \tag{5-36}$$

将公式（5-36）与杨氏方程结合，可得到：

$$\gamma_{lv}(1 + \cos\theta_w) = 2(\gamma_{sv}^d \gamma_{lv}^d)^{1/2} + 2(\gamma_{sv}^h \gamma_{lv}^h)^{1/2} \tag{5-37}$$

基于式（5-37），在测量接触角时使用两种探针液体，就可以根据方程组解出待测固体的表面能分量 γ_{sv}^d 和 γ_{sv}^h，两个分量之和即为固体的表面能。基本上在同一时间，Kaelble 也发表了一篇文章，提出了类似的计算公式，所以这种方法也被称为 Owens-Wendt-Kaelble 法。

3) Lifshitz-van der Waals/acid-base 法

Lifshitz-van der Waals/acid-base 法是对 Fowkes 法的泛化，该方法认为表面张力（γ）由三个分量组成，即 Lifshitz-van der Waals（LW）分量、酸（γ^+）分量和碱（γ^-）分量：

$$\gamma = \gamma^{LW} + 2(\gamma^+ \gamma^-)^{1/2} \tag{5-38}$$

假定固–液和液–液系统的表面张力为：

$$\gamma_{sl} = \gamma_{sv} + \gamma_{lv} - 2(\gamma_{sv}^{LW} \gamma_{lv}^{LW})^{1/2} - 2(\gamma_{sv}^+ \gamma_{lv}^-)^{1/2} - 2(\gamma_{sv}^- \gamma_{lv}^+)^{1/2} \tag{5-39}$$

对于固−液系统，式（5-39）结合杨氏方程，可以得到：

$$\gamma_{lv}(1+\cos\theta_w) = 2(\gamma_{sv}^{LW}\gamma_{lv}^{LW})^{1/2} + 2(\gamma_{sv}^+\gamma_{lv}^-)^{1/2} + 2(\gamma_{sv}^-\gamma_{lv}^+)^{1/2} \tag{5-40}$$

在测量中，使用的探针液体的 γ_{lv}^{LW}、γ_{lv}^+、γ_{lv}^-，可从文献或测量中获得。如果在测量接触角时使用三种液体，可通过求解这三个方程获得固体的三个分量 γ_{lv}^{LW}、γ_{lv}^+ 和 γ_{lv}^-，从而求得固体的表面能。

（2）状态方程法

1）Antonow 规则

Antonow 规则涉及一个古老的状态方程，即固−液系统中 γ_{lv}、γ_{sv} 和 γ_{sl} 之间的关系可表示为：

$$\gamma_{sl} = |\gamma_{lv} - \gamma_{sv}| \tag{5-41}$$

将式（5-41）与杨氏方程结合，可推导出：

$$\cos\theta_w = -1 + 2\frac{\gamma_{sv}}{\gamma_{lv}} \tag{5-42}$$

根据式（5-42），只要液体表面能 γ_{lv} 和接触角 θ_w 确定，那么固体表面能 γ_{sv} 就可以计算出来。

2）Berthelot 组合规则

本章已介绍的表面能估算方法都是基于经验方程，没有物理基础。因此，Kwok 等提出了一种基于 Berthelot 法的新方法，该方法基于类对（like-pair）分子相互作用和 London 色散理论。分子 i 和分子 j 之间的色散能系数 C_6^{ij} 为：

$$C_6^{ij} = (C_6^{ii}C_6^{jj})^{1/2} \tag{5-43}$$

式中，C_6^{ii} 和 C_6^{jj} 分别是分子 i 和分子 j 的色散能量系数。

这种关系构成了 Berthelot 组合规则的基础：

$$\varepsilon_{ij} = (\varepsilon_{ii}\varepsilon_{jj})^{1/2} \tag{5-44}$$

式中，ε_{ij} 为异对（unlike-pair）相互作用的势能参数；ε_{ii} 和 ε_{jj} 为类对相互作用的势能参数。

在热力学上，单位面积固−液对的自由黏附能等于分离单位面积固−液界面所做的功：

$$W_{sl} = \gamma_{lv} + \gamma_{sv} - \gamma_{sl} \tag{5-45}$$

根据 Berthelot 规则，黏附自由能 W_{sl} 大致等于固体的自由内聚能 W_{ss} 和液体的自由内聚能 W_{ll} 的几何平均数：

$$W_{sl} = (W_{ll}W_{ss})^{1/2} \tag{5-46}$$

通过定义 $W_{ll} = 2\gamma_{lv}$，$W_{ss} = 2\gamma_{sv}$，上式可变为：

$$W_{sl} = 2(\gamma_{lv}\gamma_{sv})^{1/2} \tag{5-47}$$

结合式（5-47）、式（5-45）及杨氏方程，可以推导出：

$$\cos\theta_w = -1 + 2(\gamma_{sv}/\gamma_{lv})^{1/2} \tag{5-48}$$

因此，可以用一种探针液体来估算固体的表面能。然而，Kwok 等发现，固体的表面能随着探针液体表面张力的增加而降低，所以在式（5-48）的基础上，引入了一个修正系数 β 来解决这个问题：

$$\cos\theta_w = -1 + 2(\gamma_{sv}/\gamma_{lv})^{1/2}[1-\beta(\gamma_{lv}-\gamma_{sv})^2] \tag{5-49}$$

式中，固体的表面能（γ_{sv}）和 β 可通过测量不同的液体获得。Kwok 等还发现，β 在测量中几乎是一个恒定值，这表明只需要一种液体就能确定固体的表面能。此外，测试证实，即使使用不同的液体，根据这个方法估算的表面能也是相似的。

参 考 文 献

[1] BRADY R F. A fracture mechanical analysis of fouling release from nontoxic antifouling coatings[J]. Progress in Organic Coatings, 2001, 43(1): 188-192.
[2] BRADY JR R F, SINGER I L. Mechanical factors favoring release from fouling release coatings[J]. Biofouling, 2000, 15(1-3): 73-81.
[3] CALLOW M E, JENNINGS A R, BRENNAN A B, et al. Microtopographic cues for settlement of zoospores of the green fouling alga *Enteromorpha*[J]. Biofouling, 2002, 18(3): 229-236.
[4] YARBROUGH J C, ROLLAND J P, DESIMONE J M, et al. Contact angle analysis, surface dynamics, and biofouling characteristics of cross-linkable, random perfluoropolyether-based graft terpolymers[J]. Macromolecules, 2006, 39(7): 2521-2528.
[5] BERS A V, DÍAZ E R, DA GAMA B A P, et al. Relevance of mytilid shell microtopographies for fouling defence – a global comparison[J]. Biofouling, 26(3): 367-377.
[6] SCARDINO A J, GUENTHER J, DE N R. Attachment point theory revisited: The fouling response to a microtextured matrix[J]. Biofouling, 2008, 24(1): 45-53.
[7] YANG S, LIU J, XU L, et al. A new approach to explore the surface profile of clay soil using white light interferometry[J]. Sensors, 2020, 20(11): 3009.
[8] JUCKER B A, HARMS H, ZEHNDER A J. Adhesion of the positively charged bacterium *Stenotrophomonas* (*Xanthomonas*) *maltophilia* 70401 to glass and Teflon[J]. Journal of Bacteriology, 1996, 178(18): 5472-5479.
[9] MARBELIA L, HERNALSTEENS M-A, ILYAS S, et al. Biofouling in membrane bioreactors: Nexus between polyacrylonitrile surface charge and community composition[J]. Biofouling, 2018, 34(3): 237-251.
[10] ZHAO T, JIANG L. Contact angle measurement of natural materials[J]. Colloids and Surfaces B: Biointerfaces, 2018, 161: 324-330.
[11] AKBARI R, ANTONINI C. Contact angle measurements: From existing methods to an open-source tool[J]. Advances in Colloid and Interface Science, 2021, 294: 102470.
[12] OBER C. Fifty years of the Baier curve: Progress in understanding antifouling coatings[J]. Green Materials, 2017, 5(1): 1-3.

第6章 防污性能评估技术

在水下环境中,生物污损是一个复杂而普遍的过程,涉及各种微生物和大型污损生物在水下表面的聚集与定殖[1,2]。生物污损不仅影响海洋工程结构和船舶的性能,还对全球海洋产业的经济效益产生重大的影响[3~5]。因此,开发高效的防污技术是解决海洋生物污损、提升人类探索海洋能力的关键。在实验室或实海环境测试阶段,如何对防污技术的防污性能进行有效的评估关系到防污技术开发的成败。本章将系统地介绍防污性能评估技术,涵盖从微生物到大型污损生物的多样化分析测试技术和方法。这些技术包括污损生物的生长、附着、黏附强度和毒性评估等,旨在帮助读者了解污损生物的控制机制,筛选新活性化合物,并评估不同类型防污涂层的效果。在防污性能评估中,测试生物的选取是实验设计的关键因素之一。测试生物应具备代表性,以反映不同附着生物的特性及其在自然环境中的行为。本章将首先探讨测试生物的选取原则及其生物学特性,并介绍常用的测试生物,如海洋细菌、藻类和藤壶等物种[6],分析它们在防污技术研究中所扮演的重要角色。针对微生物的分析测试技术是防污性能评估的重要组成部分,涵盖微生物的生长、附着和生物被膜形成等方面的分析技术。此外,针对大型污损生物(如藤壶、贻贝等)的测试技术,在评估防污涂层的长效性中占有重要地位。本章将详细描述这些测试技术与方法,并探讨它们在不同防污技术研发中的应用。随着环境保护意识的不断增强,防污技术的环保性也成为研究的焦点之一,本章还将讨论涂层毒性测试方法。

6.1 测试生物的选取

6.1.1 选取原则

在海洋防污技术研究中,由于海洋生态系统的高度多样性,目前还没有一种单一的防污技术能够完全抑制所有生物污损。因此,在开发和测试防污技术时,研究人员通常会根据实验生物的生态代表性、生物对防污技术的敏感性、实验室培养的可行性等标准,选择多种实验生物,以尽可能模拟真实海洋环境的复杂性。这种多样化的选择能够帮助研究人员更好地理解防污技术在各种生态条件下的防污效果。

为了开发有效的防污技术，研究人员需要选择合适的实验生物进行测试，这些实验生物包括从微生物到宏观污损生物的各类代表性物种。细菌和硅藻等是初期附着的主要污损生物，形成生物被膜，为宏观污损生物（如藤壶、牡蛎和贻贝）的附着提供基础，从而促进污损进程。因此，在防污性能测定中，研究人员会选择多种不同类型的实验生物，以全面评估防污技术的有效性，并更好地理解防污技术对不同附着生物的控制效果。

在选择测试生物时，还需要考虑生态相关性、生物学特性、法规标准，以及实验操作的可行性等方面。选择与目标环境密切相关且具有代表性的物种，有助于准确评估防污技术对海洋生态系统的影响。例如，在热带海域可选择纹藤壶（*Balanus amphitrite*），而在温带海域则可选择大西洋藤壶（*Semibalanus balanoides*）。此外，测试生物应对防污成分具有敏感性，通常选取生命周期较短、繁殖迅速的物种，以便评估其急性和长期效应，同时确保符合相关法规和国际标准，以保证测试结果的科学性和一致性。

培养高级底栖生物（如贻贝、藤壶）需要较高的成本和较为复杂的实验条件[7,8]，因为这些生物通常需要特定的环境参数（如水温、盐度和溶氧量）才能正常生长，这些参数对它们的新陈代谢、营养吸收和免疫系统至关重要。例如，水温的波动可能会影响贻贝的生长速率，而盐度变化则可能导致藤壶的高死亡率。此外，还需要持续监测这些参数以确保它们保持在适合生物生长的范围内。例如，贻贝需要恒定的水流和特定的盐度，藤壶则需要特定的附着基质和光照条件。这些要求也影响了研究中实验生物的选择。因此，在某些初期研究中，研究人员可能会选择易于培养的污损生物类型，以降低实验成本并简化操作。在这种情况下，混合的污损生物群落可以更好地反映自然环境的复杂性，也有助于研究人员了解不同种类生物在污损过程中的相互作用。

6.1.2 常用测试生物类型

常用测试生物主要包括微生物及大型污损生物（图 6-1）。微生物主要是在初期附着中占主要地位，它们是形成生物被膜的主要贡献者。大型污损生物在生物被膜的基础上进行黏附，最终形成难以去除的大规模生物污损。

（1）微生物

在寻找潜在的新型防污剂时，研究人员通常开展一系列生物测定，以评估防污剂对污损生物的抑制效果。这些生物测试通常包括实验室培养、暴露实验和毒性评估等步骤。例如，首先培养目标污损生物至合适的生长阶段，然后将其暴露于不同浓度的待测防污剂中，最后通过观察生物的生长、繁殖和死亡率等指标来评估防污剂的抑制效果。常用的生物测试对象包括如下几种。

细菌　　　　　　　　硅藻　　　　　　　　真菌

藻类　　　　　　　　贻贝　　　　　　　　藤壶

图 6-1　常用测试生物

1）海洋细菌。这些细菌是污损过程的初期附着者，用于测试防污剂的抗菌活性。例如，假单胞菌（*Pseudomonas* spp.）、海洋弧菌（*Vibrio* spp.）和芽孢杆菌（*Bacillus* spp.）等都是常用的细菌类型，通过观察它们在不同浓度防污剂下的生长情况来评估抗菌效果[9,10]。

2）硅藻。作为光合微藻，硅藻在微污损测定中用于评估防污涂层对微藻的抑制作用。例如，常用的硅藻种类包括新月菱形藻、小球藻、三角褐指藻、杜氏盐藻、角毛藻等。通过测量它们在防污涂层处理下的生长速率和光合作用效率来评估涂层的防污效果[11]。

3）海洋真菌。海洋真菌虽较少被使用，但在某些研究中得到了应用。研究者通常选择从海洋生物被膜中分离的真菌菌株，如曲霉（*Aspergillus* spp.）、青霉（*Penicillium* spp.）和拟青霉（*Paecilomyces* spp.），以评估其在防污涂层中的作用。这些菌株相对容易分离和维持，并且可以通过冷冻保存，以确保实验中基因型的一致性。

（2）大型污损生物

除了污损微生物外，宏观污损生物也是防污涂层性能评估研究的重要测试对象。测试常用的宏观污损生物包括如下几种。

1）藻类。藻类是常见的宏观污损生物，特别是绿藻，它们的附着和生长情况常被用来评估防污涂层的有效性。

2）贻贝。贻贝类生物也是导致宏观污损的常见生物，尤其在海洋设施和船体表面，紫贻贝和翡翠贻贝等生物由于具有较强的定殖能力和快速的附着特性，常被用于防污性能测试。这些贻贝的快速附着特性为防污剂和涂层的有效性研究提供了理想的测试模型，使研究人员能够在较短时间内评估防污剂或涂层对海洋污损生物的抑制效果，非常适合用于快速筛选防污剂和涂层。

3）藤壶。在海洋污损生物中，藤壶是导致船体和海洋结构污损的最主要物种之一，藤壶幼虫（浮游幼体）的附着和定殖过程是防污研究中的关键环节。为了研究防污技术的效果，实验通常利用藤壶的最后发育阶段——浮游幼体，通过测定其在防污技术作用下的定殖抑制能力来评估防污性能。

4）海胆幼体。海胆幼体对于环境毒性非常敏感，因此常被用于评估防污涂层对海洋无脊椎动物早期发育阶段的影响。常用的类型包括马粪海胆（*Hemicentrotus pulcherrimus*）和青灰拟球海胆（*Paracentrotus lividus*）。

5）软体动物幼虫。牡蛎幼虫（如太平洋牡蛎 *Crassostrea gigas*）是评估防污剂对生殖和发育影响的常用模型，通过观察幼虫在不同条件下的存活率和发育情况来评估防污剂的毒性。

6）桡足类浮游动物。如哲水蚤（*Calanus* spp.），常用于评估防污剂对浮游动物的急性和慢性毒性，以了解其对海洋食物链的潜在影响。

7）多毛类环节动物。如沙蚕（*Nereis* spp.），这些底栖动物生活在沉积物中，适合用于评估防污剂或涂层对底栖生态系统的影响。

通过使用这些污损生物作为生物模型对防污技术进行防污性能评估，研究人员可以评估新型防污技术对特定生物群体的抑制效果，从而为新型防污技术的开发提供关键的数据支持。

6.2 实验室环境微生物分析测试

随着科技的不断进步，尤其是实验技术的微型化，新的生物测定技术被相继开发。这些测试技术顺应了现代生物技术的发展趋势，广泛采用了多孔板技术来进行高通量筛选，同时结合了荧光染色技术检测微生物的存在，利用计算机辅助视频分析提高实验效率，并在多个实验步骤中实现了自动化，这些进步显著提升了实验的精度和效率。

为了确保生物测试的可靠性，使用适当的对照至关重要，通常包括阴性对照和阳性对照，以确保结果的准确性和可重复性。定量表达实验结果的核心方法是通过计算关键参数，如有效浓度（EC）、致死剂量（LD）或抑制浓度（IC），这些指标通常表示对 50%的实验对象产生影响的浓度，分别记作 EC_{50}、LD_{50} 和 IC_{50}。这些定量参数为在相同实验条件下，比较不同化合物和标准杀虫剂的相对效力提供了科学依据。

然而，在微生物污损实验中，需要特别注意的是，实验中使用的微生物通常是可培养的微生物，而它们仅代表自然环境中微生物多样性的 5%～51%。因此，实验结果可能无法完全反映自然环境中的实际微生物群落结构和动态，这限制了实验结果的准确性。换言之，实验中的测试生物虽然在实验室条件下表现出防污效果，但在自然环境中可能面临复杂的生态系统和微生物相互作用，实际效果可能有所不同。

6.2.1 生长分析测试

在生物污损研究中，细菌生长抑制是常见的研究目标，通常通过纸片扩散法或测量液体培养基中浮游细菌的生长来实现，具体的测试方法见图 6-2。然而，这些测定方法的一个主要局限性在于，它们主要评估的是生长抑制，而不是生物体的附着能力，而生物污损的核心过程是生物体附着在表面上的能力。因此，评估防污潜力时，仅依赖生长抑制数据可能并不充分。此外，众所周知，生物被膜中的微生物对防污化合物的敏感性较低，远不如浮游状态下的微生物，这进一步影响了这些测定的有效性。

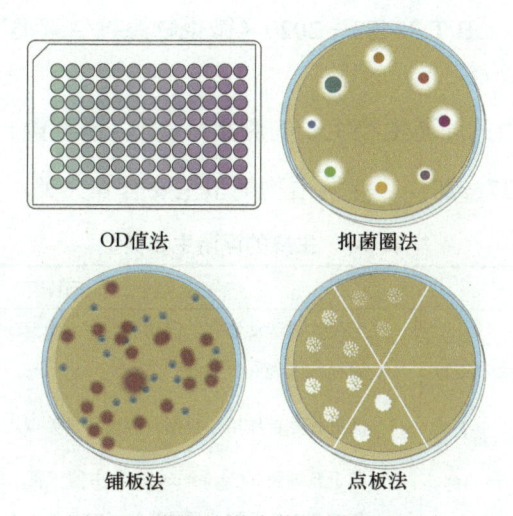

图 6-2 常用的微生物分析测试方法

（1）扩散法用于细菌、微藻和真菌的测定（抑菌圈实验）

纸片扩散法是一种经典的抗菌活性评估实验，广泛应用于检测抗生素或抗微生物化合物对细菌、真菌和微藻等微生物的抑制作用。实验开始时，首先在无菌条件下制备适当的琼脂培养基（如 Mueller-Hinton 琼脂），待其凝固后，使用无菌棉签或接种环将目标微生物均匀涂布在培养基表面，确保形成完整的菌膜[12,13]。随后，将浸有抗菌物质的无菌滤纸片轻轻放置于已接种微生物的培养基上。为了确保实验的准确性，可以用无菌镊子或抗生素分配器将纸片牢固压在培养基表面。培养皿随后在适宜的温度（通常为35℃）下孵育 18～24h，或者根据不同微生物的特性调整培养时间。培养结束后，观察纸片周围是否形成抑菌圈，并用卡尺测量抑菌圈的直径。抑菌圈的大小代表抗菌物质的效力，抑菌圈越大，抗菌活性越强[14]。抑制率 I 通过式（6-1）计算：

$$I = \frac{D_1 - D_2}{D_2} \times 100\% \tag{6-1}$$

式中，D_1 为平板中形成的抑菌圈直径，单位为毫米（mm）；D_2 为空白对照平板中的抑菌圈直径，单位为毫米（mm）。以 5 个平行样的平均值为最终结果，计算结果需要保留到小数点后两位。

此方法适用于广泛的抗菌物质筛选研究，尤其在细菌抗生素敏感性测试中得到广泛应用。通过这种方法，能够确定多种化合物对细菌、硅藻或真菌的最低抑制浓度（MIC）。由于每次实验通常只测试有限的重复次数和浓度，且抑制圈直径的测量存在一定的误差，因此 MIC 的结果不能视为严格的定量指标，但在筛选化合物时具有重要的实用价值。

相关国家标准：GB/T 38483—2020《微生物源抗生素类次生代谢产物抗细菌活性测定 抑菌圈法》。

(2) 液体培养中的浮游生物生长的测定（OD$_{600}$ 值测量）

根据 GB/T 30737—2014，浮游生物类型主要有 6 大类，见表 6-1 所示。

表 6-1　主要的浮游生物类型

生物类型	描述
浮游生物（plankton）	无发达的运动器官，运动能力弱或无运动能力，常随水流而移动
微微型浮游生物（picoplankton）	粒径范围为 0.2～2μm
微微型光合浮游生物（photosynthetic picoplankton）	能进行光合作用，包括自养型和异养型，自养型较多
原绿球藻（Prochlorococcus spp.）	归于蓝细菌（Cyanobacteria）中的一属，原核生物，粒径约为 0.6μm
聚球藻（Synechococcus spp.）	蓝细菌中的一属，原核生物，粒径约为 1μm
微微型真核藻类（picoeukaryote）	由不同门类的真核浮游植物组成，粒径为 0.2～2μm

在实验时，先将目标微生物接种到适宜的液体培养基中（如 LB 或 TSB 培养

基），并在恒温振荡培养箱中进行培养。适宜的培养条件通常为 37℃的温度和 180r/min 的振荡速度，以确保微生物处于浮游状态，避免沉降[15,16]。为了动态监测微生物的生长过程，需要实验者在不同时间点取样，使用分光光度计测量培养液的光密度（OD$_{600}$）。OD$_{600}$ 的变化可反映微生物的生长情况，一般可以观察到微生物的延滞期、对数增长期、稳定期和衰亡期。通过对数增长期的数据，可以进一步计算比生长速率和倍增时间。该方法尤其适用于研究浮游微生物的生长动力学以及抗微生物药物对细胞生长的影响[17~19]。

微生物的液体培养被用于评估浮游生物的生长情况。对于细菌，生长抑制可以通过在多孔板中测量浊度变化来快速（数小时内）评估。对于硅藻，生长抑制则可以通过在液体培养瓶中测量吸光度或叶绿素的浓度来评估[20,21]。然而，底栖硅藻种类由于容易形成快速沉积的聚集体，或附着在培养设备的内表面，导致吸光度测量或细胞计数的准确性较低，因此不太适合使用此技术。

相关国家标准：GB/T 30737—2014《海洋微微型光合浮游生物的测定 流式细胞测定法》。

（3）菌落计数法

在评估防污涂层的抗微生物附着和生长能力时，菌落计数法（colony counting method）是一种非常有效的方法，特别适用于评估抗生物被膜形成的能力[22,23]。通过定量分析涂层表面微生物的附着和生长情况，菌落计数法能够提供防污涂层在抑制生物被膜形成方面的详细数据，帮助研究者了解涂层的抗菌性能。该方法通过培养单个活的微生物细胞，形成可见的菌落来定量测定活菌数量。在实验过程中，首先将微生物样品通过一系列梯度稀释，以便获得适于计数的菌落数目。随后将适量稀释后的样品接种到固体培养基平板上，并通过涂布器使其均匀分布，确保微生物能够均匀生长。接种后的平板在适宜的培养条件下孵育（如 37℃下 24~48h），以便细菌形成可见的菌落。培养结束后，通过计数平板上的菌落数来估算样品中的活菌浓度。最终的菌落形成单位（CFU/mL）根据平板上的菌落数、稀释倍数和接种体积进行计算。菌落计数法的一个重要优点是它能够准确测定样品中活细胞的数量，而不仅仅是总细胞数，这使得它特别适用于评估生物被膜的形成和涂层对微生物附着的抑制效果。然而，这种方法也存在一些局限性，如菌落计数法只能检测那些能在所用培养基和条件下生长的微生物。对于某些不易培养的微生物，这种方法无法进行有效的检测。此外，菌落数目过多或过少可能导致试验误差，尤其在细菌浓度非常高或者非常低的情况下。

相关国家标准：HJ 1000–2018《水质 细菌总数的测定 平皿计数法》、GB/T 5750.12—2023《生活饮用水标准检验方法 第 12 部分：微生物指标》。

6.2.2 防污性能评估分析测试

在防污生物测定中，细胞黏附和生物被膜的形成是生物污损过程中的关键步骤，近年来逐渐成为研究的重点。相比于单纯研究微生物生长抑制的实验，附着测定更接近实际环境中的过程，特别是涉及最先附着的微生物（如细菌、硅藻）在表面上的初期附着行为。通过模拟这些早期附着过程，可以更准确地评估防污剂或涂层在实际应用中的潜力。附着抑制的机制主要有两种：一种是特异性抑制附着过程，直接干扰细胞黏附；另一种是通过防污剂的毒性作用间接减少附着。因此，附着抑制效果既取决于防污剂的抗附着能力，也与其对微生物的毒性相关。

（1）细菌附着测定（荧光染料标记法）

早期细菌附着测定方法之一，是通过将有机提取物掺入琼脂基质中，涂布在显微镜载玻片上，然后将载玻片垂直放入细菌悬液中。利用琼脂基质固定有机提取物，可以克服非极性分子或提取物在水基培养基中溶解度低的问题，从而确保测试化合物能够有效与细菌接触。具体实验步骤如下：将有机提取物溶解在适量的有机溶剂（如丙酮）中，随后将其与60℃的熔融YP琼脂培养基充分混合，得到均匀的提取物–琼脂混合物，将混合物倒入无菌培养皿中冷却凝固。然后将凝固的琼脂板切割成约 $1cm^2$ 表面积、厚度约 1mm 的琼脂块，这些琼脂块被放置于 6 孔微量滴定板的各孔中。细菌培养物经标准化后，加入到各个孔中，使细菌与琼脂块表面接触一定时间，之后用 4′,6 二脒基-2-苯基吲哚（4′,6-diamidine 2-phenylindole，DAPI）进行荧光染色以标记附着的细菌，并用甲醛固定。染色后的琼脂块通过轻柔的搅动去除未附着的细菌，然后固定在显微镜载玻片上，通过荧光显微镜观察和直接计数法对附着的细菌进行定量分析（图 6-3）[24,25]。

（2）微量滴定板生物测定法

微量滴定板生物测定法已成为研究细菌生物被膜形成的重要工具，尤其是在高通量实验中。使用多孔板（如 96 孔板）能够同时进行多个样本的筛选和测试，并引入适当的对照组以确保实验结果的可靠性。相比传统的显微镜直接计数，这一方法具有速度更快、精确度更高的优点，尤其是在研究细菌附着和生物被膜形成时更为突出。此外，该方法还具有较低的试剂消耗量，能够在微量条件下筛选出具有潜在应用价值的防污剂。

在操作流程上，首先将细菌悬液稀释至适当浓度（如 0.5 McFarland 标准，相当于 $1×10^8$ CFU/mL），然后将其加入到 96 孔微量滴定板中，每孔体积为 200μL，包含 180μL 的培养基和 20μL 的细菌悬液。接种后的微量滴定板在 37℃下孵育

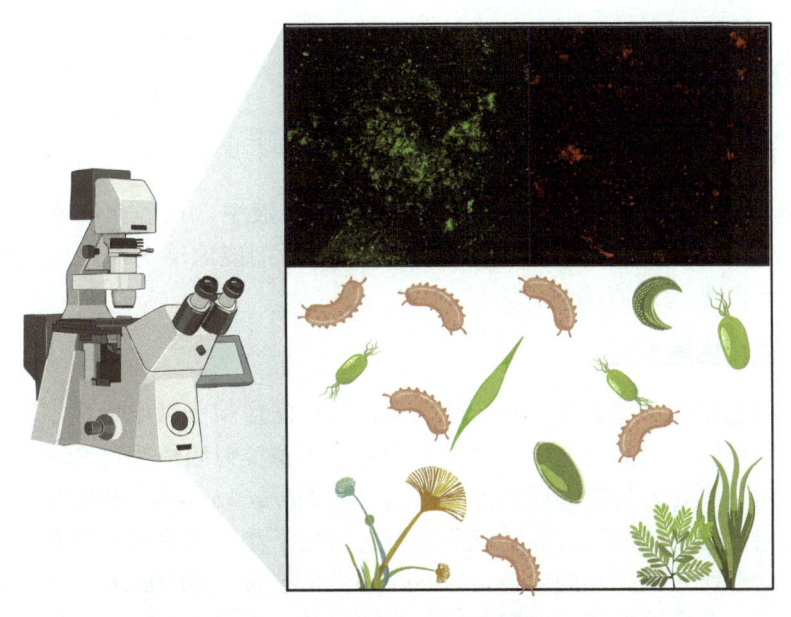

图 6-3 荧光共聚焦染料标记法

24～48h，以便生物被膜形成。孵育完成后，弃去孔中的浮游细胞，用磷酸盐缓冲液（PBS）轻柔洗涤两次以去除未紧密附着的细胞，并使用甲醛固定附着的细菌20min。随后，用适当的染色剂进行染色，如结晶紫染色用于生物被膜总量的定量分析，或 DAPI 用于检测核酸。结晶紫染色后，通过加入乙醇溶解染料并在酶标仪上于 570nm 测量吸光度来定量分析生物被膜的形成。此外，SYTO 9 与碘化丙啶联合使用的活/死细胞染色技术也可用于区分生物被膜中的活细胞和死细胞，提高对生物被膜组成的理解[26]。

（3）多物种生物被膜的生物测定

近年来，研究人员开始关注多物种细菌生物被膜的体外培养，以评估多物种的协同作用对防污剂的抵抗性。多物种生物被膜能够更真实地模拟自然环境中的微生物群落，因为在自然条件下，生物被膜通常由多种微生物共同组成。研究多物种生物被膜对于海洋防污研究具有重要的意义，因为它能够提供更具现实意义的实验模型，帮助评估防污剂在复杂微生物环境中的实际效果。过去关于单一物种实验结果能否反映自然界中复杂微生物群落的情况一直存在争论，因此多物种生物被膜的引入被视为未来防污测试技术研究的重要发展方向。

相关国家标准：GB 3097—1997《海水水质标准》、GB/T 6824—2008《船底防污漆铜离子渗出率测定法》、GB 17378.7—2007《海洋监测规范 第 7 部分：近海污染生态调查和生物监测》。

6.2.3 防污性能分析测试

（1）静态测试

将防污剂或涂层浸入到含细菌、藻类等的溶液中，在静止状态下（如置于37℃的恒温箱中）培养一定时间，然后测试防污剂或涂层对污损生物的抑制效果，这是一种普遍采用的测试方法。

（2）流动细胞系统

流动细胞系统，尤其是层流流动装置，被广泛应用于微生物在不同表面上的附着及生物被膜形成的研究中。这种系统能够模拟类似船体等自然环境中的流体条件，从而使研究人员能够评估海洋细菌（如 *Vibrio harveyi*）和硅藻在不同涂层表面上的附着行为。此外，流动细胞系统也常用于测量微生物的附着强度，如通过径向流动室研究细菌（如 *Pseudomonas* sp.）和硅藻（如 *Amphora coffaeformis*）的附着力。一个重要的研究方向是底物表面化学性质和表面能对微生物附着行为的影响。流动细胞系统能够模拟不同的水动力学环境（如层流或湍流），从而使研究者在实验室条件下详细研究这些因素对微生物附着和生物被膜形成的影响。

相关国家标准：GB/T 39730—2020《细胞计数通用要求 流式细胞测定法》、GB/T 30737–2014《海洋微微型光合浮游生物的测定 流式细胞测定法》。

（3）湍流水槽装置

湍流水槽装置是一种高精度的实验设备，专用于量化生物体在特定剪切应力下的附着强度。湍流是海洋环境中的主要水动力条件之一，因此，湍流水槽能够在实验室内模拟真实的水流状态。在设定的剪切应力条件下，湍流水槽可以量化硅藻（如 *Navicula perminuta*）的附着行为，从而为涂层在海洋环境中的防污能力提供重要的数据支持。借助湍流水槽装置，研究人员能够评估不同涂层的防污潜力，尤其是在防止生物被膜的形成和生物附着方面的效果。

（4）自动化旋转水射流装置

为了满足高通量筛选的需求，自动化旋转水射流装置被开发用于多孔板中的涂层筛选。与传统的水槽实验相比，这种自动化装置能够同时测试多种涂层，大幅提高实验效率。旋转水射流装置通过施加剪切力的水流，评估涂层的防污性能，特别是在海洋细菌生物被膜（如 *Halomonas pacifica*）和硅藻（如 *Nitzschia perminuta*）附着强度方面提供了高效且可重复的实验手段。这种技术的主要优势在于能够在较短时间内测试大量涂层，从而加速防污涂层的开发过程。

综上所述，各类流动细胞系统和湍流装置在海洋防污研究中起到了不可替代的作用。通过结合使用这些实验装置，研究人员能够在实验室中精确模拟不同的水动力条件，从而全面评估涂层的防污性能，并为实际应用提供坚实的数据支持。这些方法既能够实现精细控制的实验研究，也能满足高通量筛选的需求，为高效防污材料的开发提供了多样化的研究手段。

6.3 实验室环境大型污损生物的分析测试

6.3.1 定殖分析测试

藤壶幼虫的定殖是一个复杂的过程，其附着行为呈现复杂的环境适应策略。藤壶附着实验包括健康幼虫的收集、培养、实验设置、附着观察与数据分析等步骤。健康幼虫通常通过实验室培养藤壶成虫获得，受精卵块在过滤消毒的海水中孵化出无节幼虫（图6-4）。随后，这些无节幼虫在恒温条件下培养，并利用温度梯度研究温度对幼虫发育和附着的影响。实验通常在培养皿中进行，实验条件可以是静态的，也可以通过模拟水流提供动态条件，以更接近自然环境。实验中使用不同材料的表面评估幼虫的附着偏好，将一定数量的浮游幼体置于容器中，使其自由探索并附着于表面。实验结束后，通过显微镜观察并记录附着情况，数据分析则用于评估不同条件下的附着效果，并采用统计方法确定结果的显著性。为了确保结果的可重复性，实验中需严格控制温度、光照、水质等环境因素，并多次重复实验以提高可靠性和精确性。附着成功的幼虫可用于进一步研究其变态过程及藤壶胶的生物学特性。

藤壶幼虫的定殖实验广泛应用于涂层防污性能研究，特别是评估不同涂层对生物附着的抑制效果[27,28]。然而，大多数实验是在静态条件下进行的，并且通常只针对单一物种，这带来了以下几个局限性。

(1) 单一物种试验的局限性

单一物种试验难以充分模拟自然环境的复杂性，尤其是在不同藤壶物种对表面特性（如亲水性和疏水性）反应各异的情况下。例如，某些藤壶物种可能偏好亲水性表面，而另一些则更倾向于附着在疏水性表面。因此，基于单一物种试验得出的结果难以外推至其他物种的表现。此外，幼虫的行为对实验结果的影响不容忽视。浮游幼体在水中的运动、附着决策及对表面化学性质的感知都会显著影响其定殖成功率，幼虫行为的变化常导致实验结果的可重复性降低。

（2）人工培养幼虫的局限性

实验中使用的幼虫通常是在人工环境下培养的，这些幼虫的营养状况和能量储备可能与自然环境中的个体存在差异。例如，饲喂不同种类的硅藻会影响幼虫的能量储备，进而影响其在实验中的附着表现。这些差异导致不同实验室得出的数据难以直接对比，影响了结论的普遍适用性。

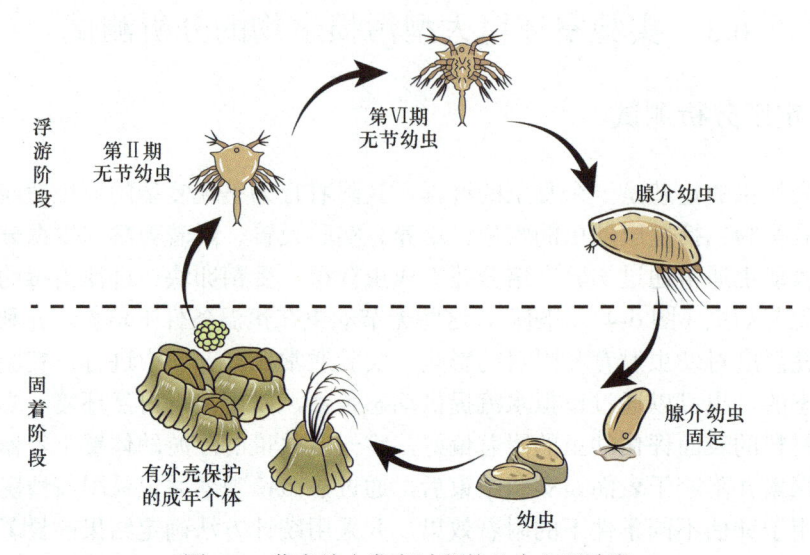

图 6-4　藤壶幼虫发育过程的几个主要阶段

为了应对上述挑战，试验设计逐步得到了改进。例如，采用"双皿"试验设计，允许浮游幼体在两种不同的潜在定殖表面之间进行选择，从而更接近自然环境中的多样性。此外，将培养皿垂直放置以减少幼虫被困在水面有机层中的情况，使试验更加准确地反映幼虫的真实定殖行为。尽管静态实验仍然是研究藤壶浮游幼体定殖的主要方法，改进后的试验方法（如使用 24 孔板或多孔板）显著提高了实验效率和通量，尤其在高通量筛选防污涂层时具有明显优势。然而，由于实验条件和幼虫培养方式的差异，不同实验室之间的结果仍然存在较大可变性。因此，试验设计中应充分考虑这些影响因素，以提高结果的可比性和可靠性。

类似的实验也被应用于草苔虫（*Bugula neritina*）和多毛类华美盘管虫（*Hydroides elegans*）幼虫的附着行为研究。例如，采集到的 *B.neritina* 成体在黑暗环境中保存两天后，在光照的刺激下开始产卵，释放的幼虫具备即刻定殖的能力。值得注意的是，幼虫在不同年龄阶段对定殖信号的响应存在差异，这一变量可能对试验结果的解读产生重要影响。因此，在试验设计中应充分考虑这一变量对定殖效应的潜在影响，以确保结果的可靠性和可比性。

6.3.2 防污性能评估分析测试

(1) 静态浸泡测试

将防污剂或涂层浸入到含藤壶幼虫、藻类、贻贝等的溶液中，在静止状态下（如置于 37℃的恒温箱中）培养一定时间，然后测试防污剂或涂层对污损生物的抑制效果，这是一种普遍采用的测试方法。

(2) 动态测试

动态模拟试验装置是一种用于测试涂层防污性能的装置，通过模拟船舶在航行中的实际工况来评估涂层的防污性能。这些装置有流道式、旋转式等形式（图6-5）。流道式装置由底座、支架、试样及固定架、压力传感器、搅动机构、变频器和海水循环系统构成，能够精确测定使游动孢子或幼苗脱离表面所需的壁面剪切应力。在进行实验时，需要将涂覆防污材料的试样固定在装置的支架上，并将预定量的海水置于水箱容器中，通过海水泵实现海水的循环，采用下进上出的循环方式以去除容器底部的沉淀物。搅动机构通过电机驱动转子搅动海水，以模拟船舶航行中的水流，变频器用于实时显示并调节电机的转速，从而模拟不同航速下的工况条件。在测试过程中，海水对试样表面进行冲刷和剪切，以模拟航行中海水对船体的冲刷和剪切作用。装置还包含观察窗或透明材料，便于研究人员直接观察生物体的行为。此外，装置中可能包括用于测量剪切应力的传感器和固定观察生物体的实验腔室。数据记录过程中，定期检测试样的防污涂层附着情况，记录污损生物的附着量及冲刷效果。性能评估通过检测污损生物的附着和冲刷情况以及涂层对剪切力的承受能力来进行，最终根据测试结果分析防污涂层在不同航速条件下的防污效果，以确定其防污性能。旋转式防污性能测试装置是电机连

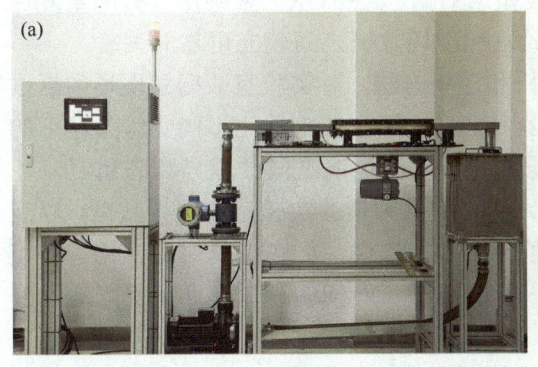

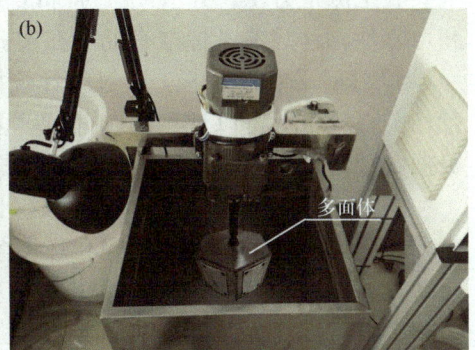

图 6-5 吉林大学开发的动态防污性能测试装置
(a) 流道式装置；(b) 旋转式装置

接一个多面体，将试样安装到多面体上，评估试样在水流剪切力作用下表面污损情况。

（3）实验室数据与现场数据的相关性建立

实验室数据与现场数据之间建立相关性是生物污损研究的关键目标之一，旨在理解控制生物体附着在人工基质上的机制，并探索如何将这些研究结果用于预测或与现场研究结果建立关联。为了确保实验室数据与现场数据之间建立相关性，可以采取以下几种方法。

1）模拟现场环境。尽量在实验室中模拟现场环境，包括温度、光照、流体动力学条件和营养水平等关键参数。可以使用恒温培养箱来控制温度，人工光源（如LED光照系统）来模拟光照条件，流体动力学模拟器来控制水流条件，以及精确控制营养液成分来模拟现场营养水平。这些参数会影响生物污损的发生和发展，如温度和光照会影响生物的生长速率，流体动力学条件决定污损生物的附着机会，而营养水平则影响它们的存活和繁殖能力。

2）多样化实验对象。使用多种实验对象和样本，涵盖不同的生物污损物种（如藤壶、贻贝、藻类等），以便更全面地反映现场的多样性。实验对象的多样性能够提高结果的普适性，使实验数据更能代表不同现场条件下的实际情况，从而增强实验室结果的现场相关性。这种多样性能够增强实验室结果的普适性和现场应用的可预测性。

3）现场验证。对实验室中的结果进行现场验证。将实验室得到的防污材料或化合物应用于实际环境中，评估其在真实场景中的有效性。例如，通过测量生物污损覆盖面积的减少、附着生物数量的变化以及材料耐久性的变化等指标来量化其有效性。这可以帮助检测实验室测定的结果与现场结果之间的一致性。

4）使用参考标准。使用已知性能的参考物质（如商业化的生物杀菌剂）来校准实验室测定方法，并借助国际标准（如ASTM、AFNOR）来确保实验的重复性和可靠性。这些参考标准有助于在实验室和现场数据之间建立可靠的关联。

5）统计分析和建模。通过统计分析和建模方法，对实验室数据和现场数据进行相关性分析。可以使用回归分析、多变量分析等方法来量化不同实验条件下的数据关系，从而更好地理解实验室数据与现场实际情况之间的差异和联系[29]。

6）长期数据积累。通过长期实验跟踪，积累大量的实验室和现场数据，以观察和验证实验结果在不同时间和环境条件下的一致性，如考虑季节性变化、环境扰动、温度波动和营养供应的变化等因素。这种长时间的积累有助于更好地理解影响生物污损的长期因素和动态变化。

7）根据应用场景调整实验方法。根据不同的应用场景（如水产养殖、船体涂层等），调整实验室测定方法。例如，在水产养殖中，需要考虑生物污损物种对水体质量和养殖对象的影响，可能需要调整营养水平和水动力学条件以更好地模拟实际环境；而在船体涂层的研究中，需要关注污损物种对涂层耐久性和防污能力的影响，可能需要增加对流体动力学模拟的强度。每种应用场景的需求不同，考虑这些差异可以使实验室数据更具现场适用性。

6.4 防污性能测试标准试验方法

涂层防污性能测试标准主要有中华人民共和国国家标准、美国 ASTM 标准及国际 ISO 标准。中华人民共和国国家标准是由国家市场监督管理总局和国家标准化管理委员会批准的标准。ASTM 是美国从事制定和出版自愿性标准的民间组织，在世界上具有较大的影响力。国际标准化组织（International Organization for Standardization，ISO）是一个非政府组织，负责世界上多个领域的标准化制定和推广。本节将简要介绍中国 GB/T、ASTM 及 ISO 关于涂层防污性能测试相关的标准。

6.4.1 中国 GB/T 标准

（1）GB/T 5370—2007《防污漆样板浅海浸泡试验方法》

GB/T 5370—2007《防污漆样板浅海浸泡试验方法》规范了一种防污漆样板浸泡的标准试验方法，其基本原理是将涂装的防污漆样件浸泡在浅海中，定期观察样板上海洋污损生物的附着种类、附着量及生长程度，同时与空白样板进行比较，并根据观察的结果评定防污漆性能。

1）试验装置。主要包括浮筏和框架。浮筏主要提供一个固定的区位，应该放置在海洋生物生长旺盛、海水流速小于 2m/s 的区域，远离河流入海口和污染严重的区域。

2）框架材料。框架材料主要是作为支撑架用于安装测试样板（图 6-6），应使用角钢或其他适用材料，表面应做防污、防腐处理，以适应长期使用的环境。

3）样板要求。样板应该采用 3mm 厚的低碳钢板，样板长度 300~350mm，宽度 150~250mm，推荐尺寸为 350mm×250mm。

4）试验程序。将固定好后的框架浸泡水下 0.2~2m 的深度，定期观察表面的生物覆盖情况。具体来讲，前 3 个月每月观察 1 次，之后每个季度观察 1 次，1 年后每半年观察 1 次（在海洋生物生长的旺季应该每季度观察 1 次），每次观察都应该拍照记录，从而方便试验结果的分析。记录的内容包括样板上生物的附着类型、附着量，漆膜的表面状态，如锈蚀、起泡、裂纹、脱落、粉化等情况。

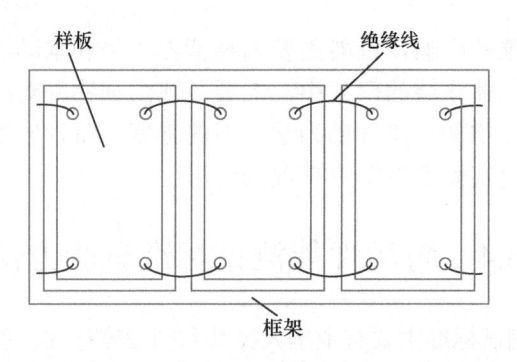

图 6-6 防污漆样板浅海浸泡试验框架样式示意图

（2）GB/T 7789–2007《船舶防污漆防污性能动态试验方法》

GB/T 7789–2007《船舶防污漆防污性能动态试验方法》制定了防污漆在天然海水中动态试验条件下防污性能的测试方法。该标准要求动态试验必须在天然海水中进行，动态装置分为三部分：动力、传动、样板固定架（图 6-7），样板运动的线速度需要达到（18±2）kn（knot），试验时样板需要位于水面 20cm 以下。试验应该在海洋生物生长旺季时进行，通常建议在海洋生物生长旺季前的 1~2 个月就开始试验，这样可使整个动态试验周期覆盖污损生物的生长周期。

1）样板要求。采用 3mm 厚的低碳钢板，样板尺寸为 260mm×100mm×3mm，样板 4 角有 4 个 φ7 的固定孔，用于固定样板到固定架。

2）试验程序。按要求速度运行（4000±50）nm（nautical mile）后，检查样板表面漆膜的状态，观察是否有脱落、起泡、开裂情况。若表面完好，则将样板移入试验浮筏浅海浸泡 1 个月。上述试验过程作为一个周期。

3）观察和记录。每个试验周期都应该对表面进行观察、拍照、记录，观察时应该小心去除样板表面的浮泥，且应该考虑边缘效应，样板边缘上下各 10mm 和左右各 25mm 的区域应该忽略，实际评判面积为 210mm×80mm。

6.4.2 美国 ASTM 标准

（1）ASTM D3623–78a 防污样板浅海浸泡方法

与 GB/T 5370–2007 标准类似，美国 ASTM D3623–78a Standard Test Method for Testing Antifouling Panels in Shallow Submergence 中同样提供了防污样板的浅海浸泡方法。标准中，在制备样件前，需要对基底材料进行喷砂、覆盖底漆等基本操作。在浸泡时，要求浸泡在污损生物发生概率高的地点，如深色无毒石板周围，需要浸泡至少 1 年，每月进行 1 次生物污损检查。

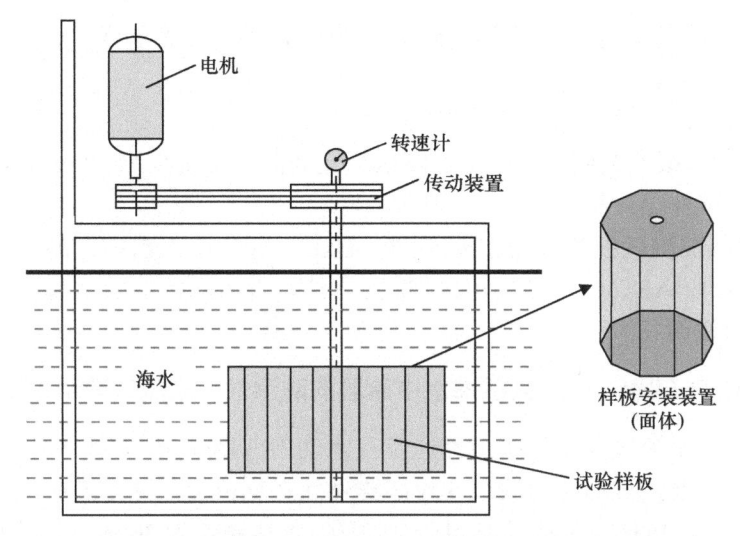

图 6-7　船舶防污漆防污性能动态试验方法中所用装置示意图

每月对防污样板的表面生物污损和涂层表面的物理状况进行评估。检查时，可以对样板的边缘进行评分，并忽略基材或防腐蚀底漆上的生物。藤壶、多毛类、腔肠动物等未成熟或松散附着的应在适当的位置记录。将初期萌发藻类、低等藻类及硅藻引发的生物污损现象统一报告为"藻类黏液"。样板表面有机和无机化学物质、淤泥和碎屑，以及其他未识别的黏液记为"淤泥"。物理状况的记录包括脱落、破碎等。

（2）ASTM D5479–94 部分浸没的船舶涂层抗生物污损试验方法

生物污损的程度和类型因环境而异，测试地点的地理位置、样板暴露的时间，以及一年到下一年的天气条件的差异都会影响结果。在样板的部分浸入水下时，露出水面部分受风吹、日晒影响，可能会加速涂层的物理劣化速度，从而对其性能产生影响。ASTM D5479–94 Standard Practice for Testing Biofouling Resistance of Marine Coatings Partially Immersed 提供了一种针对部分浸没船舶涂层防污性能的试验方法。

测试装置如下所述。

1）浮筏。主要用来安装测试样板，浮筏应减少使用盖板，从而使阳光更加充分地照射到测试涂层样板表面。

2）曝露架。每个曝露架应该能牢固地垂直安装 4～8 块测试样板，这些测试样板的位置必须与潮汐流平行。曝露架需要能调节高度。

3）测试面板架应该由塑料制成，或必须使用绝缘体来防止测试面板与金属的接触。

4）两个曝露架之间的距离应该大于 30cm，以便使涂层样板表面可以接受到足够的阳光照射。

测试过程：

1）将测试板安装到曝露架上，测试板之间的距离至少为 18mm，所有紧固件必须由塑料或非导体材料制成。

2）将装加测试板的曝露架安装到浮筏上，部分浸入水中，测试板露出水面约 10cm，按照 ASTM D3623–78a 的试验方法，将相同数量的试验板完全浸入水中，作为对照组。

（3）ASTM D4939–89 天然海水中涂层的防污性能及流体剪切力试验方法

该标准用于测试涂层的防污性能及在水动力剪切作用下涂层发生厚度侵蚀或消融的性能。要测试的防污涂层和对照样件涂在钢板上，并浸泡在污损生物密度高的海域。浸泡包括交替的静态和动态循环，每次通常为 30 天，总时间长度是指定的（如一年或两年），或直到达到某种设定的污损程度。静态浸泡依据 ASTM D3623–78a 标准进行，动态曝露包括使试验板承受剪切应力。

如图 6-8 所示设备，在水线下有一个滚筒装置，上方驱动电机通过传动轴为滚桶提供动力来源。在试验中，滚桶外围的线速度为 15 节（7.6m/s）。涂层基底

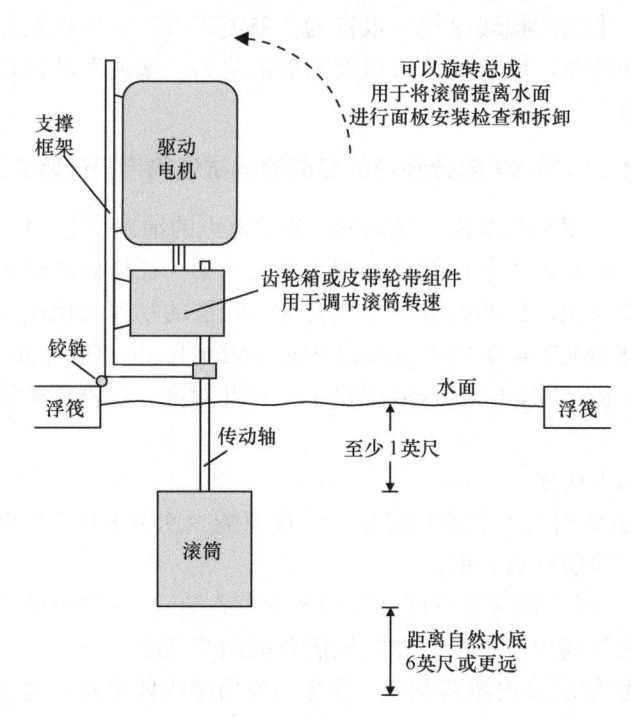

图 6-8　ASTM D4939–89 标准中的测试设备示意图

样板应使用 3mm 厚的低碳钢制作，宽度为 3～6 英寸，长度为 7～10 英寸，样板应该做成曲面以与滚筒紧密贴合。

测试过程如下所述。

1）应该在高生物污损发生区进行静态和动态剪切力试验。

2）将样板放在固定的曝露架上，并按照 ASTM D3623–78a 标准进行浸泡。静态浸泡可以通过使面板附着在滚筒上而不旋转滚筒来完成。应该尽量减少测试样板的离水时间。当任何样板从固定架或滚筒上取下时，除摄影或厚度测量等之外，尽量把它们保存在海水容器中。如果离水时间超过 10min，应记录并报告。

3）试验开始后，在一定的时间后观察、记录表面生物污损及物理状况，可以参照 ASTM D3623–78a 标准。

4）防污性能评分。依据 ASTM D3623–78a 标准进行涂层的防污性能评分。

5）涂层表面物理改变评分。防污涂层：对于表面没有物理缺陷的涂层评分为 100 分，从 100 分减去受物理缺陷影响的区域分，得到不完美涂层的评分。防腐性能评分参照防污性能评分。防腐涂层：参照防污涂层评分方法。

6）综合评分。以防污性能、物理改变评分的最低分评定涂层的综合评分。

7）漆膜厚度。在第一次静态浸泡后，对初始样板的漆膜厚度进行 10 次测量；对最后一次浸泡后的最终厚度读数取平均值。通过平均初始厚度减去平均最终厚度来计算平均厚度损失。

（4）ASTM D5618–20 剪切法测量藤壶黏附强度的试验方法

ASTM D5618-20 Standard Test Method for Measurement of Barnacle Adhesion Strength in Shear 提供了一种用来量化成年藤壶与基底之间的黏附强度的试验方法。具体来说，该方法使用剪切强度测试仪器（可以是自制或商业化的）对藤壶施加标准的剪切力（图 6-9），通过测量藤壶从基底上被剪切脱离时所需的力量，来确定黏附强度。其主要优势在于可以直接反映藤壶在不同材料表面上的黏附强度，特别适用于多种基底材料的比较，以便评估不同材料在防污方面的效果。

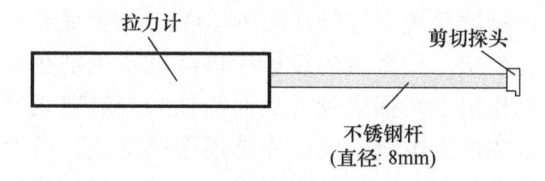

图 6-9　ASTM D5618-20 标准中的藤壶剪切强度测量设备示意图

具体的测试流程如下所述。

1）依据 ASTM D3623–78a 测试方法将试样浸入到海洋环境中，当观察到藤壶在表面上定居时,就可以测量个体的黏附力,这种方法适用于测量 5~20mm 的藤壶。

2）通过用卡尺在 4 个方向（0、45°、90°、135°）测量藤壶基部,计算底部平均直径 d_a。藤壶底部面积可以通过下式计算：

$$A = \frac{1}{4}\pi d_a^2 \quad (6\text{-}2)$$

3）只测试距离测试板边缘至少 20mm 且不与其他藤壶直接接触的藤壶。将探头放在藤壶基部,以 4.5N/s 的速度施加剪切力,直到藤壶从表面脱离,在这个过程中拉力计会记录最大分离剪切力 F。

4）剪切强度 τ 按下式计算：

$$\tau = F/A \quad (6\text{-}3)$$

拉伸强度测定法：是用于测定成年藤壶黏附强度的方法之一。具体而言,此方法通过在藤壶上连接拉力计,逐步施加垂直于基底表面的拉力,直到藤壶完全脱离。所需拉力与基底接触面积的比值即为黏附强度。这种方法能够较好地模拟实际海洋环境中藤壶受到的垂直脱附力,因此在评估防污涂层对藤壶的抗附着性能方面效果显著。尤其是在研究防污涂层时,拉伸测定法有助于评价材料在不同海洋环境中的附着阻力,具有较高的现场适用性。

6.4.3 国际 ISO 标准

（1）ISO 21716-1：2020 筛选防污涂层的生物测定方法

该标准规定了防污涂层样板的制备和老化方法,以进行针对特定生物体的实验室生物测定的筛选试验。该标准适用于通过化学或生物手段防止污损生物在表面附着和生长的防污涂层,不适用于仅通过物理方法防污的涂层（如不含杀菌剂的涂层）,也不适用于根据 2004 年《控制和管理船舶压载水和沉积物国际公约》制定的控制船舶压载水和沉积物中有害海洋生物和病原生物的防污方法。

试验在水流通过测试系统中进行（图 6-10）,该系统设计应符合 ISO 21716 系列标准相关部分的要求。该系统的设计应该降低杀虫剂在系统中的聚集风险,以避免过量的杀虫剂作用于污损生物,从而给试验观测造成障碍。此外,系统的材料选用应避免对水体产生影响,宜优先选用聚碳酸酯、玻璃等惰性材料。试验海水箱的设计应该能够使测试样件完全浸没在水面以下。测试程序与常规测试类似,主要分为基底材料的选择、防污涂层的涂覆、防污涂层样板的老化、样板的检查和预处理、试验等部分。

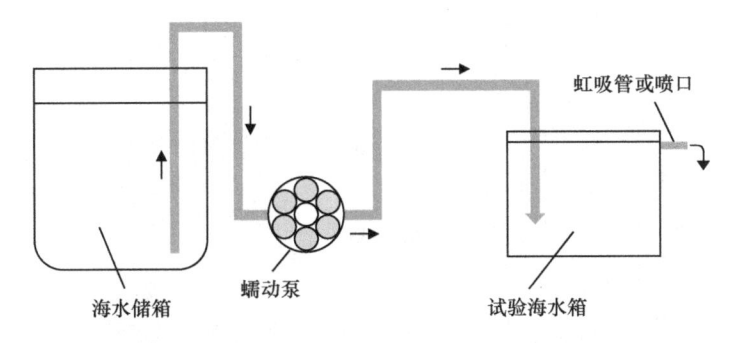

图 6-10　典型的水流通过测试系统示意图

（2）ISO 22987：2020 防污涂层表面摩擦力的实验室旋转滚筒法试验方法

该标准提供了一种测定滚筒上防污涂层表面摩擦力的实验室试验方法，摩擦力试验结果可用于防污涂层的筛选和不同防污涂层摩擦力变化的表征，适用于通过物理方法或化学方法防污的涂层。

测试装置包括动态老化装置（图 6-11）和表面摩擦力测试装置（图 6-12）。

在装置中，滚筒应该选用耐磨蚀、抗变形的材料，如丙烯酸、聚氯乙烯等，滚筒的直径和高度不得小于 200mm，最大尺寸公差应小于 1mm。滚筒应该合理设计，避免水渗入筒内。

动态老化装置包括一个电机和圆柱状试验箱，试验箱的直径至少需要比滚筒的直径大 3 倍，以使雷诺数 Re 大于 3×10^5，从而达到湍流条件。雷诺数公式为：

$$Re = \frac{Vr}{v} \tag{6-4}$$

式中，V 是滚筒表面的等效线速度，单位为 m/s；r 是滚筒的直径，单位是 m；v 是溶液的粘度系数，单位是 m^2/s。

如果需要，可以使用加热器或冷却装置来控制测试溶液的温度。可安装温度、pH 及盐度传感器。可以安装活性炭过滤装置，除活性炭外，可添加苯乙烯负载亚氨基二乙酸螯合离子交换树脂从而去除海水中的过渡金属。

图 6-11（a）是对于单个样板的测试装置，当样板数据大于 1 个时，因为试样间可能存在湍流干扰，可采用图 6-11（b）所示装置将不同的样板分隔开进行试验。

表面摩擦力测试装置如图 6-12 所示，包括电机、滚筒、支架、水箱、扭矩传感器等。用于提供动力来源的电机需要有足够的动力来保证稳定的旋转。为保证结果的准确性，同样要求在一个摩擦试验箱中所测试的样板不能超过 1 个。

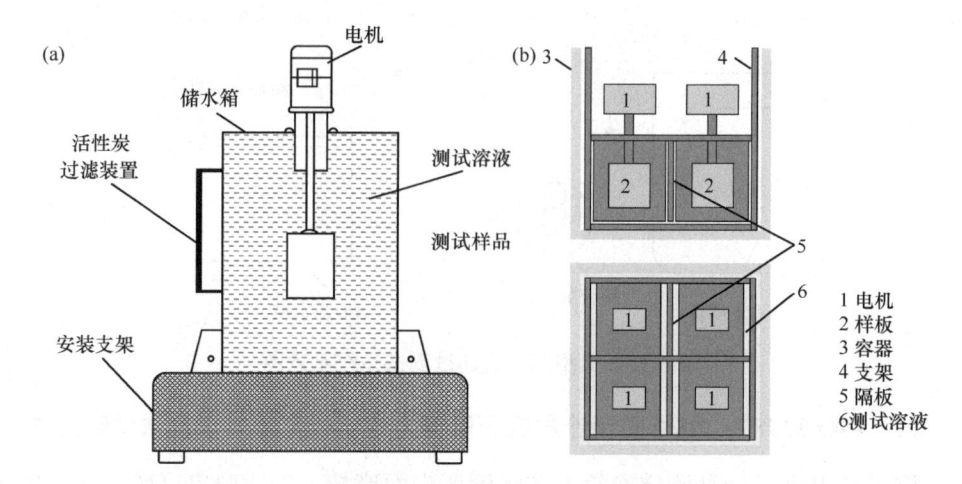

图 6-11 测试装置示意图
（a）动态老化装置；（b）阵列式动态老化装置

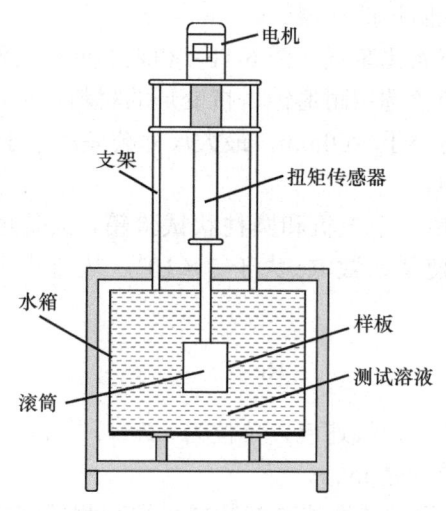

图 6-12 表面摩擦力测试装置示意图

6.5 涂层毒性分析测试方法

（1）急性和慢性毒性测试

急性毒性测试是一种在短时间内评估化学物质对生物体毒性影响的实验，通常持续 24~96h。其目的是快速测定化合物对生物的致命剂量，从而评估其短期内的毒性水平。在实验中，通常会观察暴露于不同浓度化学物质中的生物的活动状态和死亡情况，以计算半致死浓度（LC_{50}）。急性毒性测试常用于筛选和评估化合物在短期内的安全性，特别是对防污化合物的初步毒性评价。实验生物一般选用浮游生物、贝类幼体和鱼类幼体等,因为它们对毒性物质相对敏感,能够快速提供可靠的毒性信息。例如,斑马鱼（*Danio rerio*）和贻贝（*Mytilus* spp.）等常被用做受试生物。

慢性毒性测试用于评估低浓度化学物质在长时间内对生物体的影响。通常持续几周到几个月,观察生物的生长、行为和繁殖等方面的变化。这些测试旨在揭示长期暴露情况下化合物的亚致死性影响,如通过观察贝类的壳体增长或鱼类的发育情况来判断毒性。慢性毒性测试对于理解防污涂层中化学物质的长期生态风险及其对非目标物种的潜在影响至关重要。

(2) 生物累积性测试

生物累积性测试用于评估化学物质在海洋生物体内的累积情况,以及其在食物链中的潜在生物放大效应。某些化学物质在环境中难以降解,可能通过食物链传递和累积,对高等级捕食者（包括人类）造成潜在风险。例如,铜、锌等金属化合物常用于防污涂层中,但在某些海洋生物中,这些化合物可能会通过累积对其生长和繁殖产生不良影响。这类测试通常将代表性的海洋生物（如鱼类和贝类）长时间暴露在含目标化学物质的环境中,然后测量这些化合物在生物体内的浓度。生物累积性测试不仅关注目标生物体内的化学物质浓度,还关注它们在组织中的分布,如在肝脏和肾脏等代谢器官的积累情况。

(3) 繁殖和发育测试

繁殖毒性测试用于评估化学物质对生物生殖能力的影响,具体关注产卵率、受精率和胚胎存活率等重要生殖指标。在此类测试中,研究人员通常将受试生物（如斑马鱼）暴露于不同浓度的防污化学物质中,以观察其交配行为、产卵量及受精率的变化。这些测试能够帮助研究人员了解防污涂层化合物对生物体生殖周期和生殖成功率的潜在影响,从而评估其对生态系统的长期风险。

发育测试用于评估化学物质对胚胎和幼体发育的影响。研究人员通常选择早期发育阶段的生物（如海胆和甲壳类幼体）,因为这些发育阶段对环境变化极为敏感。测试中主要观察胚胎的发育过程,包括是否出现畸形、孵化的成功率,以及生长是否受到抑制等指标。发育测试能够有效识别化学物质对早期生命阶段的潜在毒性和隐性危害,从而为涂层化合物的安全性评估提供科学依据。

毒性实验与定居测试的并行执行旨在评估活性分子从预期的环保涂层中可能的渗出风险。通过这些评估,研究人员能够更好地了解候选防污化合物的效力与安全性,促进更安全、更环保的防污涂层的开发。

相关国家标准:GB/T 6824—2008《船底防污漆铜离子渗出率测定法》、GB/T 6825—2008《船底防污漆有机锡单体渗出率测定法》、GB/T 26085—2010《船舶防污漆锡总量的测试及判定》、GB/T 25011—2010《船舶防污漆中滴滴涕含量的测试及判定》。

参 考 文 献

[1] JIN H, TIAN L, BING W, et al. Bioinspired marine antifouling coatings: Status, prospects, and future[J]. Progress in Materials Science, 2022, 124: 100889.

[2] QIU H, FENG K, GAPEEVA A, et al. Functional polymer materials for modern marine biofouling control[J]. Progress in Polymer Science, 2022, 127: 101516.

[3] BRIAND J-F. Marine antifouling laboratory bioassays: An overview of their diversity[J]. Biofouling, 25(4): 297-311.

[4] CARVE M, SCARDINO A, SHIMETA J. Effects of surface texture and interrelated properties on marine biofouling: A systematic review[J]. Biofouling, 2019, 35(6): 597-617.

[5] BANERJEE I, PANGULE R C, KANE R S. Antifouling coatings: Recent developments in the design of surfaces that prevent fouling by proteins, bacteria, and marine organisms[J]. Advanced Materials, 2011, 23(6): 690-718.

[6] XIE Q, PAN J, MA C, et al. Dynamic surface antifouling: Mechanism and systems[J]. Soft Matter, 2019, 15(6): 1087-1107.

[7] 沈明. 海洋防污性能评价方法及其在防污涂料中的应用[D]. 浙江海洋学院, 2014.

[8] AMINI S, KOLLE S, PETRONE L, et al. Preventing mussel adhesion using lubricant-infused materials[J]. Science, 2017, 357(6352): 668-673.

[9] 殷润. 基于谐动防污策略仿生功能表面构建及防污机制的研究[D]. 吉林大学, 2021.

[10] 高铭谣. 防污防腐一体化仿生涂层构建与性能研究[D]. 吉林大学, 2023.

[11] 郭鸿宇. 低表面能聚氨酯涂层的制备及其海洋防污领域中的应用[D]. 浙江大学, 2021.

[12] YI Y, JIANG R, LIU Z, et al. Bioinspired nanopillar surface for switchable mechano-bactericidal and releasing actions[J]. Journal of Hazardous Materials, 2022, 432: 128685.

[13] YI Y, DOU H, ZHAO J, et al. Low voltage-enhanced mechano-bactericidal biopatch[J]. Nano Letters, 2024, 24(49): 15806-15816.

[14] DESBOIS A P, SMITH V J. Disk Diffusion Assay to Assess the Antimicrobial Activity of Marine Algal Extracts [M]//STENGEL D B, CONNAN S. Natural Products From Marine Algae: Methods and Protocols. New York, NY: Springer New York, 2015: 403-410.

[15] LU P, LI X, XU J, et al. Bio-inspired interlocking structures for enhancing flexible coatings adhesion[J]. Small, 2024, 20(30): 2312037.

[16] LU P, XU J, TIAN W, et al. Robust antifogging coatings with ultra-fast self-healing performances through host-guest strategy[J]. Chemical Engineering Journal, 2023, 465: 142868.

[17] HACHICHO N, BIRNBAUM A, HEIPIEPER H J. Osmotic stress in colony and planktonic cells of *Pseudomonas putida* mt-2 revealed significant differences in adaptive response mechanisms[J]. AMB Express, 2017, 7(1): 62.

[18] POPE C F, MCHUGH T D, GILLESPIE S H. Methods to Determine Fitness in Bacteria [M]//GILLESPIE S H, MCHUGH T D. Antibiotic Resistance Protocols: Second Edition. Totowa, NJ: Humana Press, 2010: 113-121.

[19] SCHIRALDI A. The growth curve of microbial cultures: A model for a visionary reappraisal[J]. Applied Microbiology, 2023, 3(1): 288-296.

[20] TONG Z, GAO F, CHEN S, et al. Slippery porous-liquid-infused porous surface (SPIPS) with

on-demand responsive switching between "Defensive" and "Offensive" antifouling modes[J]. Advanced Materials, 2024, 36(9): 2308972.
[21] TONG Z, GUO H, DI Z, et al. *P. pavoninus*-inspired smart slips marine antifouling coating based on coumarin:Antifouling durability and adaptive adjustability of lubrication[J]. Advanced Functional Materials, 2024, 34(8): 2310702.
[22] JIANG R, YI Y, HAO L, et al. Thermoresponsive nanostructures: From mechano-bactericidal action to bacteria release[J]. ACS Applied Materials & Interfaces, 2021, 13(51): 60865-60877.
[23] LIU Z, YI Y, WANG S, et al. Bio-inspired self-adaptive nanocomposite array: From non-antibiotic antibacterial actions to cell proliferation[J]. ACS Nano, 2022, 16(10): 16549-16562.
[24] THIBEAUX R, KAINIU M, GOARANT C. Biofilm Formation and Quantification Using the 96-Microtiter Plate [M]//KOIZUMI N, PICARDEAU M. *Leptospira* spp: Methods and Protocols. New York: Springer US, 2020: 207-214.
[25] 刘紫婷. 基于蝉翅表面纳米结构的仿生机械杀菌表面制备及性能研究[D]. 吉林大学, 2023.
[26] LIU Z, YI Y, SONG L, et al. Biocompatible mechano-bactericidal nanopatterned surfaces with salt-responsive bacterial release[J]. Acta Biomaterialia, 2022, 141: 198-208.
[27] PRENDERGAST G S, ZURN C M, BERS A V, et al. Field-based video observations of wild barnacle cyprid behaviour in response to textural and chemical settlement cues[J]. Biofouling, 24(6): 449-459.
[28] PRENDERGAST G S, ZURN C M, BERS A V, et al. The relative magnitude of the effects of biological and physical settlement cues for cypris larvae of the acorn barnacle, *Semibalanus balanoides* L.[J]. Biofouling, 2009, 25(1): 35-44.
[29] WU Q, YAN H, CHEN L, et al. Bio-inspired active self-cleaning surfaces via filament-like sweepers array[J]. Advanced Materials, 2023, 35(25): 2212246.

第 7 章　生物污损控制相关的法律和举措

海洋被视为未来可持续发展的重要资源库和战略领域已成为人类共识,然而海洋生物污损问题日益突出,其带来的经济、生态、公共健康等方面的影响引起了各国的广泛关注[1~5]。生物污损对全球经济、环境和生态造成了巨大挑战,因此必须通过严格的法律法规来进行控制和管理。这不仅有助于减少生物污损对船舶、环境和生态的直接破坏,还有助于禁止有毒涂层的使用、推动绿色技术创新、保护海洋生态、促进国际合作和可持续发展。法律法规在生物污损损害控制中的核心作用不容忽视,它们是全球应对这一复杂问题的重要工具。

国际海事组织（IMO）于 2001 年颁布了《国际控制船舶有害防污底系统公约》,禁止使用含有有机锡化合物的防污涂层;欧盟实施了《欧盟海洋战略框架指令》,要求采用基于生态系统的管理方法,以确保海洋环境的良好状态;美国国家海洋与大气管理局（National Oceanic and Atmospheric Administration,NOAA）和国家环境保护局（EPA）通过具体政策执行,对港口、船舶和工业设施中的生物污损实施严格管理;澳大利亚政府制定了《2015 年生物安全法》,新西兰政府则出台了《船舶风险管理标准》,两者都对生物污损管理提出了明确要求,以防止外来物种通过海上设施或船舶等途径扩散;此外,中国政府也通过《中华人民共和国海洋环境保护法》及相关海洋防治措施,加强了对生物污损的控制。

本章节将详细介绍各地区国家关于生物污损控制的相关法律和举措（表 7-1）,并分析它们在生物污损控制中的作用,以帮助读者更清晰地了解生物污损给各国带来的巨大挑战以及各国政府在生物污损管控方面所做出的巨大努力。

7.1　国　际　组　织

7.1.1　国际组织的必要性

生物污损是全球海洋环境与经济发展所面临的一项严峻挑战,其影响波及生态破坏、外来物种入侵、航运经济负担等多个层面。面对这一复杂问题,建立国际组织以实现统一协调与控制显得尤为关键,国际组织的必要性是海洋生物污损的以下特性所决定的。

表 7-1 本章介绍的主要组织/国家

地区	国家/组织	生物污损控制相关的法律条例
国际	国际海事组织（IMO）	《国际控制船舶有害防污底系统公约》（AFS 公约） 《国际船舶压载水和沉积物控制与管理公约》（BWM 公约）
	欧盟	欧洲联盟条例（EC）第 782/2003 号 委员会条例（EC）第 536/2008 号
欧洲	英国	《2009 年商船（防污系统）条例》《1986 年杀虫剂控制法规》
	法国	积极响应 IMO 的 AFS 公约等，将其转化为国内法
美洲	美国	《清洁水法案》（CWA）《国家入侵物种法案》（NISA）
	加拿大	遵守 IMO 公约
大洋洲	澳大利亚	《2015 年生物安全法》（Biosecurity Act 2015）
	新西兰	《船舶风险管理标准》（CRMS）
亚洲	中国	《中华人民共和国海洋环境保护法》 《环境标志产品技术要求 船舶防污漆》的意见征集稿
	日本	《海洋污染及海上灾害防止法》
非洲	尼日利亚、南非、毛里求斯	遵守 IMO 公约

（1）生物污损的跨国界特性

海洋生态系统的开放性意味着任一国家的海洋环境问题均可能对全球产生影响。例如，外来物种通过船体附着、压载水等途径从一国传播至另一国，可能导致生态失衡及对本地物种造成较大影响。生物污损导致的外来物种传播不仅限于本国的生态破坏，还可能通过海洋洋流进一步扩散至其他海域，对其他国家构成同等威胁。然而，各国单独应对生物污损显然不足以解决问题。通过国际组织制定全球统一的行动框架，确保各国在防控生物污损方面采取协调一致的措施，不仅有助于减轻外来物种入侵对全球海洋生态系统的破坏，还能有效预防和控制跨国界生物污损的发生。

（2）生物污损对全球航运业的影响

国际组织通过制定全球性标准和技术共享，能够帮助各国和航运企业降低这些成本。例如，采用环保型防污涂层技术，船舶可以有效减少污损生物的附着，提高能源效率，降低维护成本。这些技术进步不仅仅有利于个别国家或企业，还能促进全球航运业的整体节能减排，减缓全球气候变化的影响。国际组织在这一过程中扮演了技术标准设定者和协调者的角色，确保全球范围内的技术创新和应用能够得以推广。特别是对于一些发展中国家，技术和资金上的限制使得他们在生物污损防控方面面临巨大挑战。国际组织可以通过技术援助和资金支持，协助这些国家采用最新的防污技术和管理措施，避免成为生物污损和外来物种传播的源头。

(3) 生物污损对全球海洋生态的影响

国际组织通过全球合作框架，能够加强各国在防止外来物种入侵方面的协调。例如，国际海事组织（IMO）已经通过了《国际控制船舶有害防污底系统公约》（AFS 公约）和《国际船舶压载水和沉积物控制与管理公约》（BWM 公约）等，这些公约为全球船舶和海洋设施的污损防控设立了统一标准，要求各国采用无毒环保的防污技术，并对压载水进行处理，以减少外来物种通过船舶和海洋设施的传播。这类国际公约和标准的制定与执行，依赖于全球范围内的合作和协调。通过国际组织的监督和管理，全球各国能够较为有效地执行防污措施，从而减少外来物种入侵的风险。

(4) 对不同地区平衡发展的影响

国际组织在全球法律框架的制定方面也发挥着重要作用。不同国家在防控生物污损方面存在立法差异，这种差异可能导致某些国家的生物污损泛滥。通过国际组织，可以制定统一的法律法规和技术标准，确保各国在生物污损控制方面的法律责任和执行标准相一致，从而避免法律漏洞和标准冲突。国际海事组织制定的《国际控制船舶有害防污底系统公约》禁止使用有害的有机锡化合物作为防污涂层，并促使各国采用更加环保的防污技术。这种统一的法律框架不仅保护了全球海洋环境，还确保了各国在国际航运和海洋开发中的公平竞争。

国际组织能够通过技术创新和资金协调，推动全球生物污损防控技术的进步。防污涂层技术、压载水处理系统等关键技术的开发与应用离不开全球范围内的研究合作和技术共享。国际组织可以通过设立技术创新平台和资金支持机制，帮助各国特别是技术能力较弱的发展中国家引进和采用最新的污损防控技术，确保全球海洋环境得到有效保护。这不仅有助于实现全球环境保护的目标，还能促进可持续发展的实现。在生物污损防控的全球行动中，国际组织的协调作用不可或缺，通过法律框架、技术标准、资金支持等多方面的协同努力，国际社会能够有效应对这一复杂的全球性挑战。

7.1.2　国际海事组织

国际海事组织（IMO）是 1959 年根据《政府间海事协商组织公约》在英国伦敦成立的政府间海事协商组织（图 7-1），于 1982 年更名为国际海事组织，并成为联合国专门机构。它的成立旨在促进各国的航运技术合作，鼓励各国在促进海上安全、提高船舶航行效率、防止和控制船舶对海洋和大气污染方面采用统一的标准，处理有关的法律问题。目前，世界各大国均加入了该组织（图 7-2），共有

175 个成员，3 个联系会员。航运是未来可持续经济增长计划的重要组成部分。国际海事组织协同成员国、民间力量及航运业构建三方协作机制，系统推进绿色经济增长的可持续实践。促进可持续航运和可持续海事发展是国际海事组织的主要优先事项之一。

图 7-1　国际海事组织标识

图 7-2　国际海事组织的主要成员国

（1）《国际控制船舶有害防污底系统公约》

《国际控制船舶有害防污底系统公约》（International Convention on the Control of Harmful Anti-Fouling Systems on Ships，AFS 公约）是国际海事组织（IMO）为应对船舶防污系统对海洋环境的危害而制定的全球性条约，于 2001 年通过，并于 2008 年 9 月 17 日正式生效（图 7-3）。该公约的核心目的是控制和禁止船舶使用有害的防污涂层，保护海洋生物免受有毒化合物的侵害，特别是有机锡类化合物（TBT）。

历史上，防污涂层广泛应用于船体表面。然而，防污涂层中的有毒化学物质，尤其是有机锡化合物，虽然能够有效防止污损生物的附着，但对海洋生物及整个海洋生态系统造成了严重破坏。有机锡化合物被发现具有极强的生物累积效应，甚至在极低浓度下也能对贝类、鱼类等海洋生物造成生殖和生长的损害，导致畸形、性别转换和种群衰退等问题。由于 TBT 的毒性和其长期对海洋环境的负面影响，国际社会与环保组织在 20 世纪 80 年代末至 90 年代初对其展开了广泛研究，并开始提出全面禁用此类化学物质的倡议。1990 年，国际海事组织（IMO）第一次对此问题展开讨论，并于 2001 年最终通过了《国际控制船舶有害防污底系统公约》，标志着全球海事环境治理的重大进步。

AFS 公约全面禁止了船舶使用含有有机锡化合物的防污涂层。这些有害化学物质虽然在防止生物附着方面具有极强的效果，但它们在水中释放后会对海洋生态系统产生极大的负面影响。公约要求所有新建船舶和现有船舶在规定时间内停止使用此类化学涂层，并且对已经涂装有机锡的船舶进行适当的处理或覆盖。

> AFS公约是由国际海事组织在2001年10月5日于伦敦签定的公约。公约要求缔约国禁止/限制悬挂其船旗的船舶，以及无权悬挂其船旗但在其授权下作业的船舶和进入缔约国港口、船厂或近海码头的所有船舶，使用有害的防污底系统。生效条件为达到合计商船总吨位不少于世界商船总吨位的25%，且不少于25个国家的条件后12个月生效。

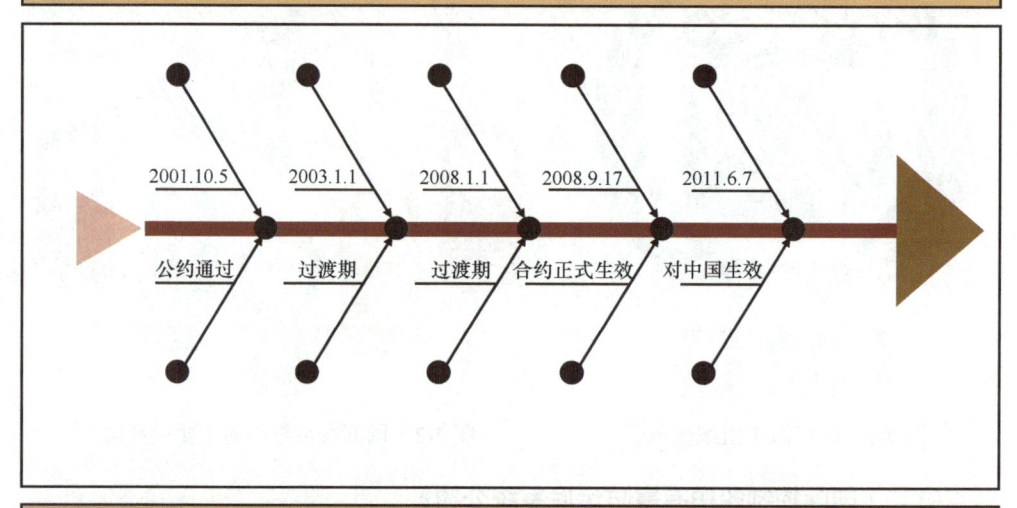

（鱼骨图：2001.10.5 公约通过 — 2003.1.1 过渡期 — 2008.1.1 过渡期 — 2008.9.17 合约正式生效 — 2011.6.7 对中国生效）

> 2007年5月31日，巴拿马批准加入AFS公约。9月17日，IMO组织通过了AFS.1/Cire.14通函并宣布达到了AFS公约规定的生效条件，AFS公约于2008年9月17日正式生效。2019年6月2日，秘鲁批准加入AFS公约，是最近批准加入AFS公约的国家。目前，AFS公约有87个缔约国，占世界商船总位的96%。

> 2011年3月6日，经国务院批准我国加入AFS公约，并于2011年6月7日对我国生效。

图 7-3 AFS 公约生效情况

根据该公约，所有船舶都必须持有相应的国际防污系统证书（International Anti-Fouling System Certificate），以证明其防污系统符合公约规定。这一规定适用于 400 总吨及以上的船舶，确保全球范围内的船舶都遵循统一的环保标准。此外，各港口国有权检查外国船舶，确保其符合公约规定，违规者可能面临处罚或整改要求。

AFS 公约要求缔约国根据最新的科学研究和技术进展，定期评估和更新防污系统的使用情况。特别是在发现新的有害防污物质时，国际海事组织可以根据公约条款，通过修正案的形式将这些物质加入禁用清单，从而保持公约的动态更新，确保全球防污系统的环保效益。

公约要求，已使用有机锡类防污涂层的船舶，必须在 2003 年 1 月 1 日之后停止使用该类涂层，并在 2008 年 9 月 17 日之前对其进行覆盖或移除（表 7-2）。这意味着，所有船舶要么采用环保的防污涂层替代原有涂层，要么将已有的含有有机锡的涂层密封，防止其继续释放有害物质。AFS 公约不仅禁止了有害防污物质的使用，还鼓励和推广无毒环保型防污技术的应用。这些新型技术，包括铜基涂层和其他无毒的防污材料，能够有效防止船体污损，同时不会对海洋环境产生长久的负面影响。

AFS 公约的实施迫使全球航运业和防污涂层行业开发并采用新的环保技术。新型的防污涂层，如无毒或低毒的铜基涂层和硅基涂层，逐渐成为替代品，显著减少了污损生物的附着，同时降低了有毒化学物质向海洋的排放。这不仅使防污技术变得更具环保性，还促进了技术创新和绿色科技的应用。

2021 年 6 月 17 日在 IMO 海上环境保护委员会第 76 届会议上通过《2002 年国际控制船舶有害防污底系统公约》（AFS 2002）修正案，并于 2023 年 1 月 1 日正式生效。该修正案的主要内容为禁止和限制在船舶防污底漆中使用环丁腈，并修改了公约控制使用化合物的清单和"国际防污底系统证书"格式，进一步加强了对海洋防污技术的监管和使用[6]。

表 7-2　公约要求执行船舶防污底系统控制的时间表及控制要求

防污底系统	控制措施	适用范围	生效日期
在防污底系统中作为杀生物剂的有机锡化合物	船舶不得涂覆或重新涂覆此类化合物	所有船舶	2003 年 1 月 1 日
在防污底系统中作为杀生物剂的有机锡化合物	①在船壳上或外部构件或表面上不得有此类化合物；或②应有一个阻挡底层以作为此类化合物的隔离层	所有船舶[2003 年 1 月 1 日前建造并在 2003 年 1 月 1 日或以后未曾坞修的固定或浮动平台、浮式储存装置（FSU）、浮式生产、储存和卸货设施（FPSO）除外]	2008 年 1 月 1 日

（2）《国际船舶压载水和沉积物控制与管理公约》

《国际船舶压载水和沉积物控制与管理公约》（International Convention for the Control and Management of Ships' Ballast Water and Sediments，BWM 公约）是国际海事组织（IMO）为应对船舶压载水带来的外来物种入侵和海洋环境污损问题而制定的全球性条约。该公约于 2004 年通过，并在 2017 年正式生效，其主要目的是减少船舶压载水中外来物种的跨境转移，以保护全球海洋生态系统。

该公约规定：

1）所有海上航行的船只必须依照既定标准处理其压载水，以避免外来有害生物及病原体的传播；

2）船只必须配备压载水处理系统，或遵循相应的压载水管理措施（如压载水交换），以消除或灭活水中的微生物和生物；

3）公约明确了压载水排放的严格标准，限制了水中有害物种和微生物的可接受浓度，其核心在于 D-1 和 D-2 标准（表 7-3）。

表 7-3 D-1/D-2 标准简要内容

标准	内容
D-1	D-1 标准要求船只在公海上进行压载水的置换操作
D-2	D-2 标准则对压载水中的生物含量提出了更为严格的要求,要求船只通过安装特定设备以达到规定的生物控制标准

4）公约规定每艘船只必须持有国际压载水管理证书，以证明其符合公约规定的管理与技术要求。同时，各国政府有权在港口对船只的压载水管理状况进行检查，以确保其遵守相关规定。公约还要求船只妥善处理船底沉积物，以防止这些沉积物成为外来物种和污损生物的传播媒介。

通过《国际船舶压载水和沉积物控制与管理公约》的实施，船舶压载水管理在防止外来物种传播中发挥了至关重要的作用。公约通过引入先进的压载水处理技术和全球统一的管理标准，确保了船舶压载水的清洁和安全，减少了生物入侵对海洋生态系统的威胁。同时，全球合作框架的建立，使得各国能够共同应对这一跨国界的环境问题，确保海洋环境和生物多样性得到有效保护。

（3）2011 年船舶生物污损控制与管理指南

随着社会的发展和科技的进步，2001 年的 AFS 和 2004 年的 BWM 公约需要进一步完善。2011 年 7 月，国际海事组织海洋环境保护委员会（MEPC）第 62 届会议以 MEPC.207（62）号决议通过了 2011 Guidelines for the Control and Management of Ships' Biofouling to Minimize the Transfer of Aquatic Invasive Species。这些准则的主要目的是为生物污损的管理提供一种全球一致的方法，降低生物污损转移可能对环境、人类健康、财产和资源造成的影响。该管理指南主要包括如下几个。

1）生物污损管理计划。建议每艘船舶都应有生物污损的管理计划，如防污系统的操作方法、维护时间表等。

2）防污系统的安装和维护。防污系统可以是应用于暴露表面的涂层系统，用于管道和其他未涂装部件的抗生物污损材料，用于水箱和内部海水冷却系统的生物污损预防系统，或其他控制生物污损的创新措施。需要针对船舶选择合适的防污系统，进行安装和维护。

3）水中检查、清洁和维护。水中检查是检验船舶防污系统状况和生物污损状况的一种有效而灵活的手段。定期进行水中检查，是常规监测的一般手段，以及时发现风险。水中清洁是生物污损管理的重要组成部分。

4）船舶的设计和建造：船舶的设计和建造是将船舶生物污损风险降至最低的最全面、最有效的手段。如在船舶的设计和建造中，对拐角、栅格和突出部分进行圆角或倾斜设计，可使防污涂层系统更有效地覆盖。

7.1.3 欧盟

自 2003 年 1 月 1 日起，根据欧洲联盟条例 782/2003/EC 号，欧盟成员国禁止在所有悬挂欧盟旗帜的船只上使用含有三丁基锡（TBT）的油漆。AFS 公约经由第 782/2003/EC 号法规转化为欧盟法律体系，该法规确立了在欧盟境内禁止销售及使用有机锡的法律约束力。此外，第 536/2008/EC 号法规为与欧盟合作的船舶在符合 AFS 公约的合规性及控制程序方面提供了法律保障[7]。

2017 年，因环丁腈（cybutryne）对环境的不利影响，欧盟成员国和欧盟委员会提议将其纳入 AFS 公约，并在国际上禁止其在船舶防污系统中使用（表 7-4）。环丁腈是一种增强型杀菌剂，用作防污涂层的添加剂，用于防止"软污损"（如由藻类引起的污损）。它可抑制海洋藻类的光合作用，防止船体发生污损。然而，研究表明，环丁腈可能会对非目标生物产生不利影响，如珊瑚和其他非目标生物。一旦环丁腈从油漆表面释放出来，就会在环境中（如海水和淡水沉积物）持续存在。作为这项工作的成果，AFS 公约修正案已加入对环丁腈使用的管控条例，并于 2023 年 1 月 1 日起生效。从此日期起，将不允许使用或重新使用含有环丁腈的防污涂层。如果船舶的船体或外部部件或表面的涂层中含有环丁腈，则应拆除或涂上一层外部保护层，以防止环丁腈的浸出。

表 7-4 欧盟禁止使用的防污剂

防污剂	措施	生效时间
三丁基锡（TBT）	禁止在所有悬挂欧盟旗帜的船只上使用含有三丁基锡（TBT）的油漆	2008 年 9 月 17 日
环丁腈（cybutryne）	将不允许使用或重新使用含有环丁腈的防污涂层。如果船舶的船体或外部部件或表面的涂层中含有环丁腈，则应拆除或涂上一层外部保护层，以防止环丁腈的浸出	2023 年 1 月 1 日

7.1.4 国际组织的协同举措

2018 年 11 月，由全球环境基金（GEF）、联合国开发计划署（UNDP）和国际海事组织（IMO）共同发起了合作项目 GloFouling Partnerships，旨在解决水生生物在水下船体和其他海洋移动基础设施上聚集的问题。GEF-UNDP-IMO 全球船舶生物污损治理合作项目 GloFouling Partnerships 是一项全球倡议，旨在召集主要合作伙伴共同应对全球环境问题，即应对船舶和海洋基础设施因生物污损引发的海洋污染问题。GloFouling Partnerships 项目将推动实施国际海事组织关于控制和管理船舶生物污损的指导方针，该指导方针为如何控制和管理生物污损提供了一种全球一致的方法，以尽量减少入侵水生物种通过船体的转移。该项目还将推动制定最佳实践和标准，以改善其他海洋行业的生物污损管理。

全球环境基金将提供 698 万美元的赠款，通过开展大量建设活动、培训研讨会和技术采用方案，在国家层面实施一系列治理改革，为发展中国家及小岛屿发展中国家（含巴西、厄瓜多尔、斐济、印度尼西亚、约旦、马达加斯加、毛里求斯、墨西哥、秘鲁、菲律宾、斯里兰卡和汤加）提供系统性解决方案，这将推动各国实施国际海事组织生物污损指南的法律、政策和体制改革。

与此同时，GloFouling Partnerships 项目已经获得 40 多个主要利益相关者的认可，代表着学术界、行业协会、技术开发商和私营企业，涉及蓝色经济的广泛领域。除了各国政府外，许多对生物污损问题感兴趣的利益相关者也以战略合作伙伴的身份支持该项目。他们的贡献通常是实物，为项目活动提供投入、技术和科学专业知识，参加研发论坛、专家研讨会和其他会议等。各国政府、私营部门等的积极参与，将有利于高效确定处理生物污损的有效解决方案和技术。GloFouling Partnerships 项目符合联合国可持续发展目标 13（采取紧急行动应对气候变化及其影响）、目标 14（保护和可持续利用海洋和海洋资源以实现可持续发展）和目标 15（保护、恢复和促进可持续利用陆地生态系统，可持续管理森林，防治荒漠化，制止和扭转土地退化，制止生物多样性丧失）的要求。这体现了国际组织、政府和执行部门的良好合作，可以更有效地应对全球性挑战，为保护海洋生态提供了重要的实践经验。

7.2 欧　　洲

欧洲作为全球海洋经济最为发达的地区之一，海洋生物污损一直是欧洲各国亟待解决的问题之一。近年来，欧洲各国为保护其独特的海洋生态系统，积极推动生物污损相关法律和政策的制定，特别是针对船舶压载水和生物污损管理的严格管控措施。随着全球贸易和航运量的持续增长，外来有害物种通过生物污损传播的风险显著增加，对欧洲海洋环境、渔业资源和港口设施构成了严重威胁。为此，欧洲不仅积极采纳了《国际控制船舶有害防污底系统公约》（AFS 公约）和《国际船舶压载水和沉积物控制与管理公约》（BWM 公约）等国际规范，还通过了《海洋战略框架指令》等欧盟政策，建立了多层次的生物污损管控法律框架。这些政策的实施，不仅加强了各国港口对船舶生物污损的检查与管理，也推动了环保型防污技术的发展，确保外来物种的传播得到有效遏制。欧洲的生物污损相关法律体系为全球海洋环境保护提供了有力的借鉴和支持。本节将简要介绍英国及法国为应对生物污损所制定的法律条例。

7.2.1 英国

在英国，采用欧盟的 782/2003/EC 号法规，并基于 2009 年生效的《2009 年商船（防污系统）条例》（英国法定文书 2009/2796）进行实施[8]。同时《MGN 398（M+F）商船防污系统条例》规定了英国海事与海岸警卫署的执法程序。在欧盟层面，《杀虫剂法规》（528/2012/EC）对生物杀灭剂产品（包括防污剂）中杀生物剂的使用进行了规范，而在英国，该规定由《1986 年杀虫剂控制法规》（COPR）强制执行[9]。所有防污产品在上市前，其含有的生物杀灭活性物质必须依据第 528/2012/EC 号法规获得委员会的批准。此外，每个生物杀灭剂产品还需获得成员国的后续批准，在英国，此批准由健康与安全执行局授予[10]。

英国于 2019 年 3 月 29 日脱离欧盟。脱欧前，英国通过《退出欧盟法案》，目的是将欧盟法律转换为英国国内法，根据欧盟《杀菌剂法规》（528/2012/EC）批准的杀菌剂纳入英国立法。在欧盟《杀菌剂法规》（528/2012/EC）出台之前，英国率先禁止使用有害的杀菌剂，包括环丁腈和敌草隆[11]。

2024 年，英国公布并实施了《2024 年商船（防污系统）条例》，作为对《2009 年商船（防污系统）条例》的补充与更新。新的法规于 2024 年 5 月 10 日生效，适用于所有悬挂英国国旗的船舶，以及在英国或受控水域内悬挂其他国家国旗的船舶。该法规还保留了对类似有害有机锡化合物的现有禁令。目的是尽量减少或消除此类物质对英国水域的污染，支持全球对这一问题的应对。英国海事局已根据国际海事组织（IMO）的公约修正案，将新的义务正式纳入《2024 年商船（防污系统）条例》。

7.2.2 法国

由于有机锡的污染对海洋生物资源的开发产生影响，阿尔祖等于 1991 年向法国当局提出了在海湾内进行牡蛎养殖的可行性问题。因此，法国是第一个对有机锡基防污涂层的使用进行监管的国家。法国环境部于 1982 年 1 月 19 日通过的法令禁止在英吉利海峡和大西洋沿岸粗养牡蛎的地区，在长度小于 25m 的船体上使用含有超过 3%有机锡的涂层。该条例的有效期为 3 个月，后来在 1982 年 9 月 14 日颁布的法令中被延长，并引入了新的限制。

1）自 1982 年 10 月 1 日起，禁止在小于 25m 的船只上使用含超过 3%有机锡的涂层；考虑到无锡涂层的缺乏，对轻合金船没有任何限制期限。

2）定义有机锡涂层标签要求的条例，以便告知其有限的用途。

考虑到欧洲指令的规定，1992 年 10 月发布了一项新法令。该法令管控范围扩大到销售和使用用于长度小于 25m 且没有任何轻合金船只以及包括网箱在内的所有水下设备。有机锡涂层只允许在 20L 的容器中销售，以便进行码头维护。此外，禁止销售和使用含有汞、砷、艾氏剂、狄氏剂、异狄氏剂、五氯苯酚及其衍生物、氯丹、七氯、六氯苯、樟脑和滴滴涕化合物的涂层。

法国积极响应 IMO 的 AFS 公约，将其转化为国内法，自 2008 年起禁止使用含有三丁基锡（TBT）的防污涂层，这种有毒化学物质会在环境中积聚，危害海洋生物和人类健康。除了禁止 TBT 外，法国还制定了法规，推广使用传统防污涂层的环保替代品。根据法国法律，船东有法律义务确保其船舶遵守环境法规，包括使用符合 TBT 和其他限制化学品禁令的防污涂层。船主还必须确保按照环境法规使用防污涂层，包括使用适当的防护设备和以环保方式处理废物。法国的船主必须接受环境部门的检查，以确保遵守这些规定。不遵守环境法规可能会导致罚款和其他处罚。

经过法国相关部门调查，铜、二铜氧化物（氧化亚铜）和硫氰酸铜，于 2016 年重新批准使用（2016/1088/EU、2016/1089/EU 和 2016/1090/EU）。这些法规于 2016 年生效，并要求从 2018 年 1 月起实施额外的安全措施。

7.3 美　　洲

美国、加拿大为国际海事组织（IMO）的成员国，积极参与 AFS 公约和 BWM 公约等多个海洋保护及控制生物污损的国际公约，同时依据国际公约积极制定、修正国内相关法律条例，为世界生物污损的防控作出积极贡献。

7.3.1　美国

早在 1952 年，美国海军研究所在对生物污损研究后发现，污损船舶表面聚集的海洋生物种类高达 2000 余种。随着船舶的持续航行，海洋生物不断向船舶表面聚集，最终的生物种类可达 4000 多种[12,13]。据数据统计，美国海军每年花费数十亿美元用以治理生物污损问题[14]。生物污损给美国带来的损失不仅仅是经济成本，长期来看还会影响航运效率、生态系统健康、港口与水下基础设施的维护，以及相关产业的可持续性。随着船舶航运活动的增加以及外来物种入侵的加剧，生物污损防控措施的重要性与日俱增。美国在生物污损防控治理方面具有多层次的法律体系，其中包括联邦法令和州级法令。美国联邦政府通过环保法规和船舶管理政策，强制国内船舶采取合法措施控制生物污损造成的影响。

1. 联邦法令

（1）清洁水法案

1972 年 10 月 18 日，《清洁水法案》（Clean Water Act，CWA）正式签署生

效，CWA 的目标是恢复和维护美国水域的化学、物理和生物完整性（图 7-4）。它制定了向通航水域排放污染物的国家污染物排放消除系统（NPDES）许可计划，要求各州为其水体制定水质标准，要求市政设施达到二级处理标准，要求工业设施达到技术标准，并宣布了到 1985 年消除向通航水域排放污染物的国家目标。在《清洁水法案》之前，美国曾修订许多法律试图保护水质，如《河流和港口法案》（1899 年）、《联邦水污染控制法案》（1948 年）、《水质法案》（1965 年）和《固体废物处置法案》（1965 年）。

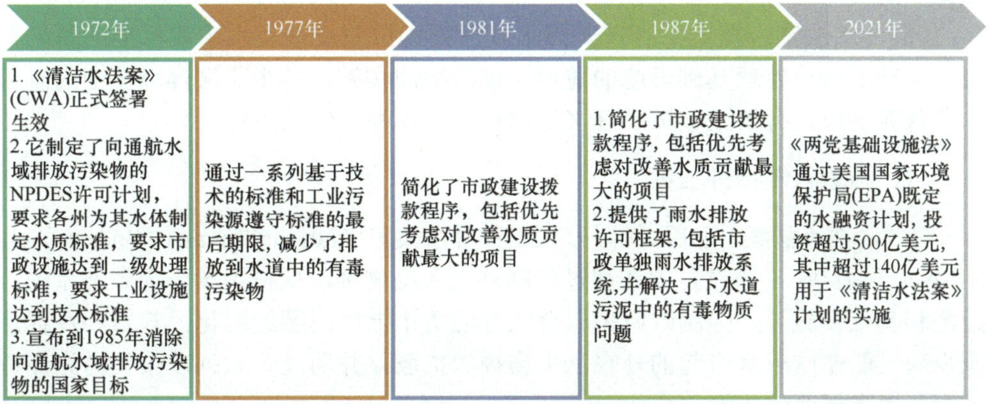

1972年	1977年	1981年	1987年	2021年
1.《清洁水法案》(CWA)正式签署生效 2.它制定了向通航水域排放污染物的NPDES许可计划，要求各州为其水体制定水质标准，要求市政设施达到二级处理标准，要求工业设施达到技术标准 3.宣布到1985年消除向通航水域排放污染物的国家目标	通过一系列基于技术的标准和工业污染源遵守标准的最后期限，减少了排放到水道中的有毒污染物	简化了市政建设拨款程序，包括优先考虑对改善水质贡献最大的项目	1.简化了市政建设拨款程序，包括优先考虑对改善水质贡献最大的项目 2.提供了雨水排放许可框架，包括市政单独雨水排放系统，并解决了下水道污泥中的有毒物质问题	《两党基础设施法》通过美国国家环境保护局(EPA)既定的水融资计划，投资超过500亿美元，其中超过140亿美元用于《清洁水法案》计划的实施

图 7-4 《清洁水法案》实施过程

1970 年 1 月美国国家环境保护局成立。1977 年《清洁水法案》修正案通过一系列基于技术的标准和工业污染源遵守标准的最后期限，减少了排放到水道中的有毒污染物。1981 年的修订简化了市政建设拨款程序，包括优先考虑对改善水质贡献最大的项目。1987 年的修正案以清洁水循环基金取代了原来的建设拨款计划，并通过国家环境保护局（EPA）与州的合作伙伴关系计划解决水质问题。1987 年的修正案还提供了雨水排放许可框架，包括市政单独雨水排放系统，并解决了下水道污泥中的有毒物质问题。1994 年《联合下水道溢流（CSO）控制政策》根据国家污染物排放消除系统许可计划制定了一项国家方针，用于控制联合下水道系统向国家水域的排放。2006 年美国国会首次为国家水产资源调查计划提供资金，该计划是美国国家环境保护局（EPA）、州和部落的合作项目，旨在监测全国的河流、溪流、湖泊、湿地和沿海环境。2021 年 11 月《两党基础设施法》通过美国国家环境保护局（EPA）既定的水融资计划，投资超过 500 亿美元，其中超过 140 亿美元用于《清洁水法案》计划的实施。

《清洁水法案》规定：

1）船舶在美国水域中操作时，必须控制并管理其排放，包括压载水和船体的污损生物。美国国家环境保护局（EPA）根据《清洁水法案》发布了"船舶通用许可证"(vessel general permit，VGP)，该许可证要求所有船只在水中操作时必须对船体上的附着物进行管理，以减少生物污损。

2)除非获得许可证，否则从点源向通航水域排放任何污染物都是非法的。美国国家环境保护局的国家污染物排放消除系统（national pollutant discharge elimination system，NPDES）许可计划包含对设施排放的限制、监测和报告要求以及其他条款，以确保排放不会损害水质，避免损害水生生物或人类健康。从一开始，美国国家环境保护局（EPA）的科学和创新就通过研究成果支持《清洁水法案》的实施。

《清洁水法案》奠定了管理美国水域污染物排放及地表水水质标准的基础框架，推动了污水处理基础设施的建设。该法案的实施，减少了海洋环境中的有机物和营养物质，有效地破坏了有害生物和外来物种的生长条件。

(2) 国家入侵物种法案

在《清洁水法案》之后，《国家入侵物种法案》（National Invasive Species Act，NISA）于 1996 年通过，旨在通过控制外来入侵物种，保护美国当地生态系统、经济和基础设施等，强制政府采取合法行动防止上述问题的恶化。其核心目标是减少通过船舶压载水引起的外来水生物种的扩散，并通过一系列政策和措施促进国家和地方层面的协调与合作。

通过管理船舶压载水、船体污损等途径，减少入侵物种的扩散。这部法案强化了美国海岸警卫队的权力，要求所有进入美国水域的船舶必须遵守严格的压载水管理规定。

1) NISA 要求船舶进入美国水域前，必须进行压载水的管理，以减少通过压载水携带外来物种的风险，具体措施包括要求船舶在进入美国领海前，在公海进行压载水交换，从而减少外来物种的入侵风险。

2) 开发采用新的压载水处理技术，如化学处理、过滤等，进一步降低压载水的生物风险。NISA 还要求各联邦和州政府加强对入侵物种的监测并建立监测网络，及时发现新的入侵物种。

3) 该法案要求定期发布关于入侵物种风险的评估报告，并针对特定的高危区域采取预防措施。

NISA 在生物污损治理方面尤其是控制外来物种传播方面具有重要作用。由于生物污损是外来物种入侵的主要途径之一，特别是外来物种通过船舶压载水进入新的流域时，往往会对当地的生态系统造成严重威胁。NISA 通过严格的压载水管理规定，有效减少了由于生物污损带来的外来物种入侵的风险。此外，NISA 还鼓励开发采用更先进的压载水处理技术，提高了处理船舶中的压载水、消灭或过滤掉其中生物的效率和能力，有效降低生物污损的威胁。同时，NISA 推动了美国联邦、各州政府以及相关行业间的协调合作，提高了船舶业、港口等相关行业对生物污损的认识，避免了因各州政策不同造成的监管不力、管理空白等问题，进一步加强了美国联邦对外来物种的积极管控。NISA 的实施与 IMO 的《国际船舶压载水和沉积物控制与管理公约》保持一致，是国际公约转化为国内法的生动案例，此举推动了美国在生物污损防控领域的国际合作进程，强化了其在国际治理体系中的参与度。

2. 州级法令

除了联邦法规，美国的许多沿海州（如加利福尼亚州和华盛顿州）还制定了更加严格的生物污损控制政策。例如，加利福尼亚州（以下简称加州）在压载水管理和船体防污系统方面制定了严格的法律。该州的《海洋入侵物种法》规定：所有进入加州的船舶必须执行压载水交换或采用其他管理措施，以防止外来物种通过压载水进入当地水体。船舶还必须向加州土地管理局提交压载水管理报告，进行详细的记录和监控。

加州法律禁止船体使用含有机锡化合物（如 TBT）的防污涂层，并要求船舶使用环境友好型的防污系统。加州通过了美国首个专门针对生物污损的管理法规《加州生物污损管理条例》（表 7-5），要求所有船舶在进入加州前清洁船体，特别是长时间停泊或来自高风险区域的船只。法案规定，船东需提供船体维护记录和生物污损管理计划，确保船体清洁符合要求；定期对船舶进行检查，对不符合清洁标准的船舶进行处罚或要求整改。加州加强了对沿海水域的监管，确保船舶在沿海地区遵守《清洁水法案》的标准，防止入侵生物在沿海水域的扩散。

表 7-5 违反《加州生物污损管理条例》惩罚措施

违反记录保存要求	违反报告要求
第一次二级违规，书面违规通知	第一次三级违规，书面违规通知
第二次及后续二级违规，10 000 美元罚款	第二次及后续三级违规，1000 美元罚款

华盛顿州实施了严格的压载水管理，要求所有总吨位超过 300t 的适用船舶在进入华盛顿州水域前必须对压载水进行交换或处理，并且要求这些船舶在到达华盛顿州水域、哥伦比亚河，以及在通过华盛顿州港口之前至少 24h 提交压载水报告。

7.3.2 加拿大

加拿大帮助制定并支持通过了国际海事组织 2011 年《船舶生物污损控制与管理指南》，以尽量减少水生入侵物种的转移。这些指导方针建立了全球一致的生物污损管理方法。指南建议船舶运营商选择合适的防污系统，控制生态区域生物污损的增长，保存生物污损管理记录簿，并进行定期维护、清洁和检查。加拿大运输部支持在加拿大水域航行的船只自愿采用这些准则。加拿大是全球环境基金、联合国开发计划署和国际海事组织合作倡议的全球污损伙伴关系项目的战略伙伴。全球污损伙伴关系支持国际海事组织《生物污损指南》在全球范围内的实施，并通过全球、区域、国家和地方各级的干预措施，帮助减少水生入侵物种传播的风险。此外，加拿大政府还通过了《国际控制船舶有害防污底系统公约》。该公约规定了在设计用于防止生物污损积聚的系统中禁止使用三丁基锡等有毒化合物。它还确保所有超过 400 总吨的船舶使用符合公约的防污系统。

7.4 大 洋 洲

大洋洲作为拥有丰富海洋资源的大洲，高度重视生物污损相关法规的制定，以保护其独特而脆弱的海洋生态系统。大洋洲各国积极参与国际组织（如 IMO）条约的制定和实施，并依据国内情况制定国内法律进一步完善船舶压载水管理和污损生物的具体检疫条例，如澳大利亚政府制定的《2015 年生物安全法》（Biosecurity Act 2015）以及新西兰政府制定的《船舶风险管理标准》（Craft Risk Management Standard，CRMS），这些法规不仅要求对船舶进行定期的清洁和防污管理，还推动了环保型防污技术的应用，从而有效防止外来物种侵害。大洋洲各国生物防污政策已成为全球海洋生态保护的典范，为国际生物安全合作树立了标杆。本章节将介绍澳大利亚和新西兰在生物污损管控方面出台的法令和举措。

7.4.1 澳大利亚

海洋生物吸附在船体或其他水下结构上，可能导致外来物种的传播，严重威胁澳大利亚的海洋生态环境和经济。《生物安全法》（Biosecurity Act）于 2015 年通过，并于 2016 年正式生效，取代了过去的《1908 年检疫法》，成为澳大利亚生物安全管理的核心法律。

根据《生物安全法》第 193 条，船舶经营者有义务在到达澳大利亚领海之前准确报告生物污损的管理情况。这些信息必须通过该部门的海事和飞机报告系统（MARS）提交，并在船只预计抵达澳大利亚境内的第一个港口之前至少 12h（但不早于 96h）提供。船舶经营者必须报告他们是否能够证明符合以下三种主动生物污损管理方案之一：

1）实施有效的生物污损管理计划和记录簿；
2）船舶在抵达澳大利亚领土前 30 天内清除所有生物污损；

3）实施经部门预先批准的替代生物污损管理方法。

船舶运营商如果不能证明符合上述三种主动生物污损管理方案中的一种，将在到达前通过 MARS 进一步报告问题。船舶经营者必须报告他们是否打算在澳大利亚水域内清洁，如果意图改变，则需要更新他们的抵港前报告。该部门使用 MARS 中的信息来评估船舶的干预措施，并评估与船舶生物污损相关的生物安全风险。生物安全官员可以对抵达澳大利亚港口的船只进行检查，以评估和管理潜在的生物安全风险。

同时，澳大利亚政府根据《生物安全法》以及 BWM 条约制定了一系列压载水管理要求，以管控压载水和生物污损。其主要措施包括要求船舶使用压载水处理系统（如过滤、化学处理等）来减少压载水中的外来物种，所有船舶必须采用经过国际海事组织（IMO）认证的处理系统，并按照制造商的说明书正确操作。外来船舶必须在距离陆地至少 200 海里①，深度超过 200m 的公海或深水区域进行压载水交换，以保证外来物种不会影响本地生态平衡。同时，所有国际船舶必须明确清理和维护船体并进行定期检查，禁止使用有毒的防污涂层（如 TBT），鼓励使用新型环保型涂层，以减少有害物质对海洋生态的影响。

澳大利亚的港口管理和检疫系统在 2015 年《生物安全法》的框架下得到了大幅提升。通过多层次的措施确保澳大利亚的国际船舶在压载水、生物污损损害和潜在的外来物种进入方面均符合标准。港口系统结合各类信息，如船舶航行记录、清洁记录和报告，实施分级风险评估。高风险船舶将接受更严格的审查，而低风险船舶则可以快速通关。评估和检查机制确保将外来物种的侵害风险降至最低。综合性的港口检疫系统提高了防控效率，确保及早发现并阻止外来物种通过海运进入澳大利亚海域，有效保护了海洋生物多样性。

7.4.2 新西兰

与澳大利亚一样，新西兰对生物污损的防控极为重视，因而出台了严格的国家政策以限制生物污损，尽最大努力降低生物污损给新西兰海域带来的经济、生态等领域的损失。

新西兰对船体生物污损的管理标准相当严格，以防止黏附在船体上的外来物种的侵害。自 2023 年 10 月 13 日起，船舶顶部和生物污损的所有生物安全要求均已纳入更新的《船舶风险管理标准》（Craft Risk Management Standard，CRMS）。

根据《船舶风险管理标准》（CRMS），所有进入新西兰水域的船舶必须清洁船体。这意味着，船舶在进入新西兰时，船体不得存在超过规定阈值的生物污

---

① 1 海里=1.852km，下同。

损,尤其是在长时间停靠后,船舶必须在 30 天内进行全面的清理,确保船体及各个附属部位(如海底舱室、螺旋桨等)没有外来物种分布。

根据生物污损管理计划要求,船舶运营者必须提供生物污损管理计划(biofouling management plan),详细说明防污措施、船体检查和清洁记录等。新西兰要求该管理计划符合国际海事组织(IMO)生物污损的最佳管理规范(船舶生物污损控制与管理指南)。同时新西兰要求船舶定期进行船体清洁,特别是在进入新西兰前,船舶必须在规定的干船坞或使用特殊设施进行清理,并提交清理报告。如果船舶未能符合要求,可能会被拒绝入港或强制清理。

船舶在进入新西兰前需要提供生物污损和压载水管理的详细报告,包括防污涂层、船体维护记录,以及近期清理记录。新西兰的生物安全检查员可以对进入新西兰区域的船舶进行随机检查,确保其符合生物安全标准。如果船舶未达到规定的标准,可能会被罚款,甚至被要求离开新西兰领海。此外,违规船舶可能会被要求进行额外的清理或处理,相关费用由船舶运营者承担。

新西兰拥有着独具特色的海洋生态系统,诸多物种对于外来物种的入侵表现出极高的敏感性。该国通过实施严格的压载水管理及生物污损防控措施,成功遏制了外来物种的入侵现象,保障了其海洋生态系统的健康与稳定。此外,新西兰积极参与国际公约,与国际社会进行密切合作,尤其是遵循国际海事组织(IMO)制定的生物污损损害管理规范,有效促进了全球范围内对外来物种扩散的控制。此类国际合作不仅增强了新西兰的生物安全防护能力,也推动了其他国家在生物污损和压载水管理方面标准的提升。

7.5 亚　　洲

随着亚太地区贸易和航运的迅速发展,亚洲多国在国际海事组织(IMO)框架下相继采纳了《国际船舶压载水和沉积物控制与管理公约》(BWM 公约)和《国际控制船舶有害防污底系统公约》(AFS 公约),并结合本国海洋管理特点,制定了适合本地的防污法规和技术标准。这些措施不仅涵盖船舶压载水管理、环保防污涂层的使用,还包括港口设施的建设和跨境合作项目,旨在减少外来物种入侵的风险。通过全面的生物防污法规体系,亚洲国家逐步提升了海洋生物安全,确保海洋环境和沿海经济的可持续发展。

7.5.1　中国

改革开放以来,中国的经济迅速发展,沿海工业化和港口建设的加速给海洋生态环境带来了巨大的压力,同时由于法律体系的不完善以及环境保护意识的淡薄，不规范使用防污剂等措施严重破坏了海洋生态系统，影响了渔业和沿海产业的可持续发展。因此，需要制定一套全面、系统的法律，规范海洋环境保护、控制污染排放、加强生态环境保护。

2011年3月6日，经国务院批准我国加入AFS公约，并于2011年6月7日对我国生效。2018年10月22日，经国务院批准，我国加入BWM公约，并于2019年1月22日对我国生效。中国积极落实负责任大国形象，将公约与中国实际相结合，落实中国防污政策，禁止含有如有机锡类化合物（TBT）等有害物质的涂层，鼓励无毒防污涂层的使用。通过国际参与并履行相关责任，中国与全球多个国家和组织建立了生物安全合作，推动了全球生物污损治理，确保国际海洋环境的共同保护。

（1）《中华人民共和国海洋环境保护法》

《中华人民共和国海洋环境保护法》最初在1982年通过，1999年进行了第一次全面修订。近年来，随着海洋环境形势的变化，2013年和2016年进行了进一步修订，强化了海洋污染防治和生态保护的措施。新的《中华人民共和国海洋环境保护法》已由中华人民共和国第十四届全国人民代表大会常务委员会第六次会议于2023年10月24日修订通过，已予公布，并自2024年1月1日起施行。

《中华人民共和国海洋环境保护法》第七章第八十条规定船舶应当配备相应的防污设备和器材。船舶的结构、配备的防污设备和器材应当符合国家防治船舶污染海洋环境的有关规定，并经检验合格。船舶应当取得并持有防治海洋环境污染的证书与文书，在进行涉及船舶污染物、压载水和沉积物排放及操作时，应当按照有关规定监测、监控，如实记录并保存。

第一百零九条：违反本法规定，有下列行为之一，由依照本法规定行使海洋环境监督管理权的部门或者机构责令改正，并处以罚款：

1）港口、码头、装卸站、船舶修造拆解单位未按照规定配备或者有效运行船舶污染物、废弃物接收设施，或者船舶的结构、配备的防污设备和器材不符合国家防污规定或者未经检验合格的；

2）从事船舶污染物、废弃物接收和船舶清舱、洗舱作业活动，不具备相应接收处理能力的；

3）从事船舶拆解、旧船改装、打捞和其他水上、水下施工作业，造成海洋环境污染损害的；

4）采取冲滩方式进行船舶拆解作业的。

有前款第一项、第二项行为之一的，处二万元以上三十万元以下的罚款；有前款第三项行为的，处五万元以上二十万元以下的罚款；有前款第四项行为的，处十万元以上一百万元以下的罚款。

第一百一十条：违反本法规定，有下列行为之一，由依照本法规定行使海洋环境监督管理权的部门或者机构责令改正，并处以罚款：

1）未在船上备有有害材料清单，未在船舶建造、营运和维修过程中持续更新有害材料清单，或者未在船舶拆解前将有害材料清单提供给从事船舶拆解单位的；

2）船舶未持有防污证书、防污文书，或者不按照规定监测、监控，如实记载和保存船舶污染物、压载水和沉积物的排放及操作记录的；

3）船舶采取措施提高能效水平未达到有关规定的；

4）进入控制区的船舶不符合船舶污染物排放相关控制要求的；

5）具备岸电供应能力的港口经营人、岸电供电企业未按照国家规定为具备岸电使用条件的船舶提供岸电的；

6）具备岸电使用条件的船舶靠港，不按照国家规定使用岸电的。

有前款第一项行为的，处二万元以下的罚款；有前款第二项行为的，处十万元以下的罚款；有前款第三项行为的，处一万元以上十万元以下的罚款；有前款第四项行为的，处三万元以上三十万元以下的罚款；有前款第五项、第六项行为之一的，处一万元以上十万元以下的罚款，情节严重的，处十万元以上五十万元以下的罚款。《中华人民共和国海洋环境保护法》是中国保护海洋环境的基础性法律，为预防和控制海洋污染、保护和修复海洋生态系统提供了法律保障。2023年新修订的《中华人民共和国海洋环境保护法》还对海洋生态环境损害赔偿条款做了修订，构建了更为完善的海洋生态环境损害赔偿制度（图 7-5）。该法律有效提升了我国海洋环境保护水平，推动了海洋资源可持续发展，具有重要的环境和经济意义。

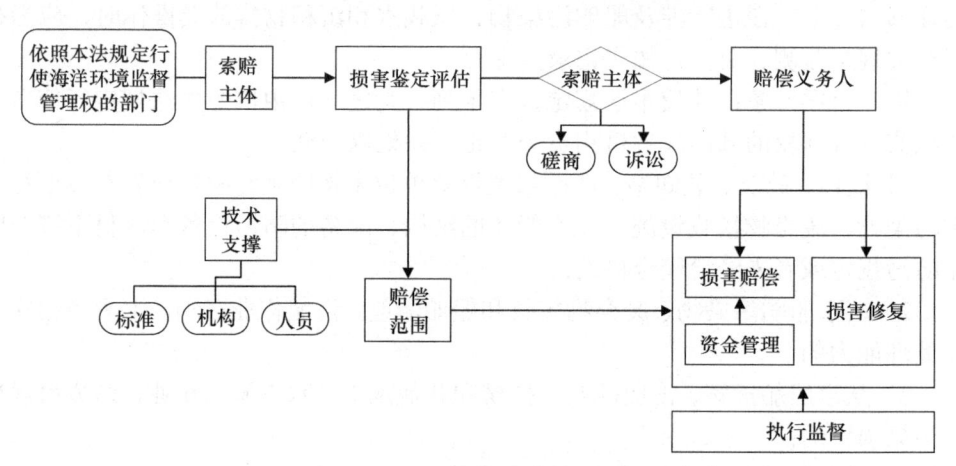

图 7-5　海洋生态环境损害赔偿制度[15]

（2）《环境标志产品技术要求　船舶防污漆》环境保护标准

HJ 2515-2012《环境标志产品技术要求　船舶防污漆》标准是建立在对船舶防

污漆产品生命周期分析的基础上,通过参考《国际控制船舶有害防污底系统公约》和 GB/T 6822—2007《船体防污防锈漆体系》等相关标准制定的思路,并综合产品的生产工艺流程、国内外相关的环保要求来制定。本标准对船舶防污漆所用原材料、产品中有害物质含量、产品使用说明书和防污漆中活性物质海洋环境风险评估方法提出了要求。该标准规定在防污漆中禁止添加乙二醇醚及其酯类、烷烃类、酮类、卤代烃类、醇类、硅酸盐类(石棉类)6 大类物质,并对一些有害物质进行了限制,见表 7-6。

表 7-6 产品中有害物质限量

类型		限值或要求
挥发性有机化合物(VOC)/(g/L)		≤400
甲苯+二甲苯+乙苯/%		≤25
苯/%		≤0.05
可溶性重金属	铅(Pb)/(mg/kg)	≤90
	镉(Cd)/(mg/kg)	≤75
	铬(Cr)/(mg/kg)	≤60
	砷(As)/(mg/kg)	≤5
滴滴涕(DDT)、汞(Hg)		不得检出
锡总含量(干油漆样品)/(mg/kg)		≤1500
铜离子渗出率(稳定状态)/[μg/(cm²·d)]		≤25
活性物质		低风险物质

该标准要求,防污漆中活性物质海洋环境风险评估需要从持久性、生物蓄积性和毒性三个方面进行评估,需要满足如下条件。

持久性要求:①活性物质可以快速地被生物降解;或②活性物质的矿化半衰期≤60 天;或③活性物质的降解半衰期≤60 天,并在降解过程中其杀灭性能逐渐降低。

生物蓄积性要求:$\lg(K_{ow})<4$ 或 $BCF_{max}<500$。

毒性要求:若 $K_{oc}<1000$ L/kg,海水中 PEC/PNEC<1;若 $K_{oc}≥1000$ L/kg,海水和底泥中 PEC/PNEC<1。

(3)其他措施

中国在生物污损管理与控制方面,除了制定法律法规和履行国际公约,还采取了一系列其他措施,包括技术创新、国际合作、公众参与,以及生态恢复等方面。这些措施相互配合,共同形成了一个多层次、多领域的生物污损防控体系。

1)技术创新方面,中国积极推广无毒环保型防污涂层的研发和应用,鼓励航运企业逐步淘汰含有有毒物质的防污涂层,代之以硅树脂涂层、无毒纳米涂层等环保技术，同时国内如吉林大学田丽梅、浙江大学张庆华等课题组积极开展仿生防污策略研究，结合多种仿生防污策略的协同优势，以解决单一防污策略的局限性，从而提高涂层的防污性能和使用寿命。

2）国际合作方面，中国与国际海事组织（IMO）、联合国环境规划署（UNEP）等国际组织合作，参与多项全球生物污损治理项目，如压载水管理技术开发和船舶防污系统研究，分享治理经验和技术。中国在东亚海域与周边国家（如韩国、日本）建立合作机制，针对黄海、东海等共享海域的生物污损和外来物种入侵问题，开展联合监测和应急处置。

3）公众参与方面，中国积极开展生物污损治理相关的公众宣传活动，如世界海洋日暨全国海洋宣传日（6月8日）、国际生物多样性日（5月22日）的科普宣传，提升公众对海洋生物保护的认识，减少因人为活动导致的外来物种传播。

4）生态恢复方面，在敏感生态区域（如渔业资源保护区）建设生物屏障，通过人工干预的方式抑制外来物种的繁殖和扩散。针对重点航运路线或高风险船舶开展专项执法行动，严查违规排放压载水、未定期清理船体生物污损的行为，增强法律威慑力。

7.5.2 日本

日本对海洋防污技术的研究始于20世纪初，经历了从有毒涂层到环保涂层的转变。早期，日本主要依赖含有有毒物质的化学防污涂层，如三丁基锡（TBT）等，虽有效但环境污染严重。随着环保意识的提升，日本开始转向研发更加环保的绿色防污技术，如天然产物提取、微生物代谢产物利用等，逐步实现了从"有毒"到"绿色"的转变。

（1）防污法令

日本海洋污染法律体系始于1970年《海洋污染防止法》（第136号法）的制定，其核心目标在于落实国际公约义务，管辖范围覆盖日本内水、领海及海外日本籍船舶。1976年该法首次修订，新增海上灾害预防条款，法规更名为《海洋污染及海上灾害防止法》。此次修订将管控范围从单一污染治理扩展至综合灾害防控。为响应《1972年伦敦公约》（防止倾倒废物和其他物质污染海洋公约），日本于1980年修订《海洋污染及海上灾害防止法》，初步建立海洋倾倒许可制度，要求向海洋倾倒废物需经政府审批。1983年，日本正式加入《国际防止船舶造成污染公约》（International Convention for the Prevention of Pollution from Ships，MARPOL），同步修订《海洋污染及海上灾害防止法》，将管控对象扩展至船舶油类、散装有害液体物质、包装有害物质、污水及船舶废水，并强制要求船舶建造与设备安装符合国际标准。1995 年，日本环境厅（现环境省）完成 53 种未分类液体物质的环境风险评估，为后续管控提供科学依据。

进入 21 世纪后，法律修订的国际化进程加速。2004 年的修订要求海洋倾倒污染物须经环境大臣许可及海上保安厅确认，并将管控范围与《1996 伦敦议定书》接轨；2007 年整合历次修订内容，正式确立现行《海洋污染及海上灾害防止法》。2014 年，日本加入《控制和管理船舶压载水和沉积物国际公约》，并根据公约对《海洋污染及海上灾害防止法》进行修订，规定禁止船舶随意排放压载水，必须按照公约及国内法的要求安装压载水处理设备（图 7-6）。

1970 年	《海洋污染防止法》落实国际公约义务
1976 年	《海洋污染及海上灾害防止法》新增海上灾害预防条款
1980 年	《海洋污染及海上灾害防止法》初步建立海洋倾倒许可制度
1983 年	《海洋污染及海上灾害防止法》管控对象扩展至船舶油类、散装有害液体物质、包装有害物质、污水及船舶废水，并强制要求船舶建造与设备安装符合国际标准
2004 年	《海洋污染及海上灾害防止法》海洋倾倒污染物须经环境大臣许可及海上保安厅确认，管控范围与《1996伦敦议定书》接轨
2014 年	《控制和管理船舶压载水和沉积物国际公约》禁止船舶随意排放压载水，必须按照公约及国内法的要求安装压载水处理设备

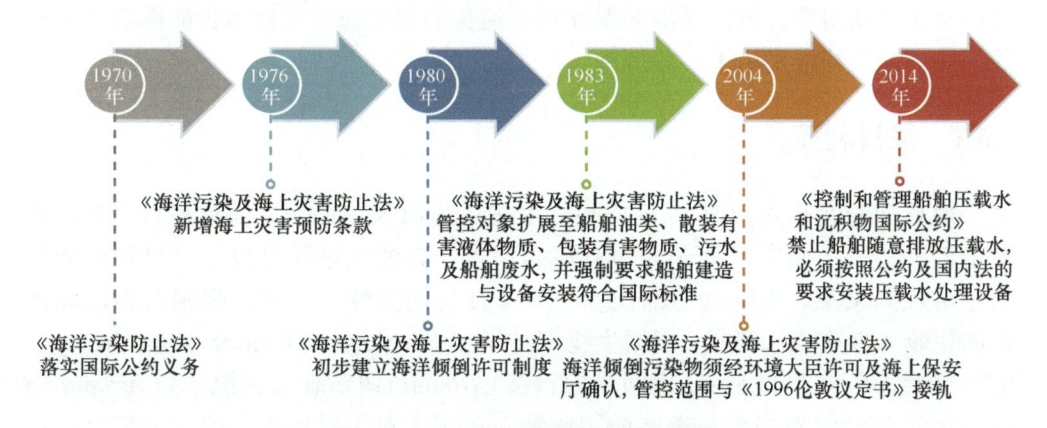

图 7-6　日本生物防污法律制定历程

（2）其他措施

在日本，新型绿色防污技术已成功应用于多个领域。以船舶防污为例，通过采用环保型防污涂层和智能监测系统，有效降低了生物污损对船舶航行效率和安全性的影响，延长船舶的使用寿命，降低维护成本。除此之外，在海洋牧场、水下考古、海上油气开采等领域，绿色防污技术也展现出了巨大的应用潜力。

国际油漆公司与日本立邦漆船用涂层公司合作开发的新产品 InterSmoothEcoloflex 无锡自抛光型防污涂层，是已被证明可替代 TBT 的高性能无锡防污涂层，在寿命期内可提供良好的防污性能。日本拥有丰富的海洋生物资源，这为生物防污技术的研发提供了得天独厚的条件。科研人员从海藻、珊瑚、贝类等海洋生物中提取具有防污活性的天然化合物，如多糖、蛋白质、酚类等，并将其应用于防污涂层中。这些天然产物不仅对环境友好，而且能有效抑制海洋生物的附着，展现出良好的防污效果。在绿色防污技术的创新中，日本还积极探索纳米技术与智能材料的融合应用。通过纳米技术，将防污活性物质以纳米级颗粒的形式负载于材料表面，实现精准释放和高效利用。同时，智能材料能够根据环境变化自动调节表面性质，如改变亲疏水性、可控释放防污剂等，以适应不同海域的生物污损情况。

7.6 非　　洲

非洲有 54 个国家和超过 14 亿的人口，其中沿海国家有 38 个，其海岸线平直，西临大西洋，东临印度洋和红海，三面临海，海岸线长达 2.6 万 km。非洲 90% 以上的进出口贸易靠海运实现。海洋鱼类等资源可解决非洲近 2 亿人的食品安全问题。据非洲联盟（非盟）统计，发展蓝色经济（即以海洋和水域为主的可持续性经济）可为非洲创造 3000 亿美元的经济收入和 4900 万个就业机会，是实现非洲经济增长的新引擎。海洋经济的发展难以避免的要受海洋生物污损的影响，非洲的一些国家也相继采用了一些措施。

7.6.1　尼日利亚

尼日利亚联邦共和国（the Federal Republic of Nigeria），简称尼日利亚，是位于西非的一个国家，处于几内亚湾的顶点。石油开采和出口是尼日利亚的主要经济收入来源，海运为石油出口提供了便捷的条件，生物污损则对海运和潜在的生物入侵带来了挑战。根据生物保护学会（Society for Conservation Biology，SCB）的数据，在尼日利亚，墨西哥向日葵（*Tithonia difolia*）、老挝草（*Chromolina odorata*）等已经对当地生态造成了威胁。压载水对于现代航运的安全和有效运作是必不可少的，但压载水中可能存在的入侵水生物种可能构成严重的环境、经济和健康威胁。2023 年，尼日利亚通过了国际海事组织（IMO）关于控制和管理海洋生物污损的准则，目的是减少入侵水生物种的转移。尼日利亚海事管理和安全局（NIMASA）和国际海事组织（IMO）及非洲海事技术合作中心（MTCC）合作，为非洲大陆沿海国家举办生物污损管理培训，旨在解决非洲生物污损带来的问题。

7.6.2　南非

南非拥有绵延约 3000km 的海岸线，海洋经济在其国民经济中占据重要地位。虽然没有生物污损直接的相关法律，但南非通过了《国家环境管理法》及其相关修正案，建立了综合性的环境保护框架，涵盖了海洋生态系统的管理和保护。在港口管理方面，南非的港口管理机构实施了严格的船舶检查和压载水管理措施，以防止外来物种通过船舶进入南非水域。南非国家生物多样性研究所（SANBI）定期进行生物多样性评估，包括对海洋生态系统健康状况的监测。

7.6.3 毛里求斯

毛里求斯作为印度洋上的岛国，拥有丰富的海洋资源。为保护其海洋生态系统，毛里求斯在应对海洋生物污损方面采取了多项法律和措施。毛里求斯积极参与《国际控制船舶有害防污底系统公约》（AFS 公约），是该公约的缔约国，致力于消除有害防污系统对海洋环境的影响。通过加入《国际船舶压载水和沉积物控制与管理公约》（BWM 公约），毛里求斯加强了对船舶压载水的管理，防止外来物种通过压载水入侵。通过了《环境保护法》和《渔业和海洋资源法》，从而加强对海洋生态系统的保护，保障海洋生物多样性，间接减少生物污损带来的风险。在港口管理方面，对进出港口的船舶进行定期检查，确保其防污系统符合国际标准，实施严格的压载水处理程序，防止外来物种通过压载水进入毛里求斯水域。

参 考 文 献

[1] 宓宇晓, 周泽华, 王泽华, 等. 海工构件防生物吸附涂料的研究进展[J]. 材料导报, 2015, 29(3): 35-39.
[2] CHEN L, DUAN Y, CUI M, et al. Biomimetic surface coatings for marine antifouling: Natural antifoulants, synthetic polymers and surface microtopography[J]. Science of the Total Environment, 2021, 766: 144469.
[3] LI Z, LIU P, CHEN S, et al. Bioinspired marine antifouling coatings: Antifouling mechanisms, design strategies and application feasibility studies[J]. European Polymer Journal, 2023, 190: 111997.
[4] DUAN J-Z, LIU C, LIU H-L, et al. Research progress of biofouling and its control technology in marine underwater facilities[J]. Marine Sciences, 2020, 44(8): 162-177.
[5] FERNANDES S, GOMES I B, SIMõES L C, et al. Overview on the hydrodynamic conditions found in industrial systems and its impact in(bio)fouling formation[J]. Chemical Engineering Journal, 2021, 418: 129348.
[6] 章文俊, 费珊珊. 2023 年生效的 IMO 强制性文件修正案概览[J]. 世界海运, 2023, 46(3): 4-5.
[7] DAFFORN K A, LEWIS J A, JOHNSTON E L. Antifouling strategies: History and regulation, ecological impacts and mitigation[J]. Marine Pollution Bulletin, 2011, 62(3): 453-465.
[8] UK Statutory Instruments. The Merchant Shipping (Anti-Fouling Systems) Regulations 2009 [EB/OL].(2009-12-01)[2025-02-14]. https://www.legislation.gov.uk/uksi/2009/2796/contents/made.
[9] European Union. Regulation (EU) No 528/2012 of the European Parliament and of the Council [EB/OL].(2012-05-22)[2025-02-14]. https://eur-lex.europa.eu/legal-content/EN/TXT/?uri=CELEX%3A32012R0528.
[10] Health and Safety Executive. Revision of GB Biocidal Products Regulation Annexes II and III. [EB/OL].(2024-03-18)[2025-02-14]. https://consultations.hse.gov.uk/crd-biocides/rev-gb-bpr-annexes-ii-and-iii/.
[11] MCNEIL E M. Antifouling: Regulation of biocides in the UK before and after Brexit[J]. Marine Policy, 2018, 92: 58-60.

[12] 吴星, 王虹, 邹竞. 海洋生物污损及环境友好型船舶防污涂料的研究进展[J]. 化工新型材料, 2014, 42(1): 1-3.
[13] 周超. 齿轮泵摩擦副激光熔覆高熵合金涂层的摩擦学特性研究[D]. 济南大学, 2023.
[14] CALLOW M E, CALLOW J A. Marine biofouling: A sticky problem[J]. Biologist, 2002, 49(1): 1-5.
[15] 蔡悦萌, 张广帅, 李晴, 等. 海洋环境保护法修订背景下海洋生态环境损害赔偿制度研究[J]. 海洋环境科学, 2024, 43(5): 657-663+671.

第8章 海洋防污技术在中国的挑战与未来

海洋防污技术在中国的发展既面临前所未有的机遇，也存在诸多挑战。这一领域的发展不仅深刻影响海洋工程的可持续推进，还直接服务于国家海洋战略的实施目标。近年来，国内的主要科研平台，如海洋地质国家重点实验室和海洋污染国家重点实验室，在海洋防污研究方面取得了一系列显著成果。然而，防污涂层的研究和应用仍面临多个瓶颈，尤其是在实现机械性能与防污性能之间的优化平衡方面，亟需更深入的探索。根据相关文献和专利分析，当前防污涂层的研发正向环保、高效和可持续方向迈进。例如，自抛光共聚物涂层、污损释放型涂层等新型防污涂层的出现为行业注入了新活力。然而，防污技术仍存在诸如涂层耐久性不足、广谱性差等实际问题。为解决这些问题，研究者们正在尝试多种途径，包括开发更高效的新型防污剂、优化涂层配方，以及应用纳米技术和仿生学原理以增强涂层防污效果和使用寿命。随着海洋开发的深度和广度不断拓展，海洋防污技术也将迎来更多创新契机。这一领域的进步不仅有望解决目前存在的关键技术难题，还将为海洋工程的绿色化和低碳化发展提供重要支撑。本节对我国从事海洋防污技术开发的优势科研平台进行了介绍，总结了我国海洋防污技术的发展趋势，剖析了当前的发展瓶颈，提出了应对策略。

8.1 国内优势科研平台

随着市场对绿色、高效、长效防污技术的需求，国内的多家科研单位投入了新型防污技术的开发，提出了新理论、新方法、新技术，为我国的海洋防污事业贡献了自己的力量。

8.1.1 高校科研平台

近年来，全球海洋资源开发与利用进程日益加速，海洋领土争端频发，海洋环境保护需求愈发迫切。高校科研平台凭借其深厚的学术底蕴与创新能力，在海洋防污技术领域取得了诸多具有里程碑意义的进展与突破。这些突破不仅为海洋工程材料的研发注入了新的活力，更为维护海洋环境健康、促进蓝色经济的可持续发展、海洋领土安全提供了坚实的科技保障。国内从事海洋防污技术开发的部分高校科研平台见表8-1。

表 8-1　我国从事海洋防污技术开发的部分高校科研平台

平台名称	依托单位
汽车底盘集成与仿生全国重点实验室	吉林大学
工程仿生教育部重点实验室	
腐蚀与防护中心	东北大学
海洋化学理论与工程技术教育部重点实验室	中国海洋大学
联合化学反应工程研究所、衢州研究院	浙江大学
海水养殖生物育种全国重点实验室	厦门大学
污染控制与资源化研究国家重点实验室	同济大学
功能材料绿色制备与应用教育部重点实验室	湖北大学
膜科学与海水淡化技术重点实验室	天津大学
海洋研究院	山东大学
环保型高分子材料国家地方联合工程实验室	四川大学
腐蚀与防护中心	北京科技大学
高端装备界面科学与技术全国重点实验室	清华大学
环境模拟与污染控制国家重点联合实验室	
城市水资源与水环境国家重点实验室	哈尔滨工业大学
海洋特种材料工信部重点实验室	哈尔滨工程大学
海南省热带岛屿环境污染防治国际联合研究中心	海南大学

高校相继开发了多种新型的海洋防污技术，下文对国内部分团队的研究成果做一个简单介绍。

(1) 吉林大学团队

以吉林大学汽车底盘集成与仿生全国重点实验室、工程仿生教育部重点实验室田丽梅教授团队的研究为例，团队长期致力于仿生防污涂层技术的前沿研究，先后承担了多个国家自然科学基金及省部级项目。团队还参与了多项国际合作项目，与国内外知名高校和研究机构建立了紧密的合作关系，共同推动海洋防污技术的发展。团队针对传统防污技术破坏环境、长效性差的难题，基于珊瑚谐动、荧光防污、分泌亲水黏液策略（图 8-1），建立了"谐动"防污数学模型，揭示了荧光波长与防污性能的映射关系，形成了多元耦合仿生防污新原理，获得多元耦合仿生防污新技术。针对当前防护涂层成本高、施工复杂、防护不全面的问题，基于生物伤口愈合、贻贝多巴胺黏附、蜘蛛丝高强高韧等策略，开发多功能一体化防护涂层技术，具备防污、防腐、抗空蚀及自修复功能，力学性能高，理论施工时间仅为传统防护技术的 1/3，主要原材料国产化率达 100%，实现了高性能涂层技术的自主可控。这些成果不仅推动了海洋防污技术的进步和创新，还为海洋工程材料的研发和应用提供了有力的技术支撑和保障。

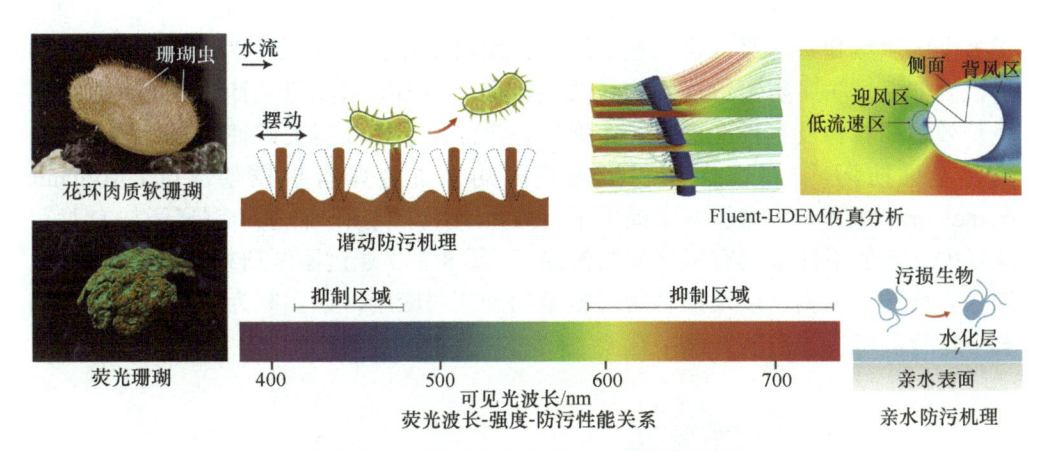

图 8-1　受珊瑚启发的仿生防污技术研究

（2）华南理工大学团队

华南理工大学张广照教授团队对海洋生物污损这一难题，提出"动态表面防污"（dynamic surface antifouling，DSA）策略（图 8-2）。动态表面防污指的是不断变化的涂层表面在海水中不断自我更新，从而降低了污损生物的附着力。在此策略上，开发了一系列以可降解、可水解聚合物为基础的动态表面，这些表面具有可调的可再生性能、优异的防污性能以及机械性能。这种材料在防污效果上明显优于某些国外品牌，且环保性能优异。该团队还利用石英晶体微天平技术（QCM-D）实现了防污材料的高效筛选，大大降低了研发成本和时间。这一创新不仅解决了传统防污技术存在的环境污染与耐久性问题，更为生态友好型防污技术的发展提供了全新的思路与方向。

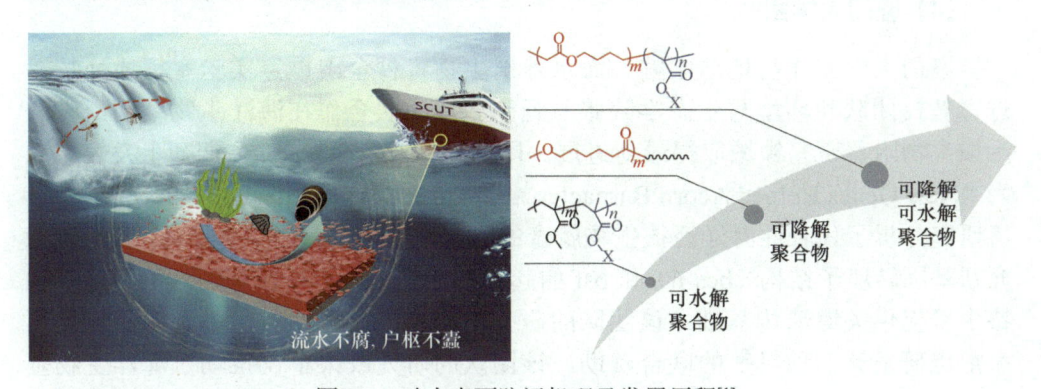

图 8-2　动态表面防污机理及发展历程[1]

（3）东北大学团队

东北大学腐蚀与防护中心王福会教授、徐大可教授团队在海洋防污领域承担了多个国家级和省部级项目,包括国家自然科学基金重点项目"基于生物被膜黏附机制的海洋防腐防污涂层的构效关系研究"和国家重点研发计划课题"极端环境长效防护材料及工程应用"。在海洋防污涂层领域取得突破性进展,尤其是在构建全面防污-防腐蚀性能和机械坚固的先进金属有机框架(metal-organic framework, MOF)基涂层方面提出了有效策略。开发出一种基于铜离子与D型甲硫氨酸体系的手性金属有机框架防污涂层(图8-3)。通过不断研发新型防污涂层、深入研究防污机制,以及推动防污技术的创新与应用,该团队为海洋工程设施的安全运行和可持续发展作出了重要贡献。

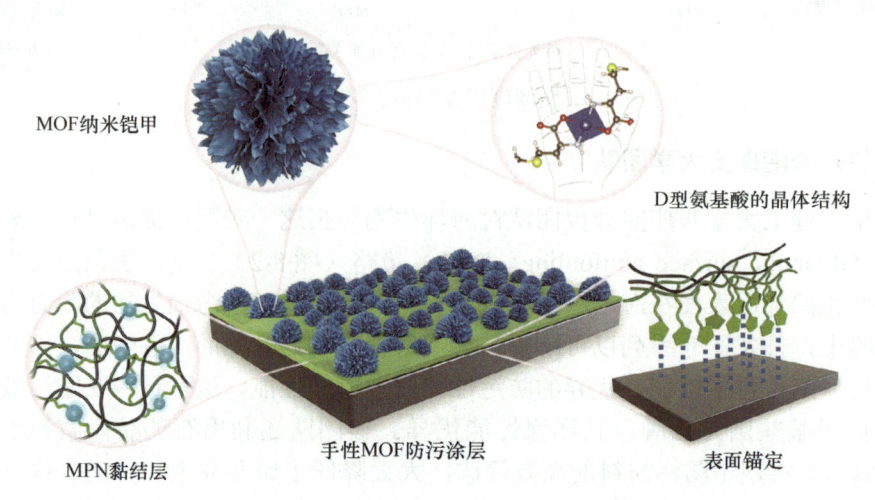

图 8-3 手性 MOF 防污涂层示意图[2]

(4)厦门大学团队

厦门大学海洋与地球学院、海水养殖生物育种全国重点实验室柯才焕、冯丹青教授团队和环境与生态学院张原野副教授团队合作在海洋生物基因组学和污损生物附着研究领域取得最新进展。团队在 *Nature Genetics* 期刊上发表了题为"New Genes Helped Acorn Barnacles Adapt to A Sessile Lifestyle"的研究文章。该研究分析了代表性海洋污损生物藤壶的附着和壳形成过程(图8-4),通过探究新基因转座子结构(bcs-6)和 bsf 的起源和功能,揭示了新基因为生物适应独特生境提供关键遗传基础。该团队的研究得到了国家自然科学基金项目以及国家重点研发计划项目等的联合资助。该团队的研究成果不仅推动了海洋生物基因组学和污损生物附着研究领域的发展,还为其他相关领域的研究提供了新思路和方法。

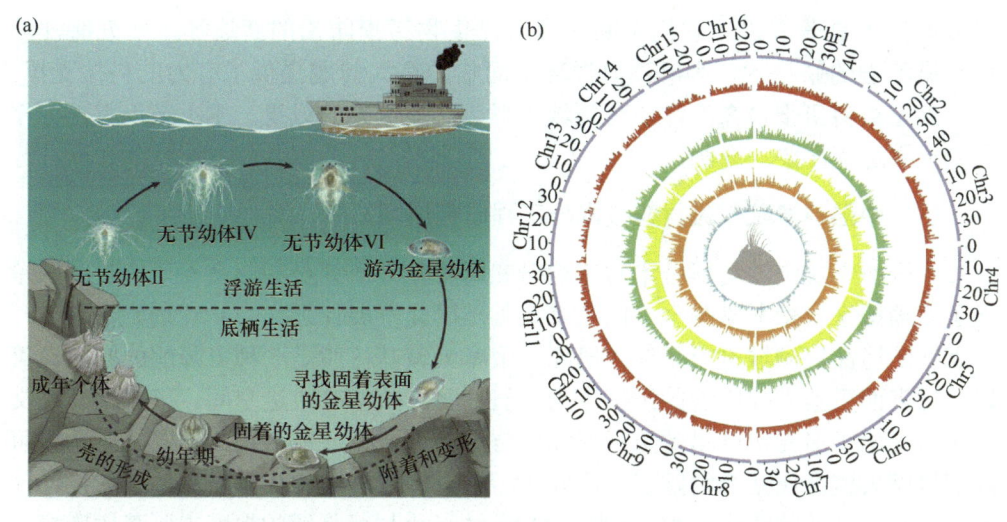

图 8-4 藤壶 A. amphitrite 的生命周期（a）和基因组全景（b）[3]

8.1.2 国家级科研平台

国家级科研平台作为守护蓝色疆域的科技先锋，肩负着保障海洋生态安全、促进海洋经济可持续发展的重任。表 8-2 为国内部分从事海洋防污研究的国家级科研平台，在这些科研平台中，中国科学院下属研究所单位较多，在海洋防污

表 8-2 部分国家级科研平台

平台名称	依托单位
国家海洋腐蚀与防护工程技术研究中心	
中国科学院海洋研究所	
兰州化学物理研究所	
海洋环境腐蚀与生物污损重点实验室	中国科学院
中国科学院南海海洋研究所	
中国科学院宁波材料技术与工程研究所	
苏州纳米技术与纳米仿生研究所	
海洋涂料国家重点实验室	海洋化工研究院有限公司
海洋腐蚀与防护国家级重点实验室	中国船舶集团有限公司第七二五研究所
青岛海洋科学与技术试点国家实验室	青岛海洋科学与技术试点国家实验室管理委员会
生态环境部环境规划院海洋生态环境管理研究中心	生态环境部环境规划院
国家海洋环境监测中心	国家海洋局
国家海洋局第三海洋研究所	
中海油常州涂料化工研究院	中国海洋石油总公司

领域取得了显著成果。它们不断探索海洋生物污损防治的新途径，研究海洋环境污染治理的新技术，为解决海洋环境面临的重大问题提供了有力的科技支撑。

国家级科研平台在海洋防污领域取得了众多优秀的成果，本小节仅就部分平台的成果进行简要的介绍。

（1）中国科学院宁波材料技术与工程研究所团队

中国科学院宁波材料技术与工程研究所王立平研究员和赵文杰研究员团队承担了多项国家自然科学基金、国家重点基础研究发展计划（973 计划）等项目，在海洋防污涂层领域进行了深入研究。聚席夫碱基树脂是一种可降解的树脂，可以通过表面更新去除附着的污损生物，但其防污效率有改进空间。王立平、赵文杰团队提出了多元协同增效防污和绿色防污的涂层设计新思路，开发了一系列可降解聚席夫碱金属络合物基多元协同防污材料体系，这种多重防污体系的设计使得材料具有高效的防污能力。如将 g-C_3N_4 纳米片与可降解的聚席夫碱基树脂复合（图 8-5），构建二元协同防污涂层。由于树脂的降解特性，内部包埋的 g-C_3N_4 纳米片会逐步地暴露在涂层表面，从而实现高效的光催化利用，在 24h 的模拟光照条件下，抗菌率可达 99% 以上。也可以将 Cu^{2+}、Ag^+ 等金属离子加入该体系涂层中，协同增强涂层的防污性能。

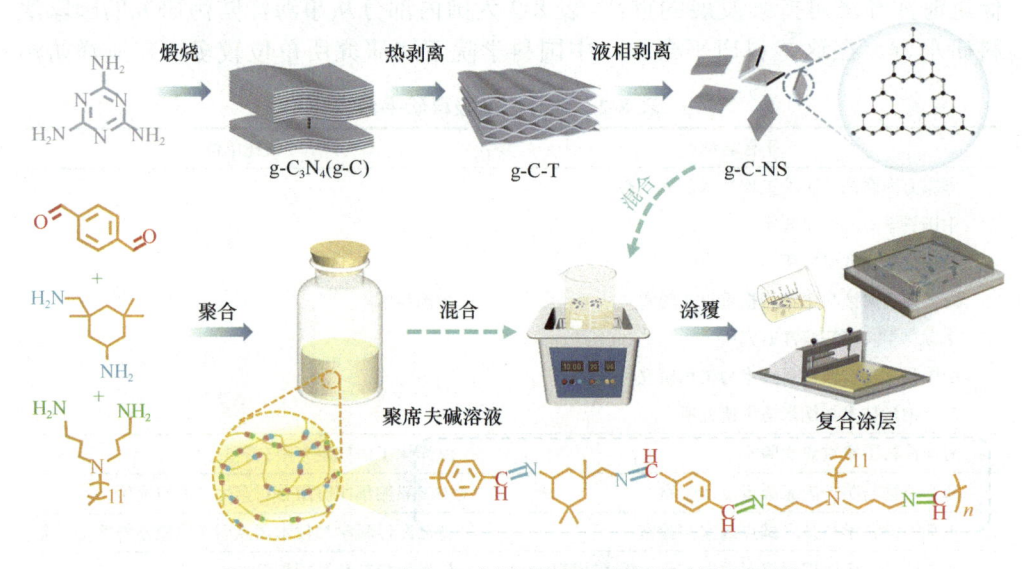

图 8-5　g-C_3N_4/聚席夫碱基树脂复合材料的制备过程[4]

（2）中国科学院海洋研究所团队

中国科学院海洋研究所段继周研究员团队在海洋腐蚀与生物污损领域进行

了大量的研究。这些研究涵盖了海洋微生物腐蚀机理、防污机理、新型防污防腐材料设计等多个方面，为海洋防污领域的研究提供了宝贵的科学依据和理论支持。段继周团队承担了多项国家级和省部级科研项目及企业委托项目。这些项目包括国家重点基础研究发展计划（973 计划）课题、国家自然科学基金、中国科学院 A 类先导专项课题、中国科学院从 0 到 1 原始创新项目等。此外，他们还参与了国家科技支撑计划、国防 973 等国家项目，以及中日国际合作项目等。这些项目的实施为段继周团队提供了充足的科研经费和实验条件，使他们能够深入研究海洋腐蚀与生物污损的机理，并开发出新型的防污防腐技术和材料。近期，其团队受高强韧"聚合物陶瓷"防污涂层启发并巧妙地采用多种绿色防污策略协同组合的方式，设计了一种由亲水性聚乙二醇和 N-乙烯基吡咯烷酮单体、疏水性含氟单体、合成的抗菌小分子丙烯酰胺-苯并噻唑共聚而成的接枝抗菌分子的双亲性聚合物（图 8-6）。该聚合物涂层具有优秀的机械性能和抗菌效果，并且具有高透明度，可应用于光学窗口的防污。段继周团队还在我国南海建立了材料海洋腐蚀防护试验场，开展了一系列海洋工程与防护材料的大气、海水等环境试验工作。这不仅为海洋防污防腐技术的研究提供了重要的实验平台，还为钢结构和钢筋混凝土等重要工程设施的防腐示范工程提供了有力支持。

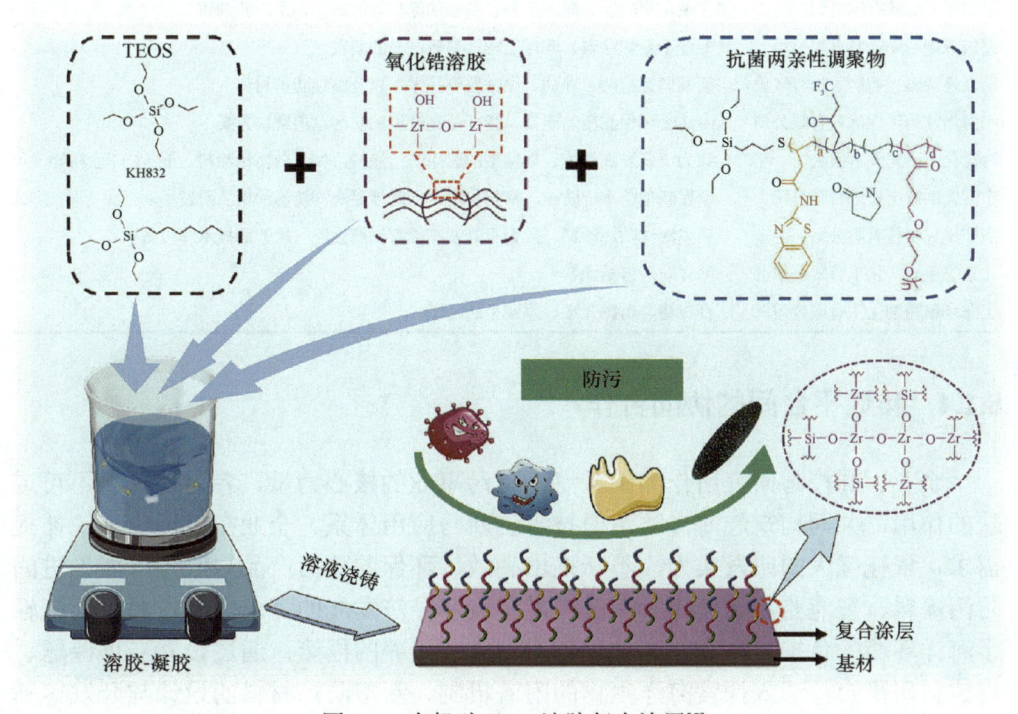

图 8-6　有机硅/ZrO$_2$ 溶胶复合涂层[5]

8.1.3 国内企业平台

国内从事海洋防污技术研发、生产的平台有跨国公司在中国的分公司，也有一众的国内企业，表 8-3 概括了部分企业平台。这些企业平台在海洋防污技术领域展现出蓬勃的发展态势，成为推动行业进步的重要力量。例如，佐敦涂料（中国）有限公司凭借其在船舶涂料领域的深厚积累，不断推出高效、环保的防污解决方案，引领了船舶涂料行业的发展潮流。上海国际油漆有限公司则专注于船舶、海洋工程等领域的涂料研发，通过技术创新和产品升级，实现了船舶涂料业务的快速增长。此外，厦门双瑞船舶涂料有限公司和浙江钰烯腐蚀控制股份有限公司等也在海洋防污涂层领域取得了显著成就，不仅提升了国内企业的市场竞争力，也为全球海洋环境的保护作出了积极贡献。这些企业的快速发展和不断创新，充分展示了我国在海洋防污技术领域的蓬勃生机和广阔前景，为推动全球海洋环境的可持续发展注入了新的活力。

表 8-3 国内海洋防污技术研发、生产平台

企业名称	研发重点
佐敦涂料（中国）有限公司	专注于可控自更新防污材料的研发，致力于解决传统防污材料需要定期更换的问题
上海国际油漆有限公司	主要从事船舶、海洋工程、游艇的涂料等的研发、生产和销售
厦门双瑞船舶涂料有限公司	专注于船舶涂料、海洋工程涂料等产品的研发
浙江钰烯腐蚀控制股份有限公司	研发腐蚀检测、评估、腐蚀监测技术，以及腐蚀防护材料
中海油常州环保涂料有限公司	专注于环保涂料的研发，特别是高性能的防污涂层解决方案
海洋化工研究院有限公司	致力于研发高性能、环保型的船用防污材料，如长效防污涂料、低 VOC 涂料等
宁波镭纳涂层技术有限公司	研发新型防水、防渗、密封材料，同时涉及海洋防污涂层的研发
浙江华昱科技有限公司	研发海洋防污涂料，致力于开发高端海洋腐蚀监（检）测技术和设备
北京志盛威华化工有限公司	海洋防污自洁涂料
上海华谊精细化工有限公司	沥青漆、自抛光漆、厚浆型防污漆

8.1.4 科研平台间的协同合作

企业、高校与研究所作为国家海洋防污事业的核心力量，各自发挥着不可或缺的作用，共同构筑起海洋防污的技术创新与应用体系。企业在市场中敏锐捕捉需求，依托强大的研发实力，不断推出高效、环保的防污产品与服务，如先进的防污涂料、智能监测系统等。不仅满足了海洋经济发展的需求，更在源头上减轻了海洋环境的负担。高校作为知识创新与人才培养的摇篮，通过设立专项课题、搭建科研平台，深入探索海洋生物的附着机制、新型防污材料的设计与开发等基础理论，为海洋防污技术的突破提供了坚实的理论支撑。同时，研究所作为科研

攻关的先锋阵地，聚焦海洋防污的关键共性技术难题，通过跨学科合作与集成创新，推动了一批具有自主知识产权的防污技术与装备的研发与应用，显著提升了我国海洋防污技术的整体水平与国际竞争力。三者之间形成的产学研用紧密合作机制，有效促进了海洋防污技术成果的快速转化与广泛应用，为我国海洋生态环境的保护与可持续发展奠定了坚实的基础。

在海洋防污技术的探索与实践中，科研平台间的深度合作已成为推动技术创新与产业升级的关键力量。表 8-4 是部分具有代表性的合作项目，旨在展示高校、国家级科研机构与企业等多元主体在海洋防污领域的合作成果。

表 8-4　跨平台合作项目

项目	合作单位
动态表面海洋防污材料研究	华南理工大学 广东达尔新型材料有限公司
海洋养殖网箱生物降解防污技术应用	顺德企业联塑集团 华南理工大学
钛合金海水管路防污涂层技术研究	集美大学 海洋腐蚀与防护全国重点实验室（青岛） 及东方电气（福建）创新研究院
海洋防腐防污复合材料研发与应用	上海交通大学 海洋先进材料研究中心 上海海隆赛能新材料有限公司
海洋防污涂层绿色制备技术研究	中国科学院海洋研究所 乌斯浑环境科技
海洋生物污损监测与防控技术研究	青岛海洋科学与技术国家实验室 中集来福士海洋工程有限公司

以"钛合金海水管路防污涂层技术研究"为例，集美大学吴建华团队与某钛合金制造企业携手，通过创新设计氟基防污涂层体系，实现了钛合金表面与涂层的高强度结合，有效解决了海洋生物污损问题。该涂层体系在实海测试中表现出色，不仅防污效果显著，还具备动态脱附功能，为钛合金海水管路的长期安全运行提供了有力保障。这些合作成果不仅丰富了海洋防污技术的理论体系，更为我国海洋经济的可持续发展注入了新的活力。

8.2　我国海洋防污技术发展趋势

海洋防污技术发展迅速，海洋防污技术的未来将何去何从，本小节将分析这一发展趋势。基于近十年来中国学者发表的论文和申请专利情况，对我国海洋防污技术的发展趋势做一个概括与总结。

8.2.1 基于文献趋势分析

（1）文献发表量

近年来，关于海洋防污技术的文献数量呈现出稳步增长的趋势。这反映出我国科研工作者在海洋防污领域的研究兴趣日益浓厚，研究投入不断增加。特别是在《中国制造 2025》重点领域技术路线图公布后，仿生生物黏附调控与防污技术成为研究热点，进一步推动了相关文献的增长。以"海洋防污、中国、防污技术"等关键词在谷歌学术、知网等进行统计，可以发现相关文献数量呈现逐年增长的趋势（图 8-7）。

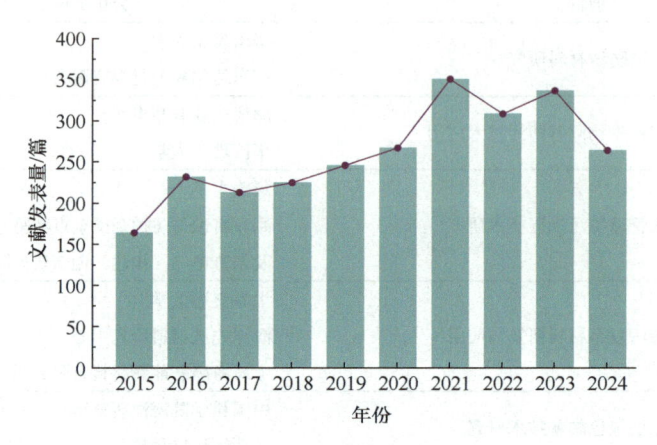

图 8-7 近十年文献发表量增长趋势

（2）研究方向

文献分析表明，海洋防污技术的研究方向呈现出深化与多元化的趋势。防污涂层的类型主要包括自抛光共聚物、铜基、混合型和有机硅系等（图 8-8）。这些涂层在防污性能、耐久性、环保性等方面各有特点。例如，自抛光共聚物层具有优异的防污性能和较低的摩擦系数，能够减少海洋生物在涂层表面的附着；铜基涂层则通过释放铜离子来杀灭或抑制海洋生物的生长[6]。

传统的研究方向如物理、化学防污方法继续得到深化，研究者们致力于提高防污效率、降低环境风险和成本（表 8-5）。除了机械清洗法和电化学法这两种常见的物理防污手段外，传统研究方向还涵盖了化学防污的多个方面[7]。研究者们致力于开发更加高效、环保的防污涂层，这些涂层不仅能够有效防止海洋生物附着，还能在长期使用中保持稳定的性能。此外，化学分散剂也是传统研究方向中的重要一环，它们被广泛应用于处理石油泄漏等海洋污染事件，通过分散油滴来减少污染物的扩散和危害[8]。

第 8 章 海洋防污技术在中国的挑战与未来

图 8-8　防污涂层主要类型

表 8-5　传统研究方向在海洋防污技术领域的应用

研究方向	具体应用	关键技术或材料
物理防污	机械清洗法：使用特制工具或设备清除附着生物	特制工具、水下清洁机器人、高压水枪
	电化学法：利用电解或电场作用防止海洋生物附着	电解设备、阳极材料（如钛基氧化物）、阴极保护
化学防污	涂装防污涂料：使用含毒或杀菌剂的涂料防止生物附着	有机锡类涂料、氧化亚铜涂料、含硅防污涂料
	化学分散剂：用于处理石油泄漏，分散油滴	化学分散剂、表面活性剂

如表 8-6 所示，新型研究方向是对传统方法的拓展与超越，它们不仅继承了传统研究的精髓，更在此基础上融入了环保、生物技术和智能化等前沿理念。随着对海洋生物多样性和海洋环境保护认识的加深，生物防污技术应运而生，它利用海洋生物或其代谢物的天然防污特性，实现了对海洋生态系统的友好保护。同时，

表 8-6　新型研究方向在海洋防污技术领域的应用

研究方向	具体应用	文献提及的关键技术或材料
生物防污	利用海洋生物或其代谢物进行防污	天然生物提取物（如壳聚糖、海藻酸钠）、生物酶、蛋白质
环境友好型材料	生物降解材料：在海洋中可自然降解，减少环境污染	生物降解高分子（如聚乳酸、聚己内酯）、天然高分子（如纤维素）
	低表面能材料：减少海洋生物附着	有机硅、有机氟、纳米二氧化硅
	无毒或低毒防污材料：减少有害物质释放	无锡自抛光型防污涂料、生态友好型杀生剂
智能化防污	智能监测系统：实时监测海洋环境	卫星遥感、无人机监测、水下传感器网络
	自主式水下机器人：进行污染监测和治理	自主式水下机器人（AUV）、遥控潜水器（ROV）
	大数据与人工智能：分析预测海洋污染趋势	大数据分析、机器学习、人工智能算法

环境友好型材料的研发也是新研究方向的重要一环，这些材料不仅具有优异的防污性能，还能在海洋中自然降解，减少对环境的污染。

通过表 8-5 和表 8-6 可以看出，新研究方向更加注重环保、生物相容性和智能化技术的应用，为海洋防污技术的发展提供了新的方向和思路。这些方向不仅拓宽了海洋防污技术的视野，也为解决海洋污染问题提供了新的思路和方法。针对新的研究方向，图 8-9 清晰地描绘了近十年 3 种主要海洋防污材料的文献发表量，三角形标识折线代表新型防污材料的文献发表量，而圆形标识折线则代表生物防污材料的文献发表量。从整体来看，新型防污材料和生物防污材料的文献发表量呈现出上升趋势，这反映了该领域研究的持续发展和学术兴趣的日益增长。

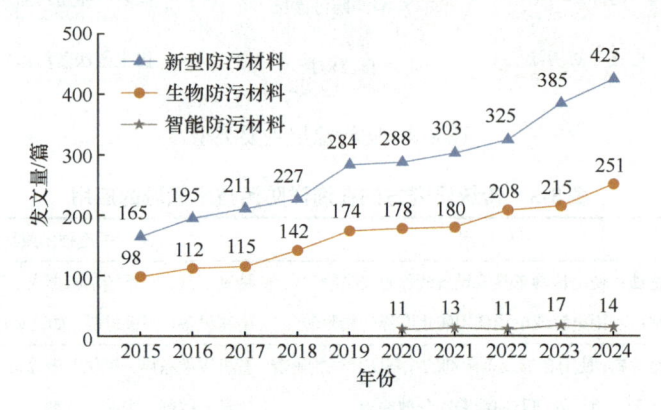

图 8-9　不同防污材料的发文量

如表 8-7 所示，基于广泛的文献调研与分析，整理并归纳了当前国内针对海洋防污技术的研究主题。该表格不仅反映了我国在海洋防污技术领域的广泛探索与深入研究，还揭示了不同研究方向之间的内在联系与相互促进，展现了我国在该领域研究的全面性和系统性。通过这一表格的呈现，我们可以清晰地看到，从基础理论研究到技术创新应用，从单一技术突破到综合防治策略，我国海洋防污技术的研究正朝着更加多元化、深层次的方向发展，为保护海洋环境、实现海洋资源的可持续利用提供了有力的科技支撑。

8.2.2　基于专利趋势分析

（1）研究方法和数据来源

本文使用关键词结合国际专利分类体系（IPC），选用国家知识产权局专利分析平台，对 2015～2024 年近十年的国内关于海洋防污技术的专利进行检索，主要检索概念为：防污、涂料、海洋、船舶、生物污损等，IPC 分类号为 C09D。

表 8-7 国内海洋防污技术主要研究主题

研究主题	研究内容
环境友好型防污材料研发	开发无毒、低毒或可降解的防污涂料、防污剂等
生物防污技术	根据海洋生物或其代谢物的天然防污特性，开发生物防污剂
智能化防污技术	利用传感器、大数据分析和人工智能等技术，实现海洋环境的实时监测和污染预警，开发智能化防污系统
新型防污策略和技术	研究仿生防污涂层、超疏水防污表面、光催化防污技术等新型防污策略和技术
防污材料性能评估与优化	对新型防污材料的性能进行评估，包括防污效果、稳定性、环保性等，并进行优化改进
海洋生态环境影响研究	研究防污技术对海洋生态环境的影响，包括生物群落结构、生物多样性等，评估其生态风险
防污技术经济性分析	对不同防污技术的成本效益进行分析，探讨其实际应用中的经济可行性
海洋防污政策与法规研究	分析国内外海洋防污政策与法规，提出完善建议
跨学科融合与技术创新	探讨物理学、化学、生物学、材料科学、信息技术等多学科在海洋防污领域的融合与创新
海洋防污技术未来发展趋势	分析当前海洋防污技术的发展趋势，预测未来可能的发展方向和关键技术突破

（2）专利发展趋势分析

海洋防污技术作为维护海洋环境健康、保障海上设施长效运行的关键领域，在全球范围内均展现出了高度的研究活跃性与技术创新力。近年来，海洋防污领域的专利数量持续攀升，这一趋势不仅反映了该领域技术进步的迅猛态势，也凸显了国际社会对海洋生态保护与可持续发展的高度重视。

尤为值得注意的是，中国作为海洋大国，在海洋防污技术领域同样展现出了强劲的发展势头。依据国家知识产权局专利平台检索的数据，国内海洋防污技术的专利申请数量呈现出极为迅猛的增长态势（图 8-10）。这些专利不仅覆

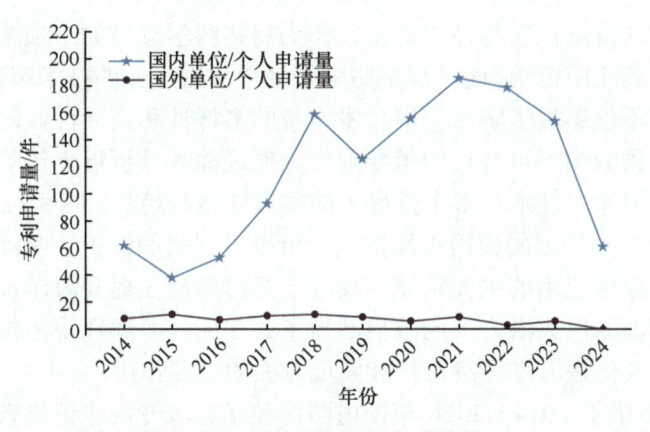

图 8-10 国内外单位/个人在中国申请的专利数量（2014～2024 年）

盖了传统海洋防污涂层的改良与优化,更涵盖了诸如新型环保防污材料、智能响应性涂层、生物仿生防污策略等一系列代表着海洋防污技术最新发展方向的前沿成果。这些创新技术的应用,不仅有望显著提升海洋防污涂层的性能与效率,更能在有效降低环境污染风险的同时,为海洋生态的可持续保护与利用提供强有力的技术支撑。

在海洋涂层领域,发明专利占据了绝对的主导地位(图 8-11)。这些专利主要涉及新型涂层材料的设计、制备方法的创新,以及涂层性能的提升等方面。例如,模仿海洋生物(如鲨鱼、海豚等)特殊皮肤结构以达到防污目的的仿生涂层,以及具有优异抗海洋生物污损性能的长效释放型涂层等[9]。实用新型专利的占比仅次于发明专利,这类专利主要聚焦于涂层的具体结构设计、应用功能的优化,以及便捷性提升等方面。它们通过改进涂层的附着方式、增强涂层与基材的附着力等手段,有效提升了涂层的实用性和耐用性,从而满足了海洋工程领域对涂层性能的多样化需求。外观设计专利相对较少。这主要是因为涂层的主要功能是保护基材、防止海洋生物污损等,而非外观的美观性。

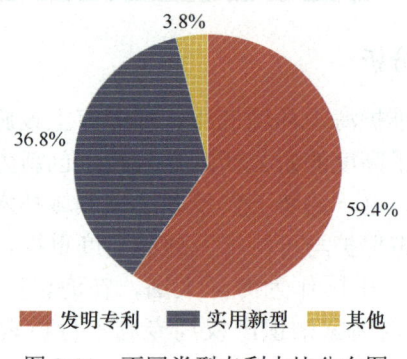

图 8-11 不同类型专利占比分布图

防污涂层的持续创新与技术进步,作为材料科学领域的一项重要成就,不仅极大地拓宽了其应用范围,而且深刻影响了多个关键行业的技术革新与产业升级。这些广泛应用不仅彰显了防污涂层技术本身的多样性和灵活性,同时也进一步确认了其在不同领域中不可替代的重要地位。通过深入分析近十年的专利数据,我们得以窥见防污涂层技术在多个维度上的发展脉络与趋势,图 8-12 系统总结了防污涂层在 7 个主要领域的应用占比情况。可以发现船舶维护、海洋设施与工业防腐是海洋防污涂层应用的主要领域,反映了防污涂层在提升海洋设施耐久性与减少维护成本方面的巨大潜力,同时也凸显了其在应对海洋环境污损、保护海洋生物多样性,以及促进海洋经济可持续发展方面的重要作用。

图 8-13 展示了 2014~2024 年国内防污技术领域专利申请量较高高校的专利数量变化趋势。从图中可以看出,哈尔滨工程大学、天津大学、浙江大学和中山

大学等高校的专利申请量在近年来均有所增长,其中哈尔滨工程大学的专利申请量在 2023 年相较于前几年有了较为明显的提升。高校凭借其深厚的学术底蕴和跨学科的研究能力,在海洋科学与材料科学的交叉领域取得了显著的研究成果。这些高校通常注重基础理论的探索与前沿技术的开发,通过产学研合作模式的推广,加速了科研成果的转化与应用。

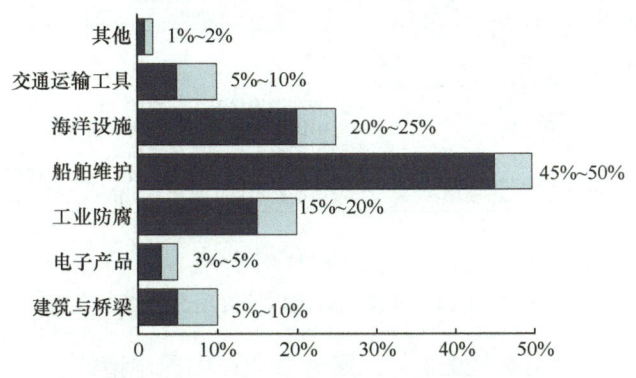

图 8-12　防污涂层在不同领域的应用占比

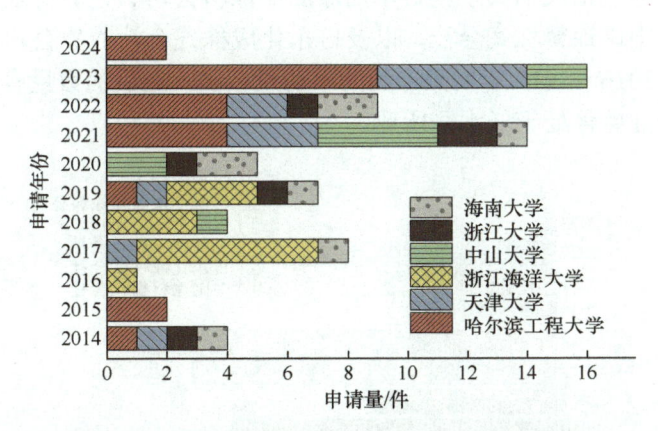

图 8-13　国内高校在海洋防污领域的专利申请量

图 8-14 展示了国内 5 个研究所 2014～2024 年海洋防污领域申请的专利数量对比情况。从图中可以看出,中国船舶重工集团公司第七二五研究所在 2014 年的专利申请量居于首位,为 3 件。"十三五"期间,涂料行业环保的要求日益突出,特别是 2016 年 7 月,工信部、财政部发布《重点行业挥发性有机物削减行动计划》;2017 年 9 月,国家环境保护部《"十三五"挥发性有机物污损防治工作方案》等政策的出炉,对涂层的开发提出了更高的要求。在 2016 年之后,可能受此影响,中国船舶重工集团公司第七二五研究所和中国科学院宁波材料技术与工程研究所新型防污技术的专利申请量增长迅猛。2014～2024 年,中国船舶重工集团公司第

七二五研究所以专利申请量20件排在第一位。整体上，该图反映了国内研究所在海洋防污领域专利申请方面的竞争格局和发展趋势。

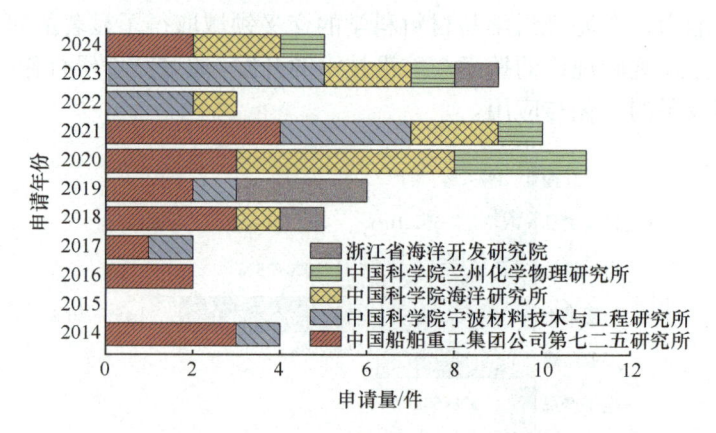

图 8-14　海洋涂料国内研究所分布图

图 8-15 展示了 2014～2023 年，国外企业在中国申请的防污相关专利申请量汇总情况。具体包括汉伯大学、日本油漆船舶涂料公司、佐敦有限公司、三菱化学株式会社、中国涂料株式会社，以及日东化成株式会社 6 家公司或机构。由数据可以发现，2016～2019 年期间专利的申请量较多，之后的数量有所下降，这可能是全球造船业整体处于低水平所致。

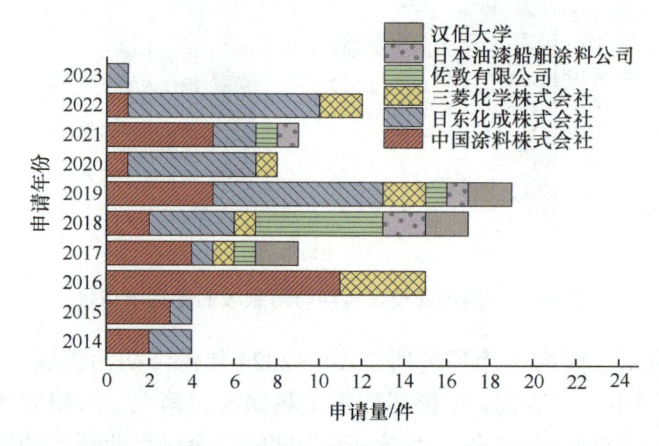

图 8-15　国外企业在中国申请的防污专利分布图

IPC 作为国际专利分类号，是目前唯一国际通用的专利文献分类工具，不同的 IPC 分类号对应不同的技术类别[10]。以国际分类号为基础结合关键词，针对海洋防污涂层使用国家知识产权局专利分析平台进行检索和统计。通过 IPC 分类号对海洋涂料领域的专利技术特征进行分析（图 8-16），发现海洋涂料专利主要涉及防污涂料、防腐涂料及其他具有特殊功能的涂料，以及涂料助剂、涂料的施工工艺研究等，其中关于防污涂料、防腐涂料及涂料助剂的研究最多，属海洋涂料中的重点技术领域。

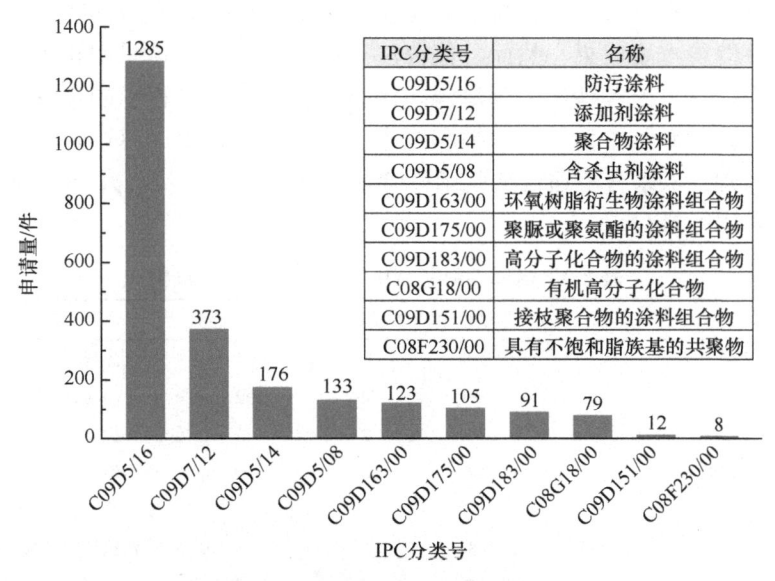

IPC分类号	名称
C09D5/16	防污涂料
C09D7/12	添加剂涂料
C09D5/14	聚合物涂料
C09D5/08	含杀虫剂涂料
C09D163/00	环氧树脂衍生物涂料组合物
C09D175/00	聚脲或聚氨酯的涂料组合物
C09D183/00	高分子化合物的涂料组合物
C08G18/00	有机高分子化合物
C09D151/00	接枝聚合物的涂料组合物
C08F230/00	具有不饱和脂族基的共聚物

图 8-16　海洋涂料分类申请量

对全球海洋涂层领域被引用频次最高的 10 项专利进行分析，发现中国高校在该领域的专利引用占比较高，表明中国高校在海洋涂层技术创新与研发方面具有较强的实力，为全球海洋涂层技术的发展作出了重要贡献。这些高被引专利覆盖了防腐蚀、生物污损防护、环境友好型材料等多个关键领域（表 8-8），为海洋工程装备的性能提升和环境保护提供了科技支撑。

表 8-8　高被引专利

序号	专利公开号	专利名称	申请单位	引用数
1	CN101260273A	一种柔韧性的环氧防腐涂料	海洋化工研究院有限公司	63
2	CN105400405A	一种自修复有机硅聚氨酯/聚脲防污材料及其方法与应用	华南理工大学	52
3	CN101041709A	一种含氟水性聚氨酯及其制备方法和应用	东华大学	48
4	CN105273594A	一种键合防污因子的有机硅聚氨酯/脲防污材料及制备与应用	华南理工大学	43
5	CN104768746A	固化性有机聚硅氧烷类防污性复合涂膜，以及用该复合涂膜被覆的防污基材	中国涂料株式会社	23
6	CN111440519A	一种基于贻贝仿生的长期稳定两亲性防污涂层的制备方法	东华大学	17
7	CN102702422A	一种双性离子型防污添加剂的制备方法	中国船舶重工集团公司第七二五研究所	11

表 8-9 详细列出了中国海洋防污领域的重点专利产出机构，通过申请量、授权量和专利合作条约（Patent Cooperation Treaty，PCT）申请量的数据，可以窥见中国在该领域的蓬勃发展态势。哈尔滨工程大学、中国海洋大学和华南理工大学等机构在申请量和授权量上占据显著位置，表明这些机构在海洋防污技术研发上投入巨大并取得重要成果。然而，值得注意的是，PCT 申请量相较于申请总量而言显得较少，这可能反映出中国海洋防污技术在国际化进程中的步伐尚显缓慢，或是受限于国际专利申请的复杂性和成本。尽管如此，中国海洋防污领域的发展势头依然强劲，未来有望通过加强国际合作与交流，进一步提升 PCT 申请量，推动技术走向国际舞台。

表 8-9　海洋涂料领域中国重点专利产出机构

专利权人	申请量/件	授权量/件	PCT 申请量/件	主要技术领域
哈尔滨工程大学	18	11	1	防污涂料、防腐涂料
中国海洋大学	50	33	2	海洋防腐蚀与防生物污损研究
天津大学	9	2	0	海洋微塑料及新型污染物评估
中国科学院海洋研究所	36	8	0	防污涂料、防腐涂料
海南大学	15	6	0	防污涂料、电化学保护防腐
吉林大学	8	6	0	防污涂料、防腐涂料
东北大学	5	4	0	抗菌金属材料、海洋防污涂层
中国科学院宁波材料技术与工程研究所	14	6	0	环保抗菌防污材料
哈尔滨工业大学（威海）	8	1	0	环保型海洋防污涂料
华南理工大学	30	23	4	防污涂料、防腐涂料

8.2.3　市场需求分析

（1）船舶运输与海洋工程需求

随着全球海洋经济的快速增长，船舶运输、海洋工程、港口建设等领域对高效、长效的海洋防污技术需求日益迫切。

1）船舶防污需求。船舶作为海洋运输的主力军，其防污需求尤为迫切。随着船舶数量的不断增加和运营时间的延长，船底、船舷等部位的污损问题日益严重。因此，高效、长效的船舶防污技术成为市场关注的焦点。

2）海洋工程防污需求。海洋工程领域包括海上油气开发、海上风电建设等，这些项目在建设和运营过程中都需要使用大量的防污技术来防止海洋生物污损和腐蚀等问题。随着海洋工程领域的不断发展，其防污需求也将持续增长。

3）港口及设施防污要求。作为海洋经济的重要组成部分，其防污需求同样不容忽视。港口设施包括码头、航道、锚地等，这些设施在使用过程中容易受到海洋生物的污损和腐蚀。因此，需要采用先进的防污技术来保障这些设施的安全和稳定运行。

（2）环保法规推动

1）中国政府积极响应联合国海洋环境保护倡议，制定了一系列严格的环保法规（表 8-10），明确限制或禁止传统含有重金属及有害化学物质的防污剂使用。

表 8-10　环保法规

法规名称	颁布时间
《中华人民共和国海洋环境保护法》	颁布于 1982 年 8 月 23 日，最新修订于 2023 年 10 月 24 日
《防治船舶污染海洋环境管理条例》（部分条款）	颁布于 2018 年 3 月 19 日
《中华人民共和国防治船舶污染内河水域环境管理规定》	颁布于 2005 年 12 月 15 日，并于 2015 年 12 月 15 日进行了修订

2）这些政策的出台，不仅是对海洋生态保护的积极响应，也促使海洋防污技术向更加绿色、环保的方向转型。

8.3　国内防污技术发展的挑战与未来

8.3.1　主要问题

在环保与海洋工程快速发展的当下，我国防污涂层行业正面临着多维复合型挑战。这些问题不仅涵盖了研发层面的技术瓶颈与创新能力不足，还涉及原材料供应的稳定性与成本控制、市场需求的快速变化与竞争加剧、技术先进性的持续追求，以及政策环境的日益严格等多个维度。这些挑战不仅考验着国内防污涂料企业的综合实力，也直接关系到整个行业的可持续发展与未来走向。本节将剖析这些主要问题与挑战，以期为行业内的相关企业和研究机构提供有益的参考与启示。

（1）研发问题

1）技术瓶颈。防污涂层的研发涉及多个学科，包括化学、材料科学、生物学等，技术难度较大。国内在防污涂层的研发方面虽然取得了一些进展，但与国际先进水平相比，仍存在较大差距。

2）研发投入不足。防污涂层的研发需要投入大量的人力、物力和财力，而国内部分企业在研发方面的投入相对不足，导致研发进展缓慢。

(2) 原材料问题

1）依赖进口。目前，国内部分高性能防污涂层的原材料仍依赖进口，这增加了生产成本，也限制了国内防污涂层的发展。

2）原材料质量不稳定。国内部分原材料的质量不稳定，影响了防污涂层的性能和使用寿命。

(3) 市场问题

1）市场竞争激烈。国内防污涂层市场竞争激烈，不仅面临国内企业的竞争，还面临国际企业的竞争。部分国外品牌凭借其先进的技术和品牌影响力，占据了国内市场的较大份额。

2）市场需求变化快。随着环保法规的日益严格和消费者环保意识的提高，市场对环保型、高性能防污涂层的需求不断增加。然而，国内部分企业在满足市场需求方面存在一定的滞后性。

(4) 技术先进性问题

1）技术创新能力不足。国内部分企业在防污涂层的技术创新方面能力不足，缺乏自主知识产权和核心技术。

2）技术更新速度慢。与国内市场需求相比，国内防污涂层的技术更新速度相对较慢，难以跟上市场需求的快速变化。

(5) 政策问题

1）环保法规限制。随着环保法规的日益严格，对防污涂层的环保性能提出了更高的要求。然而，国内部分企业在满足环保法规方面存在一定的困难。

2）政策支持不足。虽然国家对环保型、高性能的涂层产品给予了一定的政策支持，但在防污涂层领域，具体的政策支持和扶持力度仍有待加强。

8.3.2 应对策略

科研机构、涂层生产企业，以及国家相关部门均需要制定相应的策略，推动我国海洋防污涂层市场的健康发展。

(1) 科研机构应对策略

科研机构在面临科研项目风险、技术瓶颈或市场需求变化时，可以采取以下应对策略。

1）加强风险评估与预警。建立科学的风险评估体系，对科研项目进行全过程的风险监控和预警，及时发现并应对潜在风险。

2）推动技术创新与研发。加大技术创新和研发投入，关注行业前沿技术动态，积极引进和消化吸收新技术、新工艺，提升科研项目的核心竞争力。

3）加强产学研合作。与高校、企业等建立紧密的产学研合作关系，共同开展技术研发和成果转化，实现资源共享和优势互补。

4）培养高素质人才。加强科研团队建设，培养具备创新精神和实践能力的高素质人才，为科研项目提供有力的人才保障。

（2）涂层生产企业应对策略

涂层生产企业在面临市场竞争、环保压力或技术革新等挑战时，可以采取以下应对策略。

1）加强环保管理。积极响应国家环保政策，加强环保管理，降低污染物排放，提升产品生产环保水平。可以引进先进的环保技术和设备，优化生产工艺，开发低污染、高性能的涂层产品。

2）推动技术创新。加大技术创新投入，提升产品性能和质量，满足市场多样化需求。可以关注行业技术发展趋势，积极引进和消化吸收新技术、新工艺，推动产品升级换代。

3）完善售后服务。建立完善的售后服务体系，提供及时、专业的技术支持和服务，提升客户满意度和忠诚度，加强售后团队建设，提高服务质量和效率。

4）注重品牌建设。加强品牌建设和推广，提升品牌知名度和美誉度。可以通过参加展会、举办技术交流会等方式，加强与客户的沟通和互动，树立企业良好形象。

5）承担社会责任。积极履行社会责任，关注环保、公益等事业，提升企业形象和社会价值。

（3）国家部门政策引导应对策略

国家部门在引导科研机构、涂层生产企业发展方面可以发挥重要作用。

1）完善政策法规。制定和完善相关政策法规，为科研机构和企业提供有力的法律保障和政策支持。可以关注行业发展趋势和市场需求变化，及时调整和优化政策法规体系。

2）加大财政投入。加大对科研机构和企业的财政投入力度，支持技术创新和产业升级。可以设立专项基金或奖励机制，鼓励企业和科研机构开展技术研发和成果转化。

3）优化营商环境。优化营商环境，降低企业和科研机构的运营成本和市场风险。可以简化审批流程、降低税费负担、加强知识产权保护等措施，为企业和科研机构提供更加便捷、高效的服务。

4）加强国际合作。加强国际合作与交流，引进国外先进技术和管理经验，推动国内科研机构和企业与国际接轨。积极参与国际组织和多边机制的交流合作，加强与国际金融监管组织的合作与协调。

科研机构、涂层生产企业，以及国家相关部门都需要采取积极的应对策略。通过加强风险评估与预警、推动技术创新与研发、完善售后服务、注重品牌建设、承担社会责任，以及完善政策法规、加大财政投入、优化营商环境、加强国际合作等措施的落实和实施，可以共同推动科研机构、涂层企业及整个行业的健康、可持续发展。

8.3.3　未来展望

中国的海洋防污技术经历了从引进到自主研发的历程，现已形成较为完善的防污涂层体系。早期，国内主要依赖进口防污涂层。1951年，上海开林造漆厂开始试生产沥青类防污涂层，1955年成功研制出832沥青防污涂层，性能接近英国的红手牌防污涂层。此后，大连、青岛、广州等地的造漆厂也相继开发出各自的船底防污涂层体系，为中国防污涂料的发展奠定了基础。

近年来，随着环保法规的日益严格和技术进步的推动，防污涂层行业正向低毒、环保方向发展。新型防污涂层如无锡自抛光型防污涂层、生物降解高分子基防污涂层、污损阻抗型涂层、污损脱附型涂层和仿生防污涂层等相继问世。其中，生物降解高分子基防污涂层通过在海水中降解，实现表面自更新，带动污损生物脱落，展现出良好的防污效果。

展望未来，中国防污涂层行业将呈现以下趋势。

1）环保法规驱动的技术创新。随着环保要求的提高，研发低毒、无毒、低VOC释放且高效的防污涂层将成为主流。

2）智能化生产的普及。引入智能制造技术，提高生产效率和产品质量，满足市场多样化需求。

3）跨界融合与产业升级。通过与其他领域的技术融合，推动防污涂层行业的升级和创新。

总的来说，中国防污涂层行业在政策引导和技术创新的双重驱动下，将朝着环保、高效、多功能的方向持续发展。

参 考 文 献

[1] XIE Q, PAN J, MA C, et al. Dynamic surface antifouling: Mechanism and systems[J]. Soft Matter, 2019, 15(6): 1087-1107.

[2] YU Z, LI X, WANG Z, et al. Robust chiral metal–organic framework coatings for self-activating and sustainable biofouling mitigation[J]. Advanced Materials, 2024, 36(45): 2407409.
[3] HAN Z, WANG Z, RITTSCHOF D, et al. New genes helped acorn barnacles adapt to a sessile lifestyle[J]. Nature Genetics, 2024, 56(5): 970-981.
[4] WU S, YAN M, WU Y, et al. Designing a photocatalytic and self-renewed g-C_3N_4 nanosheet/poly-Schiff base composite coating towards long-term biofouling resistance[J]. Materials Horizons, 2024, 11(18): 4438-4453.
[5] SUN J, DUAN J, LIU C, et al. Transparent and mechanically durable silicone/ZrO_2 sol hybrid coating with enhanced antifouling properties[J]. Chemical Engineering Journal, 2024, 490: 151567.
[6] QIU Q, GU Y, REN Y, et al. Research progress on eco-friendly natural antifouling agents and their antifouling mechanisms[J]. Chemical Engineering Journal, 2024, 495: 153638.
[7] 曹雪雅, 李莎莎, 芦玉峰, 等. 电化学法研究 pH 和无机缓蚀剂对铝腐蚀行为的影响[J]. 涂层与防护, 2024, 45(9): 12-22+43.
[8] 孙虎, 李浩帅, 包木太, 等. 化学分散剂作用下不同原油分散效果的影响因素研究[J]. 中国海洋大学学报(自然科学版), 2021, 51(S1): 43-49.
[9] 胡程颖, 张凯, 张陆, 等. 无锡自抛光防污涂料研究进展[J]. 中国涂料, 2024, 39(3): 24-29.
[10] 孟帅, 李开扬. 氟硅油制备技术的专利申请分析[J]. 有机硅材料, 2018, 32(5): 421-426.